バイオケミカルシステム理論とその応用

システムバイオロジー解析を効率化する

白石 文秀 著

産業図書

まえがき

　今から 15 年前，私のバイオケミカルシステム理論 (BST) との関わりが始まった．それは新しい研究テーマを求めてミシガン大学医学部 Microbiology and Immunology 学科の Michael A. Savageau 博士の研究室の扉を開いたときであった．実験系の研究室がひしめくメディカルサイエンスビルディング II 内で，Savageau 博士の研究室だけが唯一の理論系研究室であった．室内にはゼニスという会社の 8 ビットコンピューター 2 台とマッキントッシュ 1 台が置かれているだけであり，このような環境で一体どれだけの仕事ができるのだろうかと不安に駆られた．当然ながら数値計算技術はもとより，限られたメモリ容量においてスリムなプログラムを書く技術が要求された．

　私に与えられたテーマは，他大学の生化学者が 30 年以上にわたって決定した粘性菌の TCA サイクルモデルをバイオケミカルシステム理論 (BST) により解析し，その特性を明らかにすることであった．研究を遂行する過程で様々な困難に直面したが，最終的に本研究の成果は運よく 5 つの論文に掲載された．

　ミシガン大学での 1 年という短い研究生活を終える頃には，私は BST の虜になっていた．それは本理論の奥深さを理解したことによる．帰国後，私は九州工業大学情報工学部・生物化学システム工学科に籍をおき，学生教育と閉鎖生態系工学に関する研究に従事する傍ら，BST 研究の灯を絶やすことなく，その基本式を利用した超高精度数値計算技術について研究を続けた．その結果，Taylor 級数法，2 点境界値問題解法，動的対数ゲイン計算法を確立することができた．この成果は，私が学科独自の計算機室を持つコンピューターだらけの環境で研究を遂行できたことに負うところが大きい．

　2005 年 4 月より，私は九州大学に新しく設立されたバイオアーキテクチャーセンターのシステムデザイン部門（バイオプロセスデザイン分野）で新たな研究を開始することになった．ここでの主な研究テーマは，遺伝子を含めた大規模代謝反応システムの解析法を確立し，本法を農学，工学，医学などの分野へ応用することである．系統的解析が可能であることにより，BST が大規模システムを解析する際に直面する多くの困難を解決し，目的達成に貢献してくれることに疑いの余地はない．しかしながら，この研究を遂行する過程において，BST に関する日本語書籍がなく，学生教育に支障が出始めたことから，本書を

執筆するに至った．理解しやすいように平易にまとめようと努めたが，そうなっていないというのであればご容赦願いたい．本書の終わりに設けた演習問題は，理解を手助けしてくれるであろう．

BST は非線形ネットワークシステムを効率よく解析するために究極的に一般化された解析手法であり，その応用は生化学システムに限られない．他の分野のネットワークシステムでもその能力を十分に発揮するはずである．本書によりBST の良さを一人でも多くの方が理解され，BST が我が国の科学技術へ浸透していくことになれば本望である．

2006 年 8 月　著者記す．

目　次

まえがき

第1章　バイオケミカルシステム理論（BST）に関する基礎知識

1.1　BSTが生まれた背景 ……………………………………………1
1.2　BSTの理解に不可欠な用語 ……………………………………2
1.3　べき乗則型式への3つの異なる変換法 ………………………3
1.4　いまBSTが重要視される理由 …………………………………4
1.5　BSTがべき乗則式を用いる理由 ………………………………4
1.6　S-システムではなぜ項を2つに分けるのか …………………5
1.7　BST解析の弱点は ………………………………………………6
1.8　一般化されたべき乗則式が新たな解析法を生みだす ………6
1.9　S-システムシンポジウム ………………………………………7

第2章　バイオケミカルシステム理論

2.1　ミカエリス-メンテンシステム …………………………………8
2.2　バイオケミカルシステム理論 …………………………………9
2.3　BSTの理論体系 …………………………………………………13
2.4　べき乗則式表記の具体例 ………………………………………15
　　（1）直線状代謝経路 ……………………………………………16
　　（2）フィードバック阻害を受ける直線状代謝経路 …………18
　　（3）分岐を持つ代謝経路 ………………………………………21
　　（4）可逆反応を含む代謝経路 …………………………………26
　　（5）S-システム型のべき乗則式が持つ意味 …………………27
　　（6）文字式解析法のまとめ ……………………………………28
2.5　代謝制御解析法（MCA） ………………………………………29

第3章　べき乗則式への変換

3.1　微分物質収支式 …………………………………………………32
3.2　近似的変換 ………………………………………………………32
　　(1) S-システム型方程式 …………………………………………32
　　(2) GMA-システム型方程式 ……………………………………35
3.3　解析的変換(リキャスティング) ………………………………37
　　(1) sin関数を含む微分方程式 …………………………………38
　　(2) 対数と指数を含む微分方程式 ……………………………38
　　(3) 2分子反応を含む代謝経路 ………………………………39

第4章　定常状態解析

4.1　定常状態における従属変数値 ………………………………41
4.2　定常状態における感度解析 …………………………………43
　　(1) 対数ゲイン ……………………………………………………43
　　(2) 速度定数感度 ………………………………………………47
　　(3) 反応次数感度 ………………………………………………48
　　(4) 束縛条件 ……………………………………………………48
4.3　固有値と局所的安定性 ………………………………………50
4.4　S-システム型式中の反応次数と速度定数の決定法 ………55

第5章　代謝物濃度の時間変化

5.1　べき乗則型方程式の数値解法 ………………………………60
5.2　テーラー級数法 …………………………………………………61
　　(1) テーラー級数法の原理 ……………………………………61
　　(2) 超高精度数値計算とその意義 ……………………………64
　　(3) 対数座標系におけるテーラー級数解 ……………………65
　　(4) デカルト座標系におけるテーラー級数解 ………………66
　　(5) 刻み幅の選択法 ……………………………………………70

5.3 テーラー級数法の精度 ·· 71
　(1) ロトカ–ヴォルテラの式 ·· 72
　(2) sin 関数を含む微分方程式 ······································ 74
　(3) ミカエリス–メンテン式 ·· 75

第 6 章　動的感度解析

6.1 動的感度 ·· 78
6.2 動的対数ゲインの定義 ·· 79
6.3 従来の動的感度計算法 ·· 81
6.4 動的対数ゲインの物理的意味 ······································ 83
6.5 代謝物濃度変動に対する動的対数ゲイン ························ 84
6.6 動的対数ゲインの初期値と最終値 ································ 85
6.7 定常状態での従属変数の無限小変動に対する
　　動的対数ゲインの変化 ·· 86
6.8 BST に基づく動的対数ゲイン計算法 ··························· 87
　(1) 計算原理 ·· 87
　(2) 対数ゲインの感度方程式 ·· 87
　(3) ゲインの感度方程式 ·· 92
6.9 計算アルゴリズムの正当性の確認 ································ 94
6.10 適用例 ·· 97
　(1) S–システム型式で表された直線状代謝反応モデル ········ 97
　(2) リミットサイクルを形成する代謝反応モデル ············· 100
　(3) M–M 型式で表された直線状代謝反応モデル ············· 102
　(4) 平衡反応を含む代謝反応モデル ······························ 105
6.11 大規模システムにおける動的対数ゲインの計算 ············ 112

第 7 章　TCA サイクルの解析

7.1 大規模システム解析の問題点 ···································· 113
7.2 *Dictyostelium discoideum* の TCA サイクルモデル ········ 114

7.3　物質収支式と S−システム方程式への変換 ················· 116
7.4　局所的安定性 ··· 120
7.5　システム感度 ··· 121
7.6　正味流束および代謝物濃度に対する対数ゲイン ··········· 126
7.7　代謝物濃度の時間変化 ································· 129
7.8　個々の流束に対する対数ゲイン ························· 130
7.9　TCA サイクルモデルの評価 ···························· 134
7.10　修正 TCA サイクルモデル ···························· 135
7.11　その他のモデル ······································ 141

第 8 章　BST の数値計算への応用

8.1　BST の数値計算応用の実際 ···························· 143
8.2　2 点境界値問題の解法 ································· 144
　(1)　2 点境界値問題とはなにか ························· 144
　(2)　射撃法のアルゴリズムとテーラー級数法導入の意義 ··· 145
　(3)　適用例 ·· 146
8.3　S−システム解法 ······································ 151
　(1)　解法アルゴリズム ································· 151
　(2)　S−システム解法の特性 ····························· 152

演習問題 ··· 155
補　　足 ··· 183
引用文献 ··· 193
索　　引 ··· 197

第1章
バイオケミカルシステム理論(BST)に関する基礎知識

1.1 BSTが生まれた背景

多くの研究者による実験的検討の末,1940年代以降,細胞内代謝経路やそれらを構成する酵素反応の同定が精力的に行われるようになった.また,1956年には酵素反応システムでの末端生成物阻害の存在が見出され[1,2],それ以降,分子レベルでの生化学的制御の例が数多く報告された.これに伴い,1950年代後半から,代謝反応システム(または生化学システム)の特性を数学的に解明しようとする動きがスタートした.しかしながら,他のシステムと同様に,代謝反応システムで起こる酵素反応も非線形的挙動を取り,かつ複雑な反応ネットワークを構成しているため,次第にシステム解析を効率よく行うことができる方法が模索されるようになった.

様々な代謝反応システムの解析法が提案される中,これらは徐々に淘汰されてきた.そして現在,この分野の主な解析法として,1969年に米国のSavageau(サバジョー)が提案したバイオケミカルシステム理論[3-5](Biochemical Systems Theory; 略してBSTと呼ばれている)と,1973年のKacserらの論文[6]や1974年のHeinrichらの論文[7]に登場し,その後欧州勢の共同研究で次第に確かな地位を築き上げた代謝制御解析法(Metabolic Control Analysis; 略してMCAと呼ばれている)がある.

BSTとMCAをそれぞれに支持する研究者の間では,1980年代,実験データの解釈の違いからたびたび論争が起こったが,いまとなってはこの出来事も本分野における数学的解析法を飛躍的に発展させるための重要なプロセスであったと解釈できる.どちらの手法(代謝反応データを解析するための道具であるという点では,BST,MCAを理論ではなく手法と呼んだ方が適切であろう)も,主として定常状態における感度解析に基づき,代謝反応システムの特性を明らかにし

ようとする点では共通している.

1.2 BSTの理解に不可欠な用語

以下に示す式や用語の説明は 2 章以降でも改めて行うが，ここでは相互の関係の理解を容易にするため，これらをまとめて列挙し，説明する.

BST には生化学システムを記述するための 2 つの重要な基本システムがある. まず，S–システムは，代謝物濃度の時間変化をつぎのような 2 つのべき乗則型の項を持つ式で表すシステムである.

$$\frac{dX_i}{dt} = \alpha_i \prod_{j=1}^{n+m} X_j^{g_{ij}} - \beta_i \prod_{j=1}^{n+m} X_j^{h_{ij}} \quad (i=1, \cdots\cdots, n) \tag{1.1}$$

ここで，記号"Π"は乗積と呼ばれ，関係する変数の積を表す(詳しくは補足の章を参照されたい). 右辺第 1 項は代謝物X_iのプールへ流入する流束をまとめた項，第 2 項は代謝物X_iのプールから流出する流束をまとめた項である.

つぎに，GMA–システムは，代謝物X_iのプールへ流入する，あるいはX_iのプールから流出する流束を個々にべき乗則式で表すシステムである. その式は，流入流束と流出流束式を区別せずに一つで表す場合，

$$\frac{dX_i}{dt} = \sum_{k=1}^{p} \gamma_{ik} \prod_{j=1}^{n+m} X_j^{f_{ijk}} \quad (i=1, \cdots\cdots, n) \tag{1.2}$$

となり，流入流束と流出流束を分けて表す場合，

$$\frac{dX_i}{dt} = \sum_{k=1}^{p} A_{ik} \prod_{j=1}^{n+m} X_j^{G_{ijk}} - \sum_{k=1}^{q} B_{ik} \prod_{j=1}^{n+m} X_j^{H_{ijk}} \quad (i=1, \cdots\cdots, n) \tag{1.3}$$

となる. これら 2 つのシステムは解析の目的に応じて使い分けられる. さらに，本書では流束式の中にミカエリス–メンテン式 (Michaelis–Menten 式)を含む代謝物濃度の時間変化式，たとえば

$$\frac{dX_i}{dt} = (\upsilon_{1,i} + \upsilon_{2,i} + \cdots + \upsilon_{p,i}) - (\upsilon_{i,1} + \upsilon_{i,2} + \cdots + \upsilon_{i,p}) \quad (i=1, \cdots\cdots, n) \tag{1.4}$$

のように記述されるシステムを M–M システムと呼ぶことにする. 本式は，代謝反応システムにおいて微分物質収支を取ったときに最初に得られる. これをべ

き乗則式へ変換するとS-システムやGMA-システムの式となる.

　一般にシステムの感度解析とは,数学モデルの中に含まれるパラメーターの無限小変動に対する従属変数の応答をいう.しかしながら,(1.1)式,または(1.2)式から明らかなように,BSTの基本システムでは,酵素活性のような独立変数$X_i(i=n+1,\cdots,n+m)$を,速度定数(S-システムではα_i, β_iに,GMA-システムではγ_{ik},またはA_{ik}, B_{ik}に相当する)や反応次数(S-システムではg_{ij}, h_{ij}に,GMA-システムではf_{ijk},またはG_{ijk}, H_{ijk}に相当する)と明確に区別し,独立変数の無限小百分率変動に対する従属変数の応答を対数ゲイン,パラメーターの無限小百分率変動に対する従属変数の応答を感度と呼ぶ.

　M-MシステムからS-システムやGMA-システムへの変換を解析的に行うことをリキャスティング[8]という.これにより変換された式を解いて得られる代謝物濃度の時間変化は,M-Mシステムの式を解いて得られるものとまったく同じである.

1.3　べき乗則型式への3つの異なる変換法

　M-MシステムをS-システムまたはGMA-システムへ変換する方法に,つぎの3つの異なる方法がある.

　その1つは,定常状態値のような基準値を使って変換する方法である(3.1を参照).この場合,式中のg, hの値は通常小数として与えられる.本変換の主な目的は,定常状態での感度解析を行うことにある.これらの計算値は,定常状態において厳密に正しい値であるが,その周辺では近似値である.

　2つめは,M-Mシステムをリキャスティングにより解析的に変換する方法である(3.2を参照).この場合,式中のg, hの値は整数として与えられることが多い(変換前の式の形に依存する).本式を数値的に積分すると,変換前の式とまったく同じ解が得られる.

　3つめは,代謝物濃度の時間変化データへ文字型のべき乗則式を適用し,最小自乗法により計算線がデータに適合するようにして式中のα, β, g, hの値を決定する方法である(演習問題の問10を参照).本法は,代謝物濃度の時間変化のデータが存在するだけで,M-M式のような厳密な反応速度式を決定する時間的余裕はなく,代謝物濃度の時間変化をおおまかに表すことができれば充分である

場合に有用である．

1.4　いま BST が重要視される理由

　BST も MCA も感度解析の結果から代謝反応システムの特性を明らかにしようとする点に変わりはないが，解析の効率性，解析結果からもたらされる情報の質と量において大きな違いがある．2000 年にヒトゲノムを構成する塩基配列の解読がひとまず終了し，大規模な代謝反応システムの解析が強く要求されるようになった．この要求を満たすには，大規模システムを効率よく解析できる手法の導入が必要である．(1.1)~(1.3)式に示した BST の基本式は，理論的に考えてこれ以上一般化できない究極の構造を持つ(詳細は 2 章で述べる)．これらの式は，ネットワーク化した大規模代謝反応システムを解析する上で不可欠なつぎのような利点を持つ．
1) 系統的な手順にしたがって解析を行うので，流束式(すなわち，反応速度式)を計算プログラムへ設定する際などに，他の方法よりも圧倒的に間違いを起こしにくい．
2) その基礎式の高度な一般性により，操作性の高い一般化された計算ソフトウェアを作成することができる．
3) M–M システムを (1.1)式で与えられた S–システムへ変換すると，対数ゲイン，速度定数感度，反応次数感度に対して理論的に正しい計算値が得られる．

1.5　BST がべき乗則式を用いる理由

　BST では，M–M システム型式を(1.1)式のようにべき乗則式へ変換した後に感度解析を行う．定常状態値を代入して計算が行われる本式中のパラメーター値は，通常小数になる．このため，「BST は単なる近似的解析法にすぎず，他の方法に比べて大きな違いがないではないか」と誤解を受けることが多いようである．しかし，これには大きな誤りがある．
　BST ではなぜ M–M システム型式をべき乗則式へと変換するのか．この大きな目的は，定常状態における感度計算を効率よく行うためである．上述のように，定常状態においてべき乗則式へ変換された式中の速度定数と反応次数は，ほと

んどの場合小数になる．これらの値は行列演算により対数ゲイン，速度定数感度，反応次数感度の値を与える．ここで，速度定数と反応次数は定常状態においては理論的に正しい値であることから，これらを使って求められる定常状態感度の計算値も理論的に正しい値である．もちろん，数値計算の特性上，どのような場合でも計算値に桁落ち誤差が含まれてしまうが，コンピューターが仮に無限桁の数を記憶できるのであれば，これらの計算値は理論上，誤差を含まないまったく正しい値なのである．

　定常状態値を使って変換された S-システム型式も GMA-システム型式も，変換前の M-M システム型式と同様に，代謝物濃度の時間変化を表す微分方程式である．したがって，これらの連立微分方程式を解くと，それぞれの代謝物濃度の時間変化を知ることができる．近似的に変換された式の性質上，これらの時間変化は近似的なものである．代謝物濃度が定常状態から大きく離れずに推移するのであれば，その変化は正しい変化に近いものとなる．また，代謝物濃度が定常状態から大きく離れて推移する場合でも，その計算値は代謝物濃度の変化の特性を知るのに有益な情報となるだろう．どうしても正しい代謝物濃度の時間変化を知りたいときには，M-M システムをリキャスティングした後にその微分方程式をテーラー級数法で解けばよい(5 章を参照)．これにより，元の式とまったく同じ解を得ることができる．

1.6　S-システムではなぜ項を 2 つに分けるのか

　S-システムでは，流入流束式，流出流束式をそれぞれのグループにまとめてべき乗則式へ変換する．すなわち，

$$\frac{dX_i}{dt} = (v_{1,i} + v_{2,i} + \cdots + v_{p,i}) - (v_{i,1} + v_{i,2} + \cdots + v_{i,p}) \qquad \text{M-M システム}$$

変換

$$= \alpha_i X_j^{g_{i1}} X_j^{g_{i2}} \cdots X_j^{g_{i,n+m}} - \beta_i X_j^{h_{i1}} X_j^{h_{i2}} \cdots X_j^{h_{i,n+m}} \qquad \text{S-システム}$$
$$(i=1, \cdots\cdots, n)$$

とする．これには2つの理由がある．その一つは，2つの項にまとめた場合，定常状態において各項の対数を取ることにより線形の行列式が得られ，その結果感

度計算が容易になるからである．もう一つは，正の値同士をまとめることで，数値計算誤差が生じにくくなるからである(2.4(4)を参照)．もし流入流束，流出流束を無秩序に2つのグループに分けてべき乗則式へ変換すると，正，負の値が作用し合うことにより，定常状態以外での式の近似精度が大きく低下する．定常状態においてべき乗則式へ変換する場合，流入流束，流出流束ごとにまとめてべき乗則式へ変換することは常套手段なのである．

1.7　BST解析の弱点は

BSTに限らずどのような方法にも弱点が必ず存在する．ごく最近までBST解析では，与えられた代謝反応システムに定常状態が存在しなければ感度解析を行うことができなかった．前述のように，BSTでは感度解析を行うためM–MシステムをS–システムへ変換する．この変換は，M–Mシステムの各微分方程式の右辺が流入流束と流出流束で構成されているときはじめて可能になる．もし流入流束だけ，または流出流束だけであるならば，微分方程式を解くことにより得られる代謝物濃度は時間とともに無限に増大するか，ゼロへ向かって減少するかのどちらかになる．したがって，定常状態感度計算だけでは，BSTが解析できるシステムの数が大幅に少なくなる．振動系など，定常状態を持たないシステムは数多く存在する．むしろ定常状態を持つシステムは特別な場合であると考えた方がよい．著者ら[14]は最近，代謝物濃度が時間的に変化する過程の対数ゲインを効率よく計算するための方法を確立した．これについては6章で実例を挙げて詳述する．

1.8　一般化されたべき乗則式が新たな解析法を生みだす

M–Mシステムの微分方程式中の流束式は，近似的にばかりでなく解析的に(1.1)～(1.3)式へ変換され得る．この解析的な変数変換(リキャスティング)はほとんどの非線形式において可能であることから，(1.1)～(1.3)式のべき乗則式は代謝反応システムにおける代謝物濃度の時間変化を表す一般式であるとみなされ得る．これより，BSTではつぎのような解析や理論構築が可能となる．
1) システムの代謝マップが与えられれば，個々の反応のメカニズムや速度式が

わからなくても，文字式の形でシステム解析を行うことができる．
2) すべての式が(1.1)～(1.3)式へ変換され得ることを前提として，これらの式を一般式とみなすことにより新たな解析法を構築することができる．これまでに代数方程式の解法[15, 16]，テーラー級数法に基づく初期値問題[17, 18]と2点境界値問題の解法[19-21]，動的感度計算法[14]が確立されている．これらについては，5章以降で詳細に述べる．

1.9 S–システムシンポジウム

BSTの手法を使って様々なシステムを解析した結果を持ち寄り討論するS–システムシンポジウムが2年ごとの夏期に開催されている．2008年の予定も含めてこれまでの開催地を以下に示す．

表1.1 S–シンポジウムの開催地

開催年	開催地
1990	アメリカ（サウスキャロライナ州 Charleston）
1992	アメリカ（フロリダ州 Tampa）
1994	スペイン（Barcelona）
1996	日本（飯塚市 九州工業大学）
1998	ポルトガル（リスボン Oeiras）
2000	スペイン（カナリア諸島 Tenerife）
2002	ノルウェー（Averoy）
2004	アメリカ（カリフォルニア州 Tahoe）
2006	ドイツ（München）
2008	フィリピン（Manila）

第 2 章
バイオケミカルシステム理論

2.1 ミカエリス–メンテンシステム

　細胞内では，外部から取り入れられた物質が異なる種類の酵素の触媒作用を受けて様々な物質へ変換されている．このような代謝反応は多くの分岐や代謝物，酵素などの相互作用を含み，大規模なネットワークを形成している．この代謝反応の特徴を明らかにするには，まず各代謝物プールにおいて物質収支を取り，微分物質収支式を立てなければならない．これは着目する代謝物X_iの濃度X_i[注]の時間変化を表すつぎのような 1 階微分方程式となる．

$$\frac{dX_i}{dt} = (v_{1,i} + v_{2,i} + \cdots + v_{p,i}) - (v_{i,1} + v_{i,2} + \cdots + v_{i,p}) \quad (i=1, \cdots\cdots, n) \quad (2.1)$$

ここで，流入流束，流出流束の数は，代謝物プールに対する代謝経路の数に応じて異なる．個々の流束は，酵素反応に基づく反応物の生成物への単位時間当たりの変換量を表し，一般には反応速度式（着目成分の単位時間，単位空間当たりの変化量）の形で設定される．酵素反応の特徴を表す最も簡単な式はミカエリス–メンテン式である．これは図 2.1(a)のような直線状代謝経路の場合，つぎのように与えられる．

$$v_{12} = -\frac{dX_1}{dt} = \frac{V_m X_1}{K_m + X_1} \quad (2.2)$$

ここで，V_mは最大反応速度，K_mはミカエリス定数である．また，代謝反応ネットワークの多くの箇所では，図 2.1(b)のように，X_1からX_2を経て逐次的に生成したX_3がその濃度を調節する機構が働いている．X_3以降の代謝物濃度が必要以上に高くならないようにするため，X_1からX_2が生成する反応を阻害し，反応速度を

注）本書では代謝物をローマン体で，代謝物濃度をイタリック体で表す．すべての場合において，イタリック文字はそれに数字が割り当てられることを意味する．

第2章 バイオケミカルシステム理論

低下させるとき,この制御機構をフィードバック阻害という.この場合の流束式はX_1だけでなくX_3も変数として含むことが明らかである.たとえば,X_1からX_2が生成する反応を触媒する酵素の活性部位を,この反応に対して阻害物質となるX_3がX_1と競争して奪い合う場合,反応速度式はつぎのように与えられるであろう.

$$v_{12} = -\frac{dX_1}{dt} = \frac{V_m X_1}{X_1 + K_m(1 + X_3/K_i)} \quad (2.3)$$

ここで,K_iは阻害定数である.このような阻害機構を含む速度式もミカエリス–メンテン式の種類である.

以上のように,与えられた代謝反応ネットワークを解析するために各代謝物プールにおいて物質収支を取ると,(2.1)式のようなミカエリス–メンテン式の基本構造を持つ反応速度式から構成された連立微分方程式を得る.本書ではこのような微分方程式をミカエリス–メンテン型式と呼び,本式で記述されたモデルシステムをミカエリス–メンテン型システム(Michaelis–Menten system)または単にミカエリス–メンテンシステムと呼ぶことにする.

一般に酵素反応速度はミカエリス–メンテン式で表される.しかし,本式に従うことが実証されているのは,細胞内から取り出した酵素を使って試験管内(in vitro)で反応させたときである.このようにして決定された式に細胞内(in vivo)の酵素反応が従うかは定かではない.現在のところ,in vivo での酵素反応に対して反応速度式を決定するための有効な手段がないため,代謝反応解析では細胞外で決定した反応速度式をそのまま用いることが多い.

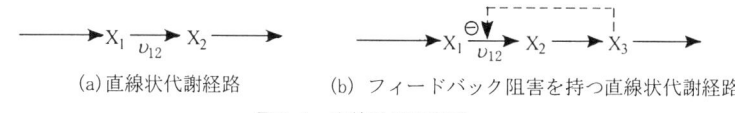

(a) 直線状代謝経路　　(b) フィードバック阻害を持つ直線状代謝経路

図 2.1　直線状代謝経路

2.2 バイオケミカルシステム理論

バイオケミカルシステム理論(Biochemical Systems Theory)は,細胞内の酵素触媒反応で構成された複雑な代謝反応ネットワークの特性を明らかにする目的で,

1969 年に Savageau (サバジョー) によって提案された解析法[3-5]であり，一般に BST と呼ばれている．本手法を構成する基本式の一つはつぎのように与えられる．

$$\frac{dX_i}{dt} = \alpha_i \prod_{j=1}^{n+m} X_j^{g_{ij}} - \beta_i \prod_{j=1}^{n+m} X_j^{h_{ij}} \quad (i=1, \cdots\cdots, n) \quad (2.4)$$
$$= V_i - V_{-i}$$

ここで，$X_i(i=1, \cdots\cdots, n)$は従属変数，$X_i(i=n+1, \cdots\cdots, n+m)$は独立変数，$n, m$ はそれぞれ従属変数，独立変数の数，α_iはX_iプールへ流入する流束の速度定数，β_i はX_iプールから流出する流束の速度定数，g_{ij}, h_{ij}はそれぞれ正味の流入流束V_iと流出流束V_{-i}の反応次数，tは時間である．各代謝物濃度の時間変化を表す微分方程式の右辺は，通常，その代謝物プールへ流入する複数の流束の式と，そのプールから流出する流束の式から構成されている．これをX_iプールに対して表すならば図 2.2 のようになり，このときの関係式は(2.1)式で与えられる．(2.4)式は個々の流束を流入流束，流出流束ごとに一つにまとめて乗積の形で表したものである．この場合，各代謝物濃度の時間変化を表す微分方程式は，必ず 2 つのべき乗則式項(正味の流入流束と流出流束に対する項)からなる．(2.4)式を S−システム型方程式といい，本式で記述されたモデルシステムを S−システム(S-system)という．ここで，先頭文字 S は Synergistic system の S を表す．すなわち，S−システムとはシステムを構成する要素が相助的に影響を及ぼしあうことを意味する．

(2.4)式の意味を理解するため，図 2.3 に示すような直線状代謝経路を考えてみよう．ここで，X_5は酵素の触媒作用により定常的にX_1になる．これは逐次的にX_2, X_3, X_4へと変換された後，X_4はさらに別の代謝物になる．また，末端の生成物であるX_4は，X_1からX_2が生成する反応(すなわち，流束v_{12})へ影響を及ぼしている．いま，本システムを(2.4)式の形で表すならば次式のようになる．

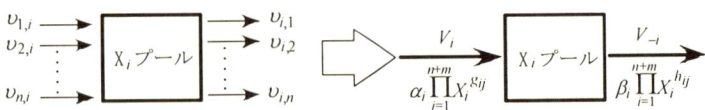

図 2.2　M–M システムから S−システムへの変換

第2章 バイオケミカルシステム理論

図 2.3 直線状代謝経路

(X_1~X_4は時間の経過とともに濃度が変化する各代謝物，X_5は常に一定濃度を取る代謝物である．破線はX_4が流束v_{12}へなんらかの影響を及ぼしていることを表す．)

$$\dot{X}_1 = \alpha_1 X_5^{g_{15}} - \beta_1 X_1^{h_{11}} X_4^{h_{14}}$$
$$\dot{X}_2 = \alpha_2 X_1^{g_{21}} X_4^{g_{24}} - \beta_2 X_2^{h_{22}}$$
$$\dot{X}_3 = \alpha_3 X_2^{g_{32}} - \beta_3 X_3^{h_{33}}$$
$$\dot{X}_4 = \alpha_4 X_3^{g_{43}} - \beta_4 X_4^{h_{44}}$$
(2.5)

ここで，$\dot{X}_i$ ($i=1,\cdots,4$)は代謝物濃度X_iの時間微分を表す．2番目の式の右辺第1項は1番目の式の右辺第2項と等しい．また，3番目，4番目の式についても同様である．このことを考慮すると，(2.5)式はつぎのようになる．

$$\dot{X}_1 = \alpha_1 X_5^{g_{15}} - \beta_1 X_1^{h_{11}} X_4^{h_{14}}$$
$$\dot{X}_2 = \beta_1 X_1^{h_{11}} X_4^{h_{14}} - \beta_2 X_2^{h_{22}}$$
$$\dot{X}_3 = \beta_2 X_2^{h_{22}} - \beta_3 X_3^{h_{33}}$$
$$\dot{X}_4 = \beta_3 X_3^{h_{33}} - \beta_4 X_4^{h_{44}}$$
(2.6)

BSTが提案された1969年以降，しばらくは(2.4)式が主に使用されたが，その後の理論の拡張に伴い，つぎのようなべき乗則式も積極的に用いられるようになった．

$$\frac{dX_i}{dt} = \sum_{k=1}^{p} \alpha_{ik} \prod_{j=1}^{n+m} X_j^{g_{ijk}} \qquad (i=1,\cdots\cdots,n) \tag{2.7}$$

ここで，α_{ik}, g_{ijk}は各微分方程式中のk番目の流束式における速度定数と反応次数を表す．(2.7)式は，(2.4)式中のパラメーターとの混同を避けるため，別の記号を使って

$$\frac{dX_i}{dt} = \sum_{k=1}^{p} \gamma_{ik} \prod_{j=1}^{n+m} X_j^{f_{ijk}} \qquad (i=1, \cdots\cdots, n) \tag{2.8}$$

と記述されることもある.(2.8)式(または,(2.7)式)では,流入流束と流出流束を区別していない.(2.4)式と同じように,流束の意味を考慮して代謝物濃度の時間変化を表すと,

$$\frac{dX_i}{dt} = \sum_{k=1}^{p} A_{ik} \prod_{j=1}^{n+m} X_j^{G_{ijk}} - \sum_{k=1}^{q} B_{ik} \prod_{j=1}^{n+m} X_j^{H_{ijk}} \qquad (i=1, \cdots\cdots, n) \tag{2.9}$$

のようになる.(2.7)~(2.9)式を GMA-システム型方程式といい,このような式で記述されたモデルシステムを GMA-システム(General Mass Action system)という.本微分方程式は,各流束式を個々にべき乗則式へ変換したものである.BST システムというとき,以前は主に S-システムを指していたが,BST の体系化が進み,解析法が多様化した現在では,S-システムと GMA-システムの両方を指すことが多くなった.

S-システム型方程式では速度定数がすべて正の値を取るのに対し,(2.7)式または(2.8)式で与えられた GMA-システム型方程式では流出流束項の速度定数が記述の都合上,負の値となることに注意されたい.ただし,(2.9)式を用いる場合,いずれの速度定数も正の値になる.後述するように,GMA-システム型方程式は,代謝物濃度などの時間変化を正しく計算するとき有用になる(5 章).また,個々の酵素反応に対する感度計算を行う際に不可欠である(4 章).

GMA-システムは,S-システムの特別な場合であると考えることができるかもしれない.なぜなら,M-M システムをリキャスティングすると,まず GMA-システムとなり,これをさらにリキャスティングすると S-システムになるからである(図2.4).詳細は 10 章の演習問題を参照されたい.

M-Mシステム ─リキャスティング→ GMA-システム ─リキャスティング→ S-システム

図 2.4　BST を構成する基本システムの関係

2.3 BST の理論体系

BST では，1969 年にその基本式が現れて以降，理論の構築と補強に多くの時間が費やされた．そして，1990 年頃までにその体系化がほぼ完了した．基本式の一般性が非常に高いことから，BST の計算法への新たな応用が現在も進行中である．これまでに構築されている BST の理論体系は図 2.5 のようにまとめられよう．

BST で任意のシステムを解析する場合，実験データの有無や量に応じて，べき乗則式または M–M システム型式のいずれかを使ってモデリングを開始する．べき乗則式モデリングでは，各代謝物とその代謝経路，および各代謝物と酵素の相互作用などが記された代謝マップだけが与えられていればよい．M–M システム型方程式は (2.7)～(2.9) 式のようなべき乗則式へと容易に変換できるので，

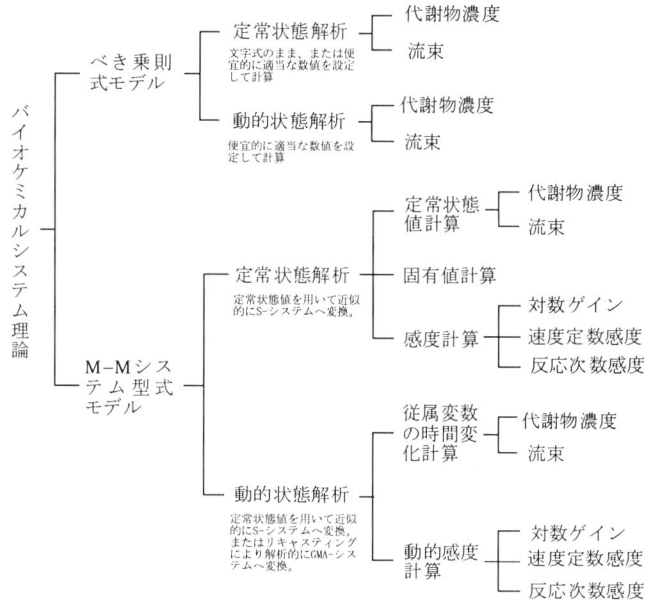

図 2.5 バイオケミカルシステム理論の体系

いまこのような変換を行った後でシステム解析を行うことを前提とするならば，与えられたシステムを最初から(2.1)式で記述できることになる．そこで，記号だけで書かれたこの文字式 (代数式) において定常状態を仮定し，従属変数へのパラメーターや独立変数の関わりを代数的に調べる．また，適当な数値を速度定数と反応次数に設定し，そのべき乗則式を解くことにより，従属変数の時間変化を調べる．次章で述べるように，べき乗則式モデリングは実験データがないとき，ネットワーク構造が引き起こすシステムの特性を推定するときに有効である．

M–Mシステム型式モデリングは，原則として各酵素反応の機構が実験などによりすでに明らかにされ，反応速度式が与えられている場合に行われる．まず，各代謝物濃度の時間変化を表す微分方程式(M–Mシステム型方程式)を設定する．これらの式の右辺は，各代謝物プールにおける流入流束と流出流束に対する流束式(酵素反応速度式)から構成される．つぎに，本方程式を代謝物濃度の定常状態値を用いて近似的にS–システム型方程式へ変換する．これにより，右辺は個々の流束式が流入流束，流出流束ごとに 1 つのべき乗則式としてまとめられた形になる．このとき，式中の速度定数や反応次数の値は，その多くが小数となっているはずである．ここですべての微分方程式を$dX_i/dt=0$とおき，行列式を導く．これの行列演算を行うと，代謝物濃度，流束に対する定常状態値が得られる．ただし，定常状態値はM–Mシステム型式をS–システム型式へ変換するときに必要であり，事前にわかっているはずなので，本計算で得られた定常状態値には大きな意味はない．これらが変換の際に用いた定常状態値と一致しているならば，S–システム型方程式への変換が正しく行われたことになるので，このような確認に用いればよい．また，固有値を求めると，その複素数の実部の符号を調べることでシステムの安定性を評価できる．すべての固有値の実部が負であれば，そのシステムは局所的に安定であるとみなすことができる．

一方，定常状態におけるS–システム型方程式への変換の大きな目的は，システムの感度解析を効率よく行うことにある．BSTの基本式中には，従属変数のほかに，独立変数$X_i(i=n+1, \cdots\cdots, n+m)$とパラメーターである速度定数，反応次数が含まれている．BSTでは，独立変数の無限小百分率変化に対する従属変数の百分率応答を対数ゲイン(Logarithmic gain)と呼ぶ．また，パラメーターの無限小百分率変化に対する従属変数の百分率応答を感度(Sensitivity)と呼ぶ．これらは 3

章で明確に定義する．M–Mシステム型式を近似的に変換したS–システム型方程式もまた，代謝物濃度の時間変化を表す微分方程式であり，これらを数値的に解くと，それぞれの代謝物濃度が刻々と変化する過程を観察できる．ただし，この計算値は定常状態においてのみM–Mシステム型式の計算値と厳密に一致することを銘記されたい．しかしながら，代謝物濃度が定常状態値から大きく離れずに変化するのであれば，その変化はM–Mシステムのそれとほぼ一致する．また，代謝物濃度が定常状態から大きく離れていても，その変化は代謝物濃度の挙動をおおまかに知るのに十分な情報となるであろう．

つぎに，M–Mシステム型方程式を解析的にGMA–システム型方程式へリキャスティングする場合を考えよう．このとき，GMA–システム型方程式への変換はもとの微分方程式の右辺の各流束式ごとに行うため，流入流束と流出流束が存在するならば，変換式は必ず2つ以上の項を持つことになる．各項が複雑な構造の式で構成されている場合，リキャスティング変数の割り当てが多くなり，それに応じて変換後の微分方程式の数も増える．これらの式を解いて得られる代謝物濃度の時間変化は，もとの微分方程式を解いて得られるものと理論的にまったく同じになる．このリキャスティングされたGMA–システム型方程式を5章で述べるテーラー級数法(Taylor series method)で数値的に解けば，コンピューターの有効桁に匹敵する精度を持つ数値解を得ることができる．また，GMA–システム型方程式から対数ゲインの時間変化を表す微分方程式を導くことができる．これを数値的に解くと，対数ゲインが刻々と変化する過程を観察できる．すなわち，システム感度は時間の経過とともに異なる値を取る．このような時間的に変化する対数ゲインを動的感度(Dynamic sensitivity)という．これについては6章で述べる．

以上のように，BSTでは定常状態のみならず動的状態におけるシステム解析から得られる多くの情報に基づき，与えられた代謝反応システムの特性をより詳細に知ることができる．

2.4 べき乗則式表記の具体例

BSTでは少なくとも代謝マップがあれば，与えられたシステムにおいてなんらかの解析を行うことができる．このマップ上で従属変数と独立変数の割り当

てを行い，これに基づき数値を含まない記号だけのべき乗則型微分方程式を設定する．この場合，S–システムとして記述するとよい．なぜならば，感度解析が容易になるからである．本節では，いくつかの簡単な例に基づき，S–システム型方程式を使ったモデリングがどのように進められるかを述べる．また，導出した式に適当なパラメーター値を与えてこれを解き，代謝物濃度が時間的にどのように変化するかを調べる．

(1) 直線状代謝経路

図 2.6 に示すような直線状代謝経路を考えよう．質量作用の法則(Law of mass action)によれば，各酵素反応の速度は反応開始に関わる代謝物だけの濃度の関数となり，その他の代謝物の影響を受けない．いま，本反応システムを S–システムとして記述するならば，各代謝物濃度の時間変化は

$$\dot{X}_1 = \alpha_1 X_4^{g_{14}} - \beta_1 X_1^{h_{11}}$$

$$\dot{X}_2 = \alpha_2 X_1^{g_{21}} - \beta_2 X_2^{h_{22}}$$

$$\dot{X}_3 = \alpha_3 X_2^{g_{32}} - \beta_3 X_3^{h_{33}}$$

$$X_4 = 一定$$

となる．しかし手間を省くため，等流束を考慮して直接つぎのように書くとよい．

$$\begin{aligned}
\dot{X}_1 &= \alpha_1 X_4^{g_{14}} - \beta_1 X_1^{h_{11}} \\
\dot{X}_2 &= \beta_1 X_1^{h_{11}} - \beta_2 X_2^{h_{22}} \\
\dot{X}_3 &= \beta_2 X_2^{h_{22}} - \beta_3 X_3^{h_{33}} \\
X_4 &= 一定
\end{aligned} \tag{2.10}$$

本式中の速度定数と反応次数に適当な数値を割り当て，本システムがどのような挙動を取るかを調べてみよう．(Voit著書[22]，112 頁の値を一部使用)

$$X_4 \longrightarrow X_1 \longrightarrow X_2 \longrightarrow X_3 \longrightarrow$$

図 2.6　直線状代謝経路

第2章 バイオケミカルシステム理論

$$\dot{X}_1 = 2X_4 - 5X_1^{0.5} \qquad X_1(0) = 1.1$$

$$\dot{X}_2 = 5X_1^{0.5} - 2X_2^{0.5} \qquad X_2(0) = 0.5$$

$$\dot{X}_3 = 2X_2^{0.5} - 1.25X_3^{0.5} \qquad X_3(0) = 0.9 \tag{2.11}$$

$$X_4 = 0.5$$

計算結果を図 2.7 に示す．本システムでは代謝物濃度が $X_1^* = 0.04$，$X_2^* = 0.25$，$X_3^* = 0.64$ のような定常状態値を取る．ここで，添字 * は該当する値が定常状態値であることを意味する．X_4 から X_1 への流束が X_1 から X_2 への流束に比べて常時小さく，X_1 の初期値が定常状態値よりも小さいため，X_1 は定常状態値へ向かって減少し続ける．一方，X_2 は最初 X_1 から X_2 への流束が X_2 から X_3 への流束に比べて大きいため増加するが，その後これらの大きさが逆転するため，最大値を取った後に定常状態値へ向かって減少する．X_3 も X_2 と同様の挙動を取っているが，最大値が X_2 よりも遅く現れる．この変化は明らかに X_3 が X_2 の変化の影響を受けたことによる．定常状態における本システムの固有値は $\lambda_1 = -0.7813 + 0i$，$\lambda_2 = -2 + 0i$，$\lambda_3 = -12.5 + 0i$ であり，実部がすべて負の値を持つ(4.3 を参照)．これより，本システムは定常状態において局所的に安定であるとみなすことができる．すなわち，システムが定常状態にあるとき従属変数がなにかの原因でわずかに変化したとしても，充分に時間が経過するとすべての従属変数が元の定常状態値に戻ることになる．

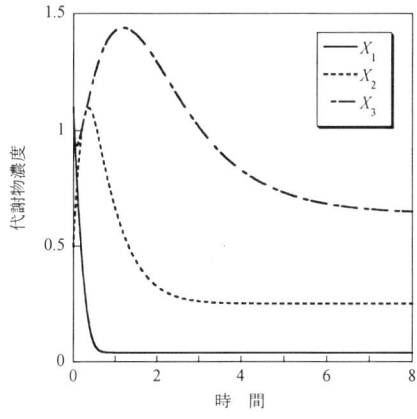

図 2.7　直線状代謝経路からなる酵素反応の挙動

(2) フィードバック阻害を受ける直線状代謝経路

つぎに，前の例においてX_4からX_1が生成する反応が末端代謝物X_3によりフィードバック阻害を受けている直線状代謝経路(図2.8)を考える(Voit著書[22]，112頁の値を一部使用)．本反応システムの代謝物濃度の時間変化をS-システム表記するとつぎのようになる．

$$\dot{X}_1 = \alpha_1 X_3^{g_{13}} X_4^{g_{14}} - \beta_1 X_1^{h_{11}}$$
$$\dot{X}_2 = \beta_1 X_1^{h_{11}} - \beta_2 X_2^{h_{22}}$$
$$\dot{X}_3 = \beta_2 X_2^{h_{22}} - \beta_3 X_3^{h_{33}} \tag{2.12}$$
$$X_4 = 一定$$

(2.12)式と(2.11)式との違いは，X_1の時間変化を表す式の右辺第1項にX_3による阻害を表す式が積の形で加わったことである．阻害効果はX_3の反応次数g_{13}に負の値として表れる．したがって，X_3が大きくなれば$X_3^{g_{13}}$が小さくなり，X_4からX_1への流束が小さくなる．これにより，X_4からX_1が生成する反応が強く阻害されることになる．また，g_{13}の絶対値が大きいほど阻害の程度が大きいことになる．

式中の速度定数と反応次数に(2.11)式と同じ数値をつぎのように割り当てて固定し，g_{13}の値を変化させたとき本システムがどのような挙動を取るかを調べてみよう．

$$\dot{X}_1 = 2X_3^{g_{13}} X_4 - 5X_1^{0.5} \qquad X_1(0) = 1.1$$
$$\dot{X}_2 = 5X_1^{0.5} - 2X_2^{0.5} \qquad X_2(0) = 0.5$$
$$\dot{X}_3 = 2X_2^{0.5} - 1.25X_3^{0.5} \qquad X_3(0) = 0.9 \tag{2.13}$$
$$X_4 = 0.5$$

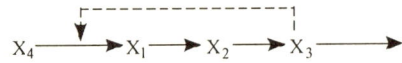

図 2.8　末端代謝物によりフィードバック阻害を受ける直線状代謝経路

初期値もまったく同じ値を用いるが，g_{13}の値を変えるごとに1番目の式の右辺第1項の定常状態流束が変化するため，定常状態代謝物濃度も変化することになる．g_{13}を0から-16の範囲で変化させたときの各代謝物濃度の時間変化を図2.9に示す．$g_{13}=0$のときには代謝物の濃度変化は単調であるのに対し，g_{13}が大きくなるにつれて少しずつX_3による阻害効果が現れ始める．たとえば，$g_{13}=-1$のとき代謝物濃度にわずかに波打つ現象が見られる．しかし，十分な時間が経過するとシステムは定常状態に達する．このときの定常状態値は$X_1^*=0.05386$，$X_2^*=0.33663$，$X_3^*=0.86177$である．また，固有値は$\lambda_1=-11.031+0i$，$\lambda_2=-1.0687+1.5024i$，$\lambda_3=-1.0687-1.5024i$であり，これらの実部がすべて負の値であることから，本システムは局所的に安定であるとみなされる．$g_{13}=-5$のとき，すべての代謝物濃度が明らかに振動しており，これらは十分な時間経過後に定常状態値に達する．$g_{13}=-16$のときの計算結果はこれまでのものと大きく異なる．この場合，g_{13}の絶対値が大きいため，流束v_{41}がX_3のわずかな増加でも大きく抑制される．これによりX_1が小さくなり，続いてX_3が小さくなる．これによりv_{41}に対する抑制が緩和され，その結果X_3が増加する．この一連の変化の繰り返しにより，すべての代謝物濃度が振動するようになる．このときの固有値は$\lambda_1=-12.5653+0i$，$\lambda_2=0.12870+5.17536i$，$\lambda_3=0.12870-5.17536i$であり，正の値を持つ2つの実部が含まれることから，本システムは局所的に安定でないことがわかる．

　g_{13}の絶対値が大きくなれば代謝物濃度の時間変化が大きく変わってしまうという事実は，数学モデルを構築してシミュレーションする際に可能な限り真実に近い値を使わなければ，実際とは異なる挙動を観察することになるかもしれないという問題を提起する．とくに大規模システムのシミュレーションを行う場合，すべてのパラメーターを正確に決定することが困難なので，得られた計算結果がシステムの真の特徴を本当に表しているのであろうかと，いつも不安を感じることになる．それでは実際の代謝反応システムにおいて，阻害効果はどれくらいの反応次数の値となって表れるのであろうか．実験で決定された反応速度式に基づきこれまでに変換されたS-システム型方程式によると，阻害効果の反応次数の絶対値は極端に大きくならないようである．このことを7章で扱うTCAサイクルの改良モデル[13]に基づき確かめてみよう．図2.10は，S-システム型式中に含まれる37個の負の反応次数の値(表7.12)の個数分布を示したものである．これより，負の反応次数の値の絶対値はその大半が0.1以下であり，

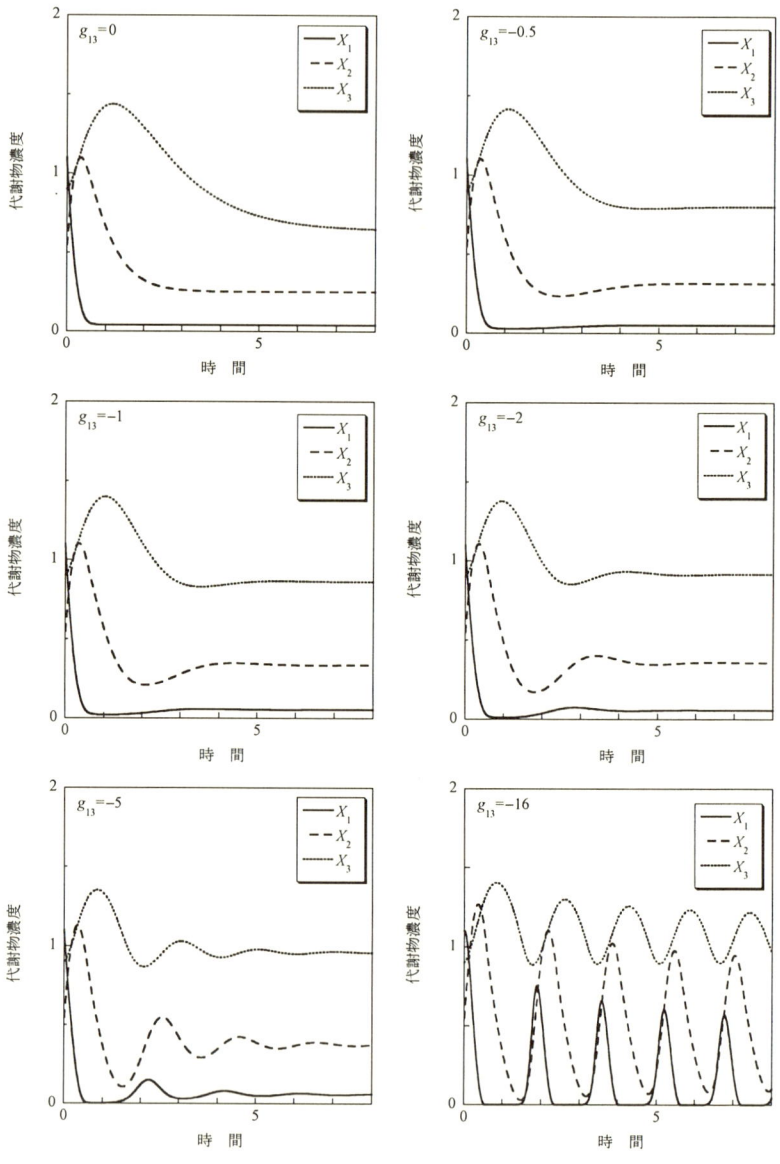

図 2.9 末端代謝物によるフィードバック阻害を受ける直線状代謝経路からなる酵素反応の挙動

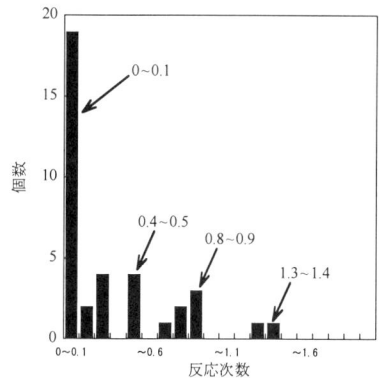

図 2.10　修正 TCA サイクルモデル中の負の反応次数の個数分布

大きくても 1.0 近傍，あるいは 2 以下の値であることがわかる．このように現実的なモデルでは，阻害効果に対する指数が図 2.9 のような振動現象を与えるほどには大きくないようである．

(3) 分岐を持つ代謝経路

つぎに，図 2.11 に示す分岐を持つ代謝経路を考えよう．ここでは，X_4 から生成した X_1 が X_2 と X_3 に分解する．本システムの S-システム型表記はつぎのようになる．

$$\dot{X}_1 = \alpha_1 X_4^{g_{14}} - \beta_1 X_1^{h_{11}} = V_1 - V_{-1}$$
$$\dot{X}_2 = \alpha_2 X_1^{g_{21}} - \beta_2 X_2^{h_{22}} = V_2 - V_{-2}$$
$$\dot{X}_3 = \alpha_3 X_1^{g_{31}} - \beta_3 X_3^{h_{33}} = V_3 - V_{-3}$$
$$X_4 = 一定$$

(2.14)

ここで，1 番目の式の右辺第 2 項は，X_1 が X_2 と X_3 へ分解する分岐点における X_1

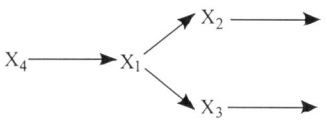

図 2.11　分岐を持つ代謝経路

からX_2への流束v_{12}とX_1からX_3への流束v_{13}をまとめたものである. 本式をGMA-システム型式で表すとつぎのようになる.

$$\dot{X}_1 = \gamma_{11} X_4^{f_{141}} - \gamma_{12} X_1^{f_{112}} - \gamma_{13} X_1^{f_{113}} \tag{2.15}$$

本式の右辺第 1 項は(2.14)式の最初の式の右辺第 1 項と同じである. よって, (2.15)式は

$$\dot{X}_1 = \alpha_1 X_4^{g_{14}} - \gamma_{12} X_1^{f_{112}} - \gamma_{13} X_1^{f_{113}} \tag{2.16}$$

と書くことができる. また,

$$\begin{aligned}\gamma_{12} X_1^{f_{112}} &= \alpha_2 X_1^{g_{21}} \\ \gamma_{13} X_1^{f_{113}} &= \alpha_3 X_1^{g_{31}}\end{aligned} \tag{2.17}$$

であることから

$$\dot{X}_1 = \alpha_1 X_4^{g_{14}} - \alpha_2 X_1^{g_{21}} - \alpha_3 X_1^{g_{31}} \tag{2.18}$$

となる. (2.18)式を(2.14)式の 1 番目の式と比較すると

$$\beta_1 X_1^{h_{11}} = \alpha_2 X_1^{g_{21}} + \alpha_3 X_1^{g_{31}} = V_2 + V_3 \tag{2.19}$$

の関係を得る. (2.19)式はGMA-システム型式とS-システム型式の関係に対する束縛条件である. 反応次数および速度定数の関係を求めるため, (2.19)式の対数を取り,

$$\ln \beta_1 + h_{11} \ln X_1 = \ln(\alpha_2 X_1^{g_{21}} + \alpha_3 X_1^{g_{31}}) = \ln(V_2 + V_3) \tag{2.20}$$

とする. (2.20)式の辺々を$\ln X_1$で偏微分すると

$$\begin{aligned}h_{11} &= \frac{\partial}{\partial \ln X_1} \ln(\alpha_2 X_1^{g_{21}} + \alpha_3 X_1^{g_{31}}) \\ &= \frac{X_1}{(V_2+V_3)} \frac{\partial}{\partial X_1}(\alpha_2 X_1^{g_{21}} + \alpha_3 X_1^{g_{31}}) \\ &= \frac{X_1}{(V_2+V_3)}(g_{21} \alpha_2 X_1^{g_{21}-1} + g_{31} \alpha_3 X_1^{g_{31}-1}) \\ &= \frac{X_1}{(V_2+V_3)}(\frac{g_{21}}{X_1} \alpha_2 X_1^{g_{21}} + \frac{g_{31}}{X_1} \alpha_3 X_1^{g_{31}}) = \frac{g_{21} V_2 + g_{31} V_3}{V_2 + V_3}\end{aligned} \tag{2.21}$$

となり, 本式からh_{11}の値が得られる. また, GMA-システム型式中のパラメーターと関係づけたこのh_{11}の計算値を, (2.19)式から導かれる次式へ適用すると, β_1

の値が得られる.

$$\beta_1 = \frac{V_2 + V_3}{X_1^{h_{11}}} \tag{2.22}$$

例として，パラメーター値を割り当てたつぎのようなGMA–システム型式を考えよう.

$$\begin{aligned}
\dot{X}_1 &= 2X_4^{0.5} - X_1^{0.5} - 2X_1 & X_1(0) &= 0.1 \\
\dot{X}_2 &= X_1^{0.5} - 1.5X_2^{0.5} & X_2(0) &= 0.5 \\
\dot{X}_3 &= 2X_1 - X_3^{0.5} & X_3(0) &= 1 \\
X_4 &= 0.2
\end{aligned} \tag{2.23}$$

本微分方程式を(2.21), (2.22)式の関係を用いてS–システム型方程式へ変換するには，代謝物濃度と流束に対する定常状態値が必要である．これらの値は(2.23)式を$\dot{X}_i = 0\ (i=1,2,3)$とおき，これらを代数方程式として解くことにより求められる．いま，この計算を適当な代数方程式解法，たとえばニュートン–ラフソン法(Newton–Raphson method)で行うならば，つぎのような定常状態濃度および流束を得ることができる．

$$X_1^* = 0.2152424, \quad X_2^* = 0.09566331, \quad X_3^* = 0.1853172$$
$$V_1^* = 0.8944272, \quad V_2^* = 0.4639423, \quad V_3^* = 0.4304849$$

これらの値を(2.21), (2.22)式へ適用してh_{11}とβ_1を計算すると，最終的につぎのようなS–システム型方程式を得る．

$$\begin{aligned}
\dot{X}_1 &= 2X_4^{0.5} - 2.79004313 X_1^{0.7406483725} & X_1(0) &= 0.1 \\
\dot{X}_2 &= X_1^{0.5} - 1.5X_2^{0.5} & X_2(0) &= 0.5 \\
\dot{X}_3 &= 2X_1 - X_3^{0.5} & X_3(0) &= 1 \\
X_4 &= 0.2
\end{aligned} \tag{2.24}$$

本式により計算した各代謝物濃度の時間変化を図2.12(a)に示す．X_2とX_3は定常状態値が初期値よりも小さいので，その値に向かって単調に減少する．一方，X_1は定常状態値が初期値よりも大きいので，その値に向かって増加する．また，

(2.23)式のGMA–システム型式を使った計算結果を図 2.12(b)に示す．2 つの図は見た目には区別ができないくらいよく似ている．すなわち，システムが単純であれば，S–システム型式とGMA–システム型式による代謝物濃度の時間変化の計算結果はほぼ同じになる．

さらに，X_1が分解して生成したX_2とX_3が図 2.13 に示すようにそれぞれの生成反応と分解前の反応をフィードバック阻害する場合を考えてみよう．このときのS–システム型方程式はつぎのようになる．

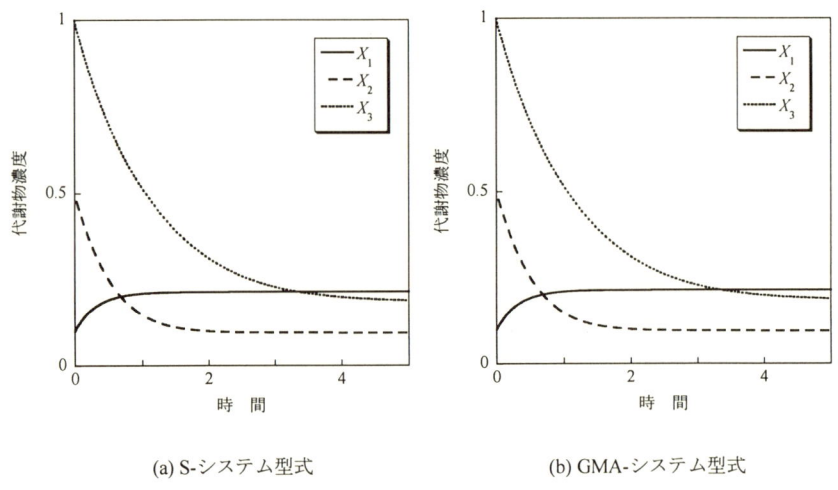

(a) S-システム型式   (b) GMA-システム型式

図 2.12 分岐を持つ代謝経路の挙動

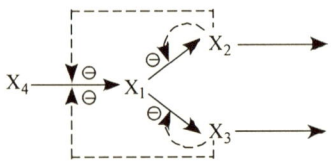

図 2.13 分岐を持つ代謝経路の挙動

第2章 バイオケミカルシステム理論

$$\begin{aligned}
\dot{X}_1 &= \alpha_1 X_2^{g_{12}} X_3^{g_{13}} X_4^{g_{14}} - \beta_1 X_1^{h_{11}} X_2^{h_{12}} X_3^{h_{13}} = V_1 - V_{-1} \\
\dot{X}_2 &= \alpha_2 X_1^{g_{21}} X_2^{g_{22}} - \beta_2 X_2^{h_{22}} = V_2 - V_{-2} \\
\dot{X}_3 &= \alpha_3 X_1^{g_{31}} X_3^{g_{33}} - \beta_3 X_3^{h_{33}} = V_3 - V_{-3} \\
X_4 &= 一定
\end{aligned} \qquad (2.25)$$

ここで，1番目の式の右辺第2項は，X_1 が X_2 と X_3 へ分解する分岐点における X_1 から X_2 への流束と X_1 から X_3 への流束をまとめたものである．(2.25)式をGMA–システム型式で表すとつぎのようになる．

$$\dot{X}_1 = \gamma_{11} X_2^{f_{121}} X_3^{f_{131}} X_4^{f_{141}} - \gamma_{12} X_1^{f_{112}} X_2^{f_{122}} - \gamma_{13} X_1^{f_{113}} X_3^{f_{133}} \qquad (2.26)$$

(2.26)式の右辺第1項は(2.25)式の1番目の式の右辺第1項と同じであるので，

$$\dot{X}_1 = \alpha_1 X_2^{g_{12}} X_3^{g_{13}} X_4^{g_{14}} - \gamma_{12} X_1^{f_{112}} X_2^{f_{122}} - \gamma_{13} X_1^{f_{113}} X_3^{f_{133}} \qquad (2.27)$$

と書くことができる．また，

$$\begin{aligned}
\gamma_{12} X_1^{f_{112}} X_2^{f_{122}} &= \alpha_2 X_1^{g_{21}} X_2^{g_{22}} \\
\gamma_{13} X_1^{f_{113}} X_3^{f_{133}} &= \alpha_3 X_1^{g_{31}} X_3^{g_{33}}
\end{aligned} \qquad (2.28)$$

であることから，結局，(2.27)式は

$$\dot{X}_1 = \alpha_1 X_2^{g_{12}} X_3^{g_{13}} X_4^{g_{14}} - \alpha_2 X_1^{g_{21}} X_2^{g_{22}} - \alpha_3 X_1^{g_{31}} X_3^{g_{33}} \qquad (2.29)$$

となる．(2.25)式の1番目の式の右辺第2項を(2.28)式と比較すると，

$$\beta_1 X_1^{h_{11}} X_2^{h_{12}} X_3^{h_{13}} = \alpha_2 X_1^{g_{21}} X_2^{g_{22}} + \alpha_3 X_1^{g_{31}} X_3^{g_{33}} = V_2 + V_3 \qquad (2.30)$$

の関係を得る．(2.30)式はGMA–システム型式とS–システム型式の関係に対する束縛条件である．(2.30)式の両辺の対数を取ると

$$\begin{aligned}
\ln \beta_1 &+ h_{11} \ln X_1 + h_{12} \ln X_2 + h_{13} \ln X_3 \\
&= \ln(\alpha_2 X_1^{g_{21}} X_2^{g_{22}} + \alpha_3 X_1^{g_{31}} X_3^{g_{33}}) = \ln(V_2 + V_3)
\end{aligned} \qquad (2.31)$$

となる．本式の辺々を $\ln X_1$ で偏微分すると

$$\begin{aligned}
h_{11} &= \frac{\partial}{\partial \ln X_1} \ln(\alpha_2 X_1^{g_{21}} X_2^{g_{22}} + \alpha_3 X_1^{g_{31}} X_3^{g_{33}}) \\
&= \frac{X_1}{(V_2 + V_3)} \frac{\partial}{\partial X_1} (\alpha_2 X_1^{g_{21}} X_2^{g_{22}} + \alpha_3 X_1^{g_{31}} X_3^{g_{33}})
\end{aligned} \qquad (2.32)$$

$$= \frac{X_1}{(V_2+V_3)}(g_{21}\alpha_2 X_1^{g_{21}-1}X_2^{g_{22}} + g_{31}\alpha_3 X_1^{g_{31}-1}X_3^{g_{33}})$$

$$= \frac{X_1}{(V_2+V_3)}(\frac{g_{21}}{X_1}\alpha_2 X_1^{g_{21}}X_2^{g_{22}} + \frac{g_{31}}{X_1}\alpha_3 X_1^{g_{31}}X_3^{g_{33}}) = \frac{g_{21}V_2 + g_{31}V_3}{V_2+V_3}$$

を得る.同様にして

$$h_{12} = \frac{g_{22}V_2}{V_2+V_3} \tag{2.33}$$

$$h_{13} = \frac{g_{33}V_3}{V_2+V_3} \tag{2.34}$$

が得られる.さらに,GMA-システム型式中のパラメーターと関係づけたh_{1j} (j=1,2,3)を(2.30)式へ適用すると,

$$\beta_1 = \frac{V_2+V_3}{X_1^{h_{11}}X_2^{h_{12}}X_3^{h_{13}}} \tag{2.35}$$

を得る.結果として,(2.32)~(2.35)式により各パラメーター値を計算すれば,すべての微分方程式を(2.25)式のようなS-システム型式で表すことができる.

(4) 可逆反応を含む代謝経路

図 2.14 のような可逆反応を含む代謝反応システムにおいて,X_2の時間変化を

$$\dot{X}_2 = (\upsilon_{12} - \upsilon_{21}) - (\upsilon_{23} - \upsilon_{32}) \tag{2.36}$$

のように表す.ここで,括弧内の 2 つの流束は,正方向と逆方向の反応を分けて表したものである.すなわち,

$$V_1 = \frac{V_{m2}X_1/K_2 - V_{m-2}X_2/K_{-2}}{1 + X_1/K_2 + X_2/K_{-2}} = \upsilon_{12} - \upsilon_{21} \tag{2.37}$$

$$V_{-1} = \frac{V_{m3}X_2/K_3 - V_{m-3}X_3/K_{-3}}{1 + X_2/K_3 + X_3/K_{-3}} = \upsilon_{23} - \upsilon_{32} \tag{2.38}$$

とした.この式のS-システム型表記はつぎのようになる.

$$\dot{X}_2 = \alpha_2 X_1^{g_{21}}X_2^{g_{22}} - \beta_2 X_2^{h_{22}}X_3^{h_{23}} \tag{2.39}$$

ここで,(2.37)式の$\upsilon_{12}-\upsilon_{21}$と$\upsilon_{23}-\upsilon_{32}$について考えてみよう.これらはどちらも

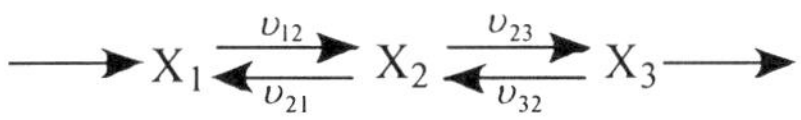

$$\longrightarrow X_1 \underset{v_{21}}{\overset{v_{12}}{\rightleftarrows}} X_2 \underset{v_{32}}{\overset{v_{23}}{\rightleftarrows}} X_3 \longrightarrow$$

図 2.14 可逆反応を含む代謝経路

差を求めている．このような関係式をそのままべき乗則式へ変換すると，変換式の近似の精度が悪くなることが知られている[23]．この場合，可逆反応速度式を分解し，同符号のものを

$$\dot{X}_2 = (v_{12} + v_{32}) - (v_{21} + v_{23}) \tag{2.40}$$

のようにまとめ，

$$\dot{X}_2 = \alpha_2 X_1^{g_{21}} X_2^{g_{22}} X_3^{g_{23}} - \beta_2 X_1^{h_{21}} X_2^{h_{22}} X_3^{h_{23}} \tag{2.41}$$

のような S-システム型式で表した方がよい．(2.41)式の方が(2.39)式よりも近似の精度がよくなることは，これらの式の各項に含まれる変数の数が2から3へ増加していることから容易に推測できる．

以上のように，S-システム型方程式への変換は，得られた式により代謝物濃度の時間変化を計算しようとする場合，正と負の符号を持つ項ごとに分けて行うことを推奨する．ただし，定常状態での感度解析だけを行う場合にはこの限りではない．

(5) S-システム型のべき乗則式が持つ意味

図 2.15 に示す2つの代謝経路 I，II において，代謝物濃度X_1の時間変化を個々の流束式を使って表すとそれぞれつぎのようになる．

$$\frac{dX_1}{dt} = (v_{31}(X_3) + v_{21}(X_2)) - (v_{12}(X_1)) \tag{2.42}$$

$$\frac{dX_1}{dt} = (v_{31}(X_2, X_3)) - (v_{12}(X_1)) \tag{2.43}$$

代謝経路 I では，X_1プールへの流入流束が2つある．一方，代謝経路 II では，X_1プールへの流入流束は1つである．ただし，X_3からX_1の生成反応がX_2の濃度の影響を受けるため，その流束式はX_2の関数になる．このように(2.42)式と(2.43)式は明らかに異なる．しかしながら，代謝経路 I，II をS-システム表記すると，

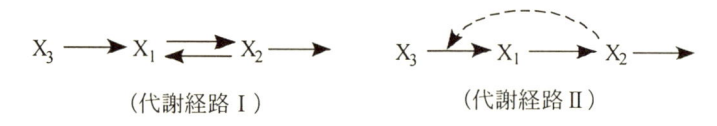

```
X₃ ⟶ X₁ ⇌ X₂ ⟶        X₃ ⟶ X₁ ⟶ X₂ ⟶
      （代謝経路Ⅰ）              （代謝経路Ⅱ）
```

図 2.15 S-システム表記において同じ構造を取る代謝経路

つぎのようにまったく同じ式となる．

$$\frac{dX_1}{dt} = \alpha_1 X_2^{g_{12}} X_3^{g_{13}} - \beta_1 X_1^{h_{11}} \tag{2.44}$$

このことから，S-システム型方程式はある意味で従属変数，独立変数の相互作用の有無や大きさを表す式であると考えることができよう．べき乗則型式で表されたそれぞれの正味流束はつぎのような情報を与える．

1) 正味流束と従属変数，独立変数の関数関係から，正味流束がどの従属変数，独立変数から影響を受けるかがわかる．
2) 反応次数の絶対値の大きさから，それが掛かる変数が正味流束へどの程度影響を及ぼしているかがわかる．
3) 反応次数が正の値を持つ場合，それが掛かる変数が流束の増大に寄与することがわかる．もし，その変数が正味流束外から影響を与えているならば，それが掛かる変数はその正味流束を活性化していることになる．
4) 反応次数が負の値を持つ場合，それが掛かる変数は流束の勢いを減衰させることになる．もし，その変数が正味流束外から影響を与えているならば，その変数はその正味流束を阻害していることになる．

(6) 文字式解析法のまとめ

以上の例から明らかなように，BSTでは代謝マップが与えられれば，それに従属変数を割り当てることによりS-システム型方程式を容易に導くことができる．その式中の右辺の各項には，相当する経路に関係する従属変数，独立変数が含まれており，これらの依存性はそれぞれにかかる反応次数の値の大きさや符号により与えられる．また，式中のパラメーターにもっともらしい値を割り当てた後，微分方程式を数値的に解けば，与えられたシステムの特徴を概略的に知ることができる．

2.5 代謝制御解析法 (MCA)[6,7]

BSTと肩を並べて世界中で代謝反応システムの解析に用いられている手法は、代謝制御解析法(Metabolic Control Analysis; 以下 MCA と記述する)である．本法も基本的には M–M システム型式を定常状態においてべき乗則式へ変換した後、定常状態感度の計算値に基づきシステムの特性を明らかにしようとする．ここでは本法の BST との違いを説明するため、再び分岐のある代謝経路(図 2.13)について考えよう．本システムの BST 表記は(2.25)式で与えた通りである．比較のため、これを再度以下に与える．

$$\begin{aligned}
\dot{X}_1 &= \alpha_1 X_2^{g_{12}} X_3^{g_{13}} X_4^{g_{14}} - \beta_1 X_1^{h_{11}} X_2^{h_{12}} X_3^{h_{13}} = V_1 - V_{-1} \\
\dot{X}_2 &= \alpha_2 X_1^{g_{21}} X_2^{g_{22}} - \beta_2 X_2^{h_{22}} = V_2 - V_{-2} \\
\dot{X}_3 &= \alpha_3 X_1^{g_{31}} X_3^{g_{33}} - \beta_3 X_3^{h_{33}} = V_3 - V_{-3} \\
X_4 &= 一定
\end{aligned} \quad (2.25)$$

MCA では同システムをつぎのように表す．

$$\begin{aligned}
\dot{X}_1 &= E_1 X_2^{\varepsilon_{X_2}^1} X_3^{\varepsilon_{X_3}^1} X_4^{\varepsilon_{X_4}^1} - E_4 X_1^{\varepsilon_{X_1}^4} X_2^{\varepsilon_{X_2}^4} - E_5 X_1^{\varepsilon_{X_1}^5} X_3^{\varepsilon_{X_3}^5} = \upsilon_1 - \upsilon_4 - \upsilon_5 \\
\dot{X}_2 &= E_4 X_1^{\varepsilon_{X_1}^4} X_2^{\varepsilon_{X_2}^4} - E_2 X_2^{\varepsilon_{X_2}^2} = \upsilon_4 - \upsilon_2 \\
\dot{X}_3 &= E_5 X_1^{\varepsilon_{X_1}^5} X_3^{\varepsilon_{X_3}^5} - E_3 X_3^{\varepsilon_{X_3}^3} = \upsilon_1 - \upsilon_3 \\
X_4 &= 一定
\end{aligned} \quad (2.45)$$

BST, MCA とも代謝反応システムをべき乗則型式で表すが、これらの表記には使用する記号が異なることの他、つぎのような2つの違いがある．まず、MCAでは流束式ごとにべき乗則式へ変換する．これはBSTの言葉でいうならば、GMA-システム表記である．つぎに、MCA では流入流束、流出流束を敢えて区別しない．これらの違いは、MCA が個々の流束の挙動観察を重視したことによると考えられる．

(2.45)式に基づき、MCAではつぎの2種類の感度値を計算してシステムの特性を明らかにしようとする．1つめは、任意の酵素活性E_jが変化した場合にそれぞれの代謝物濃度X_iまたは流束J_iがどの程度影響を受けるかを表す制御係数

(Control coefficient)である．これには2つの種類がある．まず，代謝物濃度の制御係数であるが，これは

$$C_j^{X_i} = \frac{\partial X_i}{\partial E_j}\left(\frac{E_j}{X_i}\right) \qquad (i=1,\cdots;j=1,\cdots) \tag{2.46}$$

と書かれる．これは酵素活性の無限小百分率変化に対する代謝物濃度の百分率応答を表している．つぎに，流束の制御係数であるが，これは

$$C_j^{J_i} = \frac{\partial J_i}{\partial E_j}\left(\frac{E_j}{J_i}\right) \qquad (i=1,\cdots;j=1,\cdots) \tag{2.47}$$

と書かれる．これは酵素活性の無限小百分率変化に対する流束の百分率応答を表す．これらの値は BST の速度定数感度に相当する．大きな値であるほど，その従属変数はより強い影響を受けることになる．

2つめは，任意の代謝物濃度X_jが変化した場合にそれぞれの反応速度がどの程度の影響を受けるかを表す弾性係数(Elasticity)である．

$$\varepsilon_{X_j}^i = \frac{\partial v_i}{\partial X_j}\left(\frac{X_j}{v_i}\right) \qquad (i=1,\cdots;j=1,\cdots) \tag{2.48}$$

(2.45)式から明らかなように，これは流束式に含まれる反応次数のみかけの値であり，BSTのg_{ij}, h_{ij}に等しい．(2.48)式の形から，弾性係数はある代謝物濃度が変化したとき，個々の酵素反応速度がどの程度の影響を受けるかを表す指標であると誤解される傾向にあるが，そうではないので注意されたい．この値はあくまで個々の反応速度式を定常状態においてGMA-システム型式へ変換したとき，得られた変換式中の各代謝物濃度に掛かる指数，すなわち反応次数なのである．仮に弾性係数がそのような意味を持つのであれば，代謝物濃度が変化したときすべての代謝物濃度または流束は最終的にもとの定常状態へ戻るので，その計算値はゼロとなるはずである．

BST と MCA で定義されている感度特性値を表2.1で比較している．これより BST の方が与えられたシステムからより多くの情報を引き出すことができることが明らかである．上述のようにMCAの弾性係数は，BSTのGMA-システム型式(または S-システム型式)中の反応次数に相当するので，BST において弾性係数に相当する感度を知りたければ，べき乗則式中の各反応次数の値を見ればよい．BSTによれば，さらにこの反応次数がシステムへ及ぼす影響を簡単に求める

ことができる．

BST, MCA ともに定常状態における感度解析に基づきシステムの特性を明らかにしようとする点では類似の理論と言える．しかし，これらには決定的な違いがある．MCA では個々の酵素反応を重視して GMA-システム型の表記を行うため，代謝物濃度に対して陽的に定常状態解を得ることができない．たとえば，(2.45)式において代謝物濃度の定常状態解を陽的に表すことができない．一方，BSTでは 4 章で述べるように，流入流束，流出流束ごとにべき乗則型式として表すため，すなわち S-システム型式とするため，定常状態解を陽的に表すことができる．これにより BST ではシステム解析の結果引き出される情報量や情報を引き出すための手順の効率が増大する．

表 2.1 BST と MCA で定義されている定常状態感度特性値の比較

	BST		MCA
速度定数感度	$S(X_i, \alpha_j)$ $S(X_i, \beta_j)$	制御係数	$C_j^{X_i} = \dfrac{\partial X_i}{\partial E_j}\left(\dfrac{E_j}{X_i}\right)$
	$S(V_i, \alpha_j), S(V_i, \beta_j)$ $S(V_{-i}, \alpha_j), S(V_{-i}, \beta_j)$		$C_j^{J_i} = \dfrac{\partial J_i}{\partial E_j}\left(\dfrac{E_j}{J_i}\right)$
反応次数感度	$S(X_i, g_{jk})$ $S(X_i, h_{jk})$		—
	$S(V_i, g_{jk}), S(V_i, h_{jk})$ $S(V_{-i}, g_{jk}), S(V_{-i}, h_{jk})$		
対数ゲイン	$L(X_i, X_j)$		—
	$L(V_i, X_j), L(V_{-i}, X_j)$		
反応次数	g_{ij}, h_{ij}	弾性係数	$\varepsilon_{X_j}^i = \dfrac{\partial v_i}{\partial X_j}\left(\dfrac{X_j}{v_i}\right)$

第3章
べき乗則式への変換

3.1 微分物質収支式

　代謝マップが与えられ，この中に含まれる酵素反応の反応速度式(すなわち流束式)がすべて与えられているとき，任意の代謝物X_iのプールにおいて流入流束$v_{k,i}$ ($k=1,2,\cdots\cdots$)と流出流束$v_{i,k}$ ($k=1,2,\cdots\cdots$)の収支を取れば，時刻tにおける代謝物濃度X_i ($i=1,\cdots\cdots,n$)の変化速度式，すなわちM-Mシステム型微分方程式を得る．これを一般的に書くとつぎのようになる．

$$\frac{dX_i}{dt} = v_{1,i} + v_{2,i} + v_{3,i} + \cdots\cdots - v_{i,1} - v_{i,2} - v_{i,3} - \cdots\cdots \quad (i=1,\cdots\cdots,n) \quad (3.1)$$

ここでnは従属変数の数を表す．すなわち，(3.1)式はシステムに含まれるすべての代謝物の濃度の時間変化を表すn元連立微分方程式である．本式は代謝反応システムをどのような手法で解析する場合でも最初に設定される式である．(3.1)式をいかに効率よく操作し，物理的に意味のある多くの情報を引き出すことができるかが解析法の価値を決める大きな因子となる．

3.2 近似的変換

(1) S-システム型方程式

　(3.1)式のS-システム型方程式への変換は，まず右辺の流束項を正味の流入流束V_iと流出流束V_{-i}にグループ化することから始まる．BSTでは，これらの区別が容易となるようにグループ化したものを括弧でくくり，

$$\frac{dX_i}{dt} = (v_{1,i} + v_{2,i} + v_{3,i} + \cdots\cdots) - (v_{i,1} + v_{i,2} + v_{i,3} + \cdots\cdots) \quad (3.2)$$

$$= V_i - V_{-i} \quad (i=1,\cdots\cdots,n)$$

と表す.このグループ化は流束の持つ物理的な意味の違いのほか,変換されたべき乗則式の時間変化に対する計算値の近似精度を考慮してのことである.S−システム型方程式への変換では,V_iとV_{-i}ごとにまとめてべき乗則式とする.結果として,つぎのような2つのべき乗則型項を持つ微分方程式を得る.

$$\frac{dX_i}{dt} = \alpha_i \prod_{j=1}^{n+m} X_j^{g_{ij}} - \beta_i \prod_{j=1}^{n+m} X_j^{h_{ij}} \quad (i=1, \cdots\cdots, n) \tag{3.3}$$

ここで,$X_i (i=1, \cdots\cdots, n)$は従属変数,$X_i (i=n+1, \cdots\cdots, n+m)$は独立変数,$n, m$はそれぞれ従属変数と独立変数の数,$\alpha_i$は$X_i$プールへ流入する正味流束の速度定数,$\beta_i$は$X_i$プールから流出する正味流束の速度定数,$g_{ij}, h_{ij}$はそれぞれ流入流束と流出流束の反応次数,$t$は時間である.(3.2)式から(3.3)式への変換はつぎの関係式を使って行われる.

$$\begin{aligned} g_{ij} &= \left(\frac{\partial V_i}{\partial X_j}\right)^* \left(\frac{X_j^*}{V_i^*}\right), \quad h_{ij} = \left(\frac{\partial V_{-i}}{\partial X_j}\right)^* \left(\frac{X_j^*}{V_{-i}^*}\right) \\ \alpha_i &= \frac{V_i^*}{\prod_{j=1}^{n+m} X_j^{* g_{ij}}}, \quad \beta_i = \frac{V_{-i}^*}{\prod_{j=1}^{n+m} X_j^{* h_{ij}}} \end{aligned} \tag{3.4}$$

ここで記号 * は,その値に定常状態値を用いることを意味する.

この変換の手順を理解するため,図3.1に示す2分子反応を含む代謝反応モデルを考えよう.ここで,流束v_{13}, v_{23}, v_{34}に対する式がつぎのように与えられているものとする.

$$v_{13} = \frac{X_1}{X_1 + 0.1(1 + X_4/2.0)} \tag{3.5}$$

$$v_{23} = 0.5 X_2^{0.5} \tag{3.6}$$

$$v_{34} = \frac{1.5 X_3}{X_3 + 0.5} \tag{3.7}$$

このときX_3に対する微分物質収支式はつぎのように与えられる.

$$\frac{dX_3}{dt} = (v_{13} + v_{23}) - (v_{34}) = V_3 - V_{-3} \tag{3.8}$$

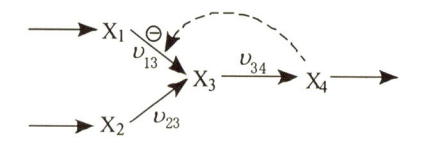

図 3.1 2分子反応を含む代謝反応モデル

また，S-システム型方程式は，その関数関係により

$$\frac{dX_3}{dt} = \alpha_3 X_1^{g_{31}} X_2^{g_{32}} X_4^{g_{34}} - \beta_3 X_3^{h_{33}} \tag{3.9}$$

と与えられるはずである．いま，代謝物濃度の定常状態値が $X_1^* = 0.5$，$X_2^* = 0.32653061$，$X_3^* = 1.0$，$X_4^* = 2.0$ であるとき，上式中の反応次数と速度定数は(3.4)式の関係によりつぎのように与えられる．

$$g_{31} = \left(\frac{\partial V_3}{\partial X_1}\right)^* \left(\frac{X_1^*}{V_3^*}\right) = \frac{0.1(1 + X_4^*/2.0)}{\left[X_1^* + 0.1(1 + X_4^*/2.0)\right]^2} \cdot$$

$$\frac{X_1^*}{\dfrac{X_1^*}{X_1^* + 0.1(1 + X_4^*/2.0)} + 0.5 X_2^{*0.5}} = 0.71428571$$

$$g_{32} = \left(\frac{\partial V_3}{\partial X_2}\right)^* \left(\frac{X_2^*}{V_3^*}\right)$$

$$= 0.5 \times 0.5 X_2^{*-0.5} \cdot \frac{X_2^*}{\dfrac{X_1^*}{X_1^* + 0.1(1 + X_4^*/2.0)} + 0.5 X_2^{*0.5}} = 0.14285714$$

$$g_{34} = \left(\frac{\partial V_3}{\partial X_4}\right)^* \left(\frac{X_4^*}{V_3^*}\right) = -\frac{(0.1/2.0) X_1^*}{\left[X_1^* + 0.1(1 + X_4^*/2.0)\right]^2} \cdot$$

$$\frac{X_4^*}{\dfrac{X_1^*}{X_1^* + 0.1(1 + X_4^*/2.0)} + 0.5 X_2^{*0.5}} = -0.10204082 \tag{3.10}$$

$$h_{33} = \left(\frac{\partial V_3}{\partial X_3}\right)^* \left(\frac{X_3^*}{V_3^*}\right)$$

$$= \frac{1.5 \times 0.5}{(X_3^* + 0.5)^2} \cdot \frac{X_3^*}{\frac{1.5 X_3^*}{X_3^* + 0.5}} = 0.33333333$$

$$\alpha_3 = \frac{V_3^*}{X_1^{*g_{31}} X_2^{*g_{32}} X_4^{*g_{34}}} = 2.0662279$$

$$\beta_3 = \frac{V_{-3}^*}{X_3^{*h_{33}}} = 1.0000000$$

したがって,S−システム型方程式はつぎのように与えられる.

$$\frac{dX_3}{dt} = 2.0662279 X_1^{0.71428571} X_2^{0.14285714} X_4^{-0.10204082} - X_3^{0.33333333} \tag{3.11}$$

X_3以外の代謝物濃度についても,同様な手順でS−システム型式へ変換すればよい.

(2) GMA−システム型方程式

(3.1)式を流入流束と流出流束を区別することなしにつぎのように表す.

$$\frac{dX_i}{dt} = V_{i,1} + V_{i,2} + V_{i,3} + \cdots\cdots + V_{i,k} \cdots\cdots + V_{i,p} \qquad (i=1,\cdots,n) \tag{3.12}$$

ここで,$v_{i,k}$ ($k=1,2,\cdots\cdots$)は代謝物濃度X_i ($i=1,\cdots\cdots,n$)の時間変化式中のk番目の流束式を表す.いま,各流束式ごとにべき乗則式へ変換すると,つぎのようなGMA−システム型方程式を得る.

$$\frac{dX_i}{dt} = \sum_{k=1}^{p} v_{ik} = \sum_{k=1}^{p} \alpha_{ik} \prod_{j=1}^{n+m} X_j^{g_{ijk}} \qquad (i=1,\cdots\cdots,n) \tag{3.13}$$

ただし,GMA−システム型式には(2.5)式のような記述法もあることを思い出されたい.ここで,pは流束式の最大数である.また,α_{ik}, g_{ijk}はそれぞれk番目の流束式中の速度定数と反応次数を表しており,次式で与えられる.

$$g_{ijk} = \left(\frac{\partial v_{i,k}}{\partial X_j}\right)^* \left(\frac{X_j^*}{v_{i,k}^*}\right)$$

$$\alpha_{ik} = \frac{v_{i,k}^*}{\prod_{j=1}^{n+m} X_j^{*g_{ijk}}} \tag{3.14}$$

理解を深めるため,図3.1の代謝反応モデルにおけるX_3の時間変化をGMA-システム型式で表してみよう.それの(3.12)式に相当する式は

$$\frac{dX_3}{dt} = v_{31} + v_{32} + v_{33} \tag{3.15}$$

となる.ここで,$v_{31} = v_{13}$, $v_{32} = v_{23}$, $v_{33} = -v_{34}$ の関係がある.(3.5)~(3.7)式の関数関係を考慮しながら各流束式をべき乗則式で表すならば

$$\frac{dX_3}{dt} = \alpha_{31} X_1^{g_{311}} X_4^{g_{341}} + \alpha_{32} X_2^{g_{322}} + \alpha_{33} X_3^{g_{333}} \tag{3.16}$$

となる.式中のパラメーター値は,(3.14)式の関係よりつぎのように計算される.

$$g_{311} = \left(\frac{\partial v_{3,1}}{\partial X_1}\right)^* \left(\frac{X_1^*}{v_{3,1}^*}\right)$$

$$= \frac{0.1(1 + X_4^*/2.0)}{\left[X_1^* + 0.1(1 + X_4^*/2.0)\right]^2} \cdot \frac{X_1^*}{\dfrac{X_1^*}{X_1^* + 0.1(1 + X_4^*/2.0)}} = 0.71428571$$

$$g_{341} = \left(\frac{\partial v_{3,1}}{\partial X_4}\right)^* \left(\frac{X_4^*}{v_{3,1}^*}\right)$$

$$= -\frac{(0.1/2.0)X_1^*}{\left[X_1^* + 0.1(1 + X_4^*/2.0)\right]^2} \cdot \frac{X_4^*}{\dfrac{X_1^*}{X_1^* + 0.1(1 + X_4^*/2.0)}} \tag{3.17}$$

$$= -0.10204082$$

$$g_{322} = 0.5$$

$$g_{333} = \left(\frac{\partial v_{3,3}}{\partial X_3}\right)^* \left(\frac{X_3^*}{v_{3,3}^*}\right) = \frac{1.5 \times 0.5}{(X_3^* + 0.5)^2} \cdot \frac{X_3^*}{\dfrac{1.5 X_3^*}{X_3^* + 0.5}} = 0.33333333$$

$$\alpha_{31} = \frac{v_{3,1}^*}{X_1^{*g_{311}} X_4^{*g_{341}}} = 2.0662279$$

$$\alpha_{32} = 0.5$$

$$\alpha_{33} = \frac{v_{3,3}^*}{X_3^{*g_{333}}} = -1.0000000$$

結果として,GMA–システム型方程式はつぎのように与えられる.

$$\frac{dX_3}{dt} = 2.0662279 X_1^{0.71428571} X_4^{-0.10204082} + 0.5 X_2^{0.5} - X_3^{0.33333333} \tag{3.18}$$

3.3 解析的変換(リキャスティング)[8]

　定常状態値を使って近似的に変換されたべき乗則式は,もとの微分方程式と定常状態においてのみ正確に一致する.たとえば,定常状態にあるシステムにおいて,各代謝物はそれぞれの定常状態濃度を維持しているが,外部から代謝物が添加されたり,酵素濃度が突然変化したりすると,定常状態値とは異なる値を取るようになる.すなわち,代謝物濃度の時間変化が起こる.もし,この変化が小さく,定常状態値周辺に限られるならば,上述の近似的に変換されたべき乗則式による代謝物濃度の計算値は,もとの微分方程式による計算値とほぼ同じになる.変化が大きい場合,計算値は大きく異なるかもしれないが,変化の特徴はもとの微分方程式のそれに似ているであろう.

　BSTは非線形流束式を含む微分方程式をS-システム型式またはGMA–システム型式へ解析的に変換する方法を提供する.これをリキャスティング(Recasting)という.リキャスティングされた微分方程式を信頼できる数値計算法で解いてやれば,もとの微分方程式と厳密に一致する数値解を得ることができる.M–Mシステム型微分方程式において流束式が3個以上あるとき,本方程式はまずGMA–システム型式へ,つぎにS-システム型式へリキャスティングされる.リキャスティングの回数が増えるとその分だけ微分方程式の数が増える.これにより計算時間が長くなる.したがって,数値計算の目的でリキャスティングを行う場合,GMA–システム型方程式までの変換で止めるのがよい.以下では,いくつかの例題に基づきリキャスティングの手順を説明する.

(1) sin 関数を含む微分方程式

微分方程式

$$\frac{dy}{dt} = -\sin(t) \qquad y(0) = 1 \tag{3.19}$$

は, $\cos(t)$ を解として持つ. いま, リキャスティング変数を $X_1 = y = \cos(t)$, $X_2 = \sin(t)$ のように設定すると, (3.19)式はつぎのようなべき乗則式へと変換される.

$$\frac{dX_1}{dt} = -X_2 \qquad X_1(0) = 1 \tag{3.20}$$

$$\frac{dX_2}{dt} = X_1 \qquad X_2(0) = 0 \tag{3.21}$$

1個の微分方程式に対し, 1個のリキャスティング変数を設定した結果, 最終的に2個のGMA-システム型方程式が得られている. 第5章で述べるように, (3.20), (3.21)式をテーラー級数法により解くと, コンピューターの有効数字と同等の精度で数値解を得ることができる.

(2) 対数と指数を含む微分方程式

微分方程式

$$\frac{dz}{dt} = \exp[(\ln z)^2] \qquad z(0) = 2 \tag{3.22}$$

において, リキャスティング変数を

$$X_1 = Z \tag{3.23}$$
$$X_2 = \ln Z \tag{3.24}$$
$$X_3 = \exp[(\ln Z)^2] \tag{3.25}$$

とおき変数変換を行う. まず, (3.22)式へ(3.23), (3.24)式を適用することにより,

$$\frac{dX_1}{dt} = X_3 \qquad X_1(0) = 2 \tag{3.26}$$

を得る. つぎに, (3.24)式, すなわち $X_2 = \ln X_1$ を t で微分すると

$$\frac{dX_2}{dt} = \frac{1}{X_1}\dot{X}_1 = X_1^{-1}X_3 \qquad X_2(0) = \ln 2 \qquad (3.27)$$

を得る．さらに，(3.25)式，すなわち $X_3 = \exp[X_2^2]$ を $\ln X_3 = X_2^2$ のように変形し，これを t で微分すると $\dot{X}_3/X_3 = 2X_2\dot{X}_2$ となる．これより次式を得る．

$$\frac{dX_3}{dt} = 2X_2 X_3 \dot{X}_2 = 2X_1^{-1}X_2 X_3^2 \qquad X_3(0) = \exp[(\ln 2)^2] \qquad (3.28)$$

ここでは，1個の微分方程式に対し，2個のリキャスティング変数を設定した結果，最終的に3個のGMA-システム型方程式が得られている．

(3) 2分子反応を含む代謝経路

図3.1の代謝反応はつぎのような微分物質収支式を与える．

$$\frac{dX_1}{dt} = \alpha_1 - \frac{X_1}{X_1 + 0.1(1 + X_4/2.0)} \qquad X_1(0) = X_{10} \qquad (3.29)$$

$$\frac{dX_2}{dt} = \alpha_2 - 0.5 X_2^{0.5} \qquad X_2(0) = X_{20} \qquad (3.30)$$

$$\frac{dX_3}{dt} = \frac{X_1}{X_1 + 0.1(1 + X_4/2.0)} + 0.5 X_2^{0.5} - \frac{1.5 X_3}{X_3 + 0.5} \qquad X_3(0) = X_{30} \qquad (3.31)$$

$$\frac{dX_4}{dt} = \frac{1.5 X_3}{X_3 + 0.5} - 2.0 X_4^{0.8} \qquad X_4(0) = X_{40} \qquad (3.32)$$

いま，新たな変数

$$X_5 = X_1 + 0.1(1 + X_4/2.0) \qquad (3.33)$$

$$X_6 = X_3 + 0.5 \qquad (3.34)$$

を定義すると，まず，(3.29)～(3.32)式からつぎのようなGMA-システム型方程式を得る．

$$\frac{dX_1}{dt} = \alpha_1 - X_1 X_5^{-1} \qquad X_1(0) = X_{10} \qquad (3.35)$$

$$\frac{dX_2}{dt} = \alpha_2 - 0.5 X_2^{0.5} \qquad X_2(0) = X_{20} \qquad (3.36)$$

$$\frac{dX_3}{dt} = X_1 X_5^{-1} + 0.5 X_2^{0.5} - 1.5 X_3 X_6^{-1} \qquad X_3(0) = X_{30} \qquad (3.37)$$

$$\frac{dX_4}{dt} = 1.5 X_3 X_6^{-1} - 2.0 X_4^{0.8} \qquad X_4(0) = X_{40} \qquad (3.38)$$

つぎに，(3.33)式を t で微分して次式を得る．

$$\frac{dX_5}{dt} = \dot{X}_1 + 0.05 \dot{X}_4 = \alpha_1 - X_1 X_5^{-1} + 0.075 X_3 X_6^{-1} - 0.1 X_4^{0.8}$$

$$X_5(0) = X_{10} + 0.1(1 + X_{40}/2.0) \qquad (3.39)$$

また，(3.34)式を t で微分して次式を得る．

$$\frac{dX_6}{dt} = \dot{X}_3 = X_1 X_5^{-1} + 0.5 X_2^{0.5} - 1.5 X_3 X_6^{-1} \qquad X_6(0) = X_{30} + 0.5 \qquad (3.40)$$

この場合，4個のM–Mシステム型微分方程式に対し，2個のリキャスティング変数を定義した結果，6個のGMA–システム型方程式が得られている．

　以上のように，M–Mシステム型方程式に限らず，様々な形の非線形式を含む微分方程式をリキャスティングによりGMA–システム型方程式へ変換することができる．リキャスティング操作の前後において，微分方程式の数はつぎのように変化する．

$$\begin{pmatrix} \text{リキャスティング後} \\ \text{のGMA-システム型} \\ \text{微分方程式の数} \end{pmatrix} = \begin{pmatrix} \text{リキャスティング前} \\ \text{の微分方程式の数} \end{pmatrix} + \begin{pmatrix} \text{リキャスティング} \\ \text{変数の数} \end{pmatrix} \qquad (3.41)$$

GMA–システム型方程式をさらにリキャスティングすればS–システム型方程式を得ることができる．しかしながら，リキャスティング回数が増えると，すなわちリキャスティング変数の数が増えると微分方程式の数も増えるため，数値計算に負荷がかかるようになる．この問題を回避するには，リキャスティング変数を微分方程式に変換せず，代数式のままで計算するとよい．たとえば，前述の例題(2分子反応を含む代謝反応モデル)の場合，(3.35)～(3.38)式で与えられたGMA–システム型微分方程式を(3.33), (3.34)式のリキャスティング変数の式と組み合わせて解けばよい．

第4章
定常状態解析

4.1 定常状態における従属変数値

　微分物質収支式を S-システム型方程式へ変換することの大きな目的は，定常状態における感度計算を効率化することにある．以下ではこの計算の原理を説明する．いま，S-システム型方程式

$$\frac{dX_i}{dt} = \alpha_i \prod_{j=1}^{n+m} X_j^{g_{ij}} - \beta_i \prod_{j=1}^{n+m} X_j^{h_{ij}} = V_i - V_{-i} \qquad (i=1,\cdots\cdots,n) \tag{4.1}$$

は，定常状態($dX_i/dt = 0$)においてつぎのようになる．

$$\prod_{j=1}^{n+m} X_j^{g_{ij}-h_{ij}} = \beta_i/\alpha_i \qquad (i=1,\cdots\cdots,n) \tag{4.2}$$

ここで，(4.2)式中の定常状態での代謝物濃度X_i ($i=1,\cdots,n$)は正確にはX_i^*と記述すべきであるが，本章では簡略化のため定常状態を表す記号 * を省略する．定常状態での正味流束V_i, V_{-i} ($i=1,\cdots,n$)と個々の流束v_{ij}についても同様である．本式の両辺の対数を取ると次式を得る．

$$\sum_{j=1}^{n+m} (g_{ij} - h_{ij}) \ln X_j = \ln(\beta_i/\alpha_i) \qquad (i=1,\cdots\cdots,n) \tag{4.3}$$

これを

$$\sum_{j=1}^{n+m} a_{ij} y_j = b_i \qquad (i=1,\cdots\cdots,n) \tag{4.4}$$

と表す．ここで$y_j = \ln X_j$, $a_{ij} = g_{ij} - h_{ij}$, $b_i = \ln(\beta_i/\alpha_i)$とした．(4.4)式を行列で表すとつぎのようになる．

$$\begin{bmatrix} a_{11} & a_{12} & \cdots & a_{1,n} \\ a_{21} & a_{22} & \cdots & a_{2,n} \\ \vdots & \vdots & & \vdots \\ a_{n,1} & a_{n,2} & \cdots & a_{n,n} \end{bmatrix} \begin{bmatrix} y_1 \\ y_2 \\ \vdots \\ y_n \end{bmatrix} + \begin{bmatrix} a_{1,n+1} & a_{1,n+2} & \cdots & a_{1,n+m} \\ a_{2,n+1} & a_{2,n+2} & \cdots & a_{2,n+m} \\ \vdots & \vdots & & \vdots \\ a_{n,n+1} & a_{n,n+2} & \cdots & a_{n,n+m} \end{bmatrix} \begin{bmatrix} y_{n+1} \\ y_{n+2} \\ \vdots \\ y_{n+m} \end{bmatrix} = \begin{bmatrix} b_1 \\ b_2 \\ \vdots \\ b_n \end{bmatrix} \quad (4.5)$$

上式は簡単に書くと

$$[\mathbf{A}]_d \mathbf{y}]_d + [\mathbf{A}]_i \mathbf{y}]_i = \mathbf{b} \tag{4.6}$$

となる．ここで，添字d, iはそれぞれ従属変数，独立変数の行列，またはベクトルであることを意味する．すなわち，左辺第1項は従属変数，第2項は独立変数に対する行列項である．(4.6)式の表記では行列とベクトルの区別が容易なように，前者には[ ]を，後者には] を用いていることに注意されたい．(4.5)式をy_i ($i=1, \cdots\cdots, n$)，すなわち定常状態における代謝物濃度の対数値について解くと次式を得る．

$$\begin{bmatrix} y_1 \\ y_2 \\ \vdots \\ y_n \end{bmatrix} = -\begin{bmatrix} a_{11} & a_{12} & \cdots & a_{1,n} \\ a_{21} & a_{22} & \cdots & a_{2,n} \\ \vdots & \vdots & & \vdots \\ a_{n,1} & a_{n,2} & \cdots & a_{n,n} \end{bmatrix}^{-1} \begin{bmatrix} a_{1,n+1} & a_{1,n+2} & \cdots & a_{1,n+m} \\ a_{2,n+1} & a_{2,n+2} & \cdots & a_{2,n+m} \\ \vdots & \vdots & & \vdots \\ a_{n,n+1} & a_{n,n+2} & \cdots & a_{n,n+m} \end{bmatrix} \begin{bmatrix} y_{n+1} \\ y_{n+2} \\ \vdots \\ y_{n+m} \end{bmatrix}$$
$$+ \begin{bmatrix} a_{11} & a_{12} & \cdots & a_{1,n} \\ a_{21} & a_{22} & \cdots & a_{2,n} \\ \vdots & \vdots & & \vdots \\ a_{n,1} & a_{n,2} & \cdots & a_{n,n} \end{bmatrix}^{-1} \begin{bmatrix} b_1 \\ b_2 \\ \vdots \\ b_n \end{bmatrix} \quad (4.7)$$

これを簡単に書くと

$$\mathbf{y}]_d = -[\mathbf{A}]_d^{-1} [\mathbf{A}]_i \mathbf{y}]_i + [\mathbf{A}]_d^{-1} \mathbf{b} \tag{4.8}$$

となる．本式による計算値から，定常状態代謝物濃度は$X_i = \exp[y_i]$ ($i=1, \cdots, n$)として求められる．つぎに，流束は定常状態で$V_i = V_{-i}$となるので，流入収束

$$V_i = \alpha_i \prod_{j=1}^{n+m} X_j^{g_{ij}} \tag{4.9}$$

についてだけ考えればよく，この両辺の対数を取り

$$\ln V_i = \ln \alpha_i + \sum_{j=1}^{n+m} g_{ij} \ln X_j = \ln \alpha_i + \sum_{j=1}^{n+m} g_{ij} y_j \tag{4.10}$$

第4章 定常状態解析

を得る．(4.9)式の行列表記はつぎのようになる．

$$\begin{bmatrix} \ln V_1 \\ \ln V_2 \\ \vdots \\ \ln V_n \end{bmatrix} = \begin{bmatrix} \ln \alpha_1 \\ \ln \alpha_2 \\ \vdots \\ \ln \alpha_n \end{bmatrix} + \begin{bmatrix} g_{11} & g_{12} & \cdots & g_{1,n} \\ g_{21} & g_{22} & \cdots & g_{2,n} \\ \vdots & \vdots & & \vdots \\ g_{n,1} & g_{n,2} & \cdots & g_{n,n} \end{bmatrix} \begin{bmatrix} y_1 \\ y_2 \\ \vdots \\ y_n \end{bmatrix}$$
$$+ \begin{bmatrix} g_{1,n+1} & g_{1,n+2} & \cdots & g_{1,n+m} \\ g_{2,n+1} & g_{2,n+2} & \cdots & g_{2,n+m} \\ \vdots & \vdots & & \vdots \\ g_{n,n+1} & g_{n,n+2} & \cdots & g_{n,n+m} \end{bmatrix} \begin{bmatrix} y_{n+1} \\ y_{n+2} \\ \vdots \\ y_{n+m} \end{bmatrix} \quad (4.11)$$

これを簡単に書くと

$$\mathbf{lnV}] = \mathbf{ln\alpha}] + [\mathbf{G}]_d [\mathbf{y}]_d + [\mathbf{G}]_i \mathbf{y}]_i \quad (4.12)$$

となる．結果として，定常状態における流入流束(または流出流束)は，$V_i = \exp[\ln V_i]$ ($i=1,\cdots,n$)として求められる．

4.2 定常状態における感度解析

BSTによればシステムの定常状態感度の計算が容易である．しかも，その計算アルゴリズムは理論的に正しい計算値を与える．BSTでは，従属変数の応答が独立変数の変動によるものか，それともパラメーターの変動によるものかに応じて，このような感度特性値の呼び方を対数ゲインと感度に区別している．以下では，これらの定義，計算法について述べる．

(1) 対数ゲイン

対数ゲイン(Logarithmic gain)は，独立変数X_i ($i=n+1,\cdots,n+m$) の無限小百分率変化に対する従属変数の百分率応答と定義される．これは近似的には独立変数が1%だけ増加したときに従属変数が何パーセント変化するかを表す．代謝物濃度に対しては

$$L_{ij} = L(X_i, X_j) = \frac{\partial \ln X_i}{\partial \ln X_j} = \frac{\partial X_i}{\partial X_j} \frac{X_j}{X_i} \qquad (i=1,\cdots,n; j=n+1,\cdots,n+m) \quad (4.13)$$

と定義される．また，正味流束に対しては

$$L(V_i, X_j) = \frac{\partial \ln V_i}{\partial \ln X_j} = \frac{\partial V_i}{\partial X_j}\frac{X_j}{V_i} = g_{ij} + \sum_{k=1}^{n} g_{ik} L(X_k, X_j) \tag{4.14}$$

$$(i=1,\cdots,n; j=n+1,\cdots,n+m)$$

と定義される．さらに，個々の流束に対しては

$$L(\upsilon_{ik}, X_j) = \frac{\partial \ln \upsilon_{ik}}{\partial \ln X_j} = \frac{\partial \upsilon_{ik}}{\partial X_j}\frac{X_j}{\upsilon_{ik}} \qquad (i=1,\cdots,n; j=n+1,\cdots,n+m; k=1,\cdots) \tag{4.15}$$

と定義される．いずれも，分子，分母の無限小変化値が基準値(通常は定常状態値)で割られており，対数ゲインは無次元数であることがわかる．

まず，代謝物濃度に対する対数ゲインの計算式を導いてみよう．いま，(4.7)式の右辺第1項に含まれる行列を

$$\begin{bmatrix} L_{11} & L_{12} & \cdots & L_{1,m} \\ L_{21} & L_{22} & \cdots & L_{2,m} \\ \vdots & \vdots & & \vdots \\ L_{n,1} & L_{n,2} & \cdots & L_{n,m} \end{bmatrix} = -\begin{bmatrix} a_{11} & a_{12} & \cdots & a_{1,n} \\ a_{21} & a_{22} & \cdots & a_{2,n} \\ \vdots & \vdots & & \vdots \\ a_{n,1} & a_{n,2} & \cdots & a_{n,n} \end{bmatrix}^{-1} \begin{bmatrix} a_{1,n+1} & a_{1,n+2} & \cdots & a_{1,n+m} \\ a_{2,n+1} & a_{2,n+2} & \cdots & a_{2,n+m} \\ \vdots & \vdots & & \vdots \\ a_{n,n+1} & a_{n,n+2} & \cdots & a_{n,n+m} \end{bmatrix} \tag{4.16}$$

とおき，すなわち

$$[\mathbf{L}(X,X)] = -[\mathbf{A}]_d^{-1}[\mathbf{A}]_i \tag{4.17}$$

とおき，また第2項に含まれる行列を

$$\begin{bmatrix} M_{11} & M_{12} & \cdots & M_{1,n} \\ M_{21} & M_{22} & \cdots & M_{2,n} \\ \vdots & \vdots & & \vdots \\ M_{n,1} & M_{n,2} & \cdots & M_{n,n} \end{bmatrix} = \begin{bmatrix} a_{11} & a_{12} & \cdots & a_{1,n} \\ a_{21} & a_{22} & \cdots & a_{2,n} \\ \vdots & \vdots & & \vdots \\ a_{n,1} & a_{n,2} & \cdots & a_{n,n} \end{bmatrix}^{-1} \tag{4.18}$$

とおき，すなわち

$$[\mathbf{M}] = [\mathbf{A}]_d^{-1} \tag{4.19}$$

とおいて(4.7)式をつぎのように表す．

$$\begin{bmatrix} y_1 \\ y_2 \\ \vdots \\ y_n \end{bmatrix} = \begin{bmatrix} L_{11} & L_{12} & \cdots & L_{1,m} \\ L_{21} & L_{22} & \cdots & L_{2,m} \\ \vdots & \vdots & & \vdots \\ L_{n,1} & L_{n,2} & \cdots & L_{n,m} \end{bmatrix} \begin{bmatrix} y_{n+1} \\ y_{n+2} \\ \vdots \\ y_{n+m} \end{bmatrix} + \begin{bmatrix} M_{11} & M_{12} & \cdots & M_{1,n} \\ M_{21} & M_{22} & \cdots & M_{2,n} \\ \vdots & \vdots & & \vdots \\ M_{n,1} & M_{n,2} & \cdots & M_{n,n} \end{bmatrix} \begin{bmatrix} b_1 \\ b_2 \\ \vdots \\ b_n \end{bmatrix} \tag{4.20}$$

第4章 定常状態解析

これは簡単には

$$\mathbf{y}]_d = [\mathbf{L}(X,X)]\mathbf{y}]_i + [\mathbf{M}]\mathbf{b} \tag{4.21}$$

と書かれる．ここで理解を容易にするため，(4.20)式中のy_i成分についてのみ考える．この式は

$$y_i = L_{i1}y_{n+1} + L_{i2}y_{n+2} + \cdots L_{ik}y_k + \cdots L_{i,n+m}y_{n+m} + M_{i1}b_1 + M_{i2}b_2 + \cdots + M_{i,n}b_n \tag{4.22}$$

と書かれる．この従属変数y_iを独立変数y_kで偏微分すると

$$\frac{\partial y_i}{\partial y_k} = L_{i,k} \tag{4.23}$$

となる．同様の演算をすべての従属変数と独立変数に対して行うと

$$\begin{bmatrix} \dfrac{\partial y_1}{\partial y_{n+1}} & \dfrac{\partial y_1}{\partial y_{n+2}} & \cdots & \dfrac{\partial y_1}{\partial y_{n+m}} \\ \dfrac{\partial y_2}{\partial y_{n+1}} & \dfrac{\partial y_2}{\partial y_{n+2}} & \cdots & \dfrac{\partial y_2}{\partial y_{n+m}} \\ \vdots & \vdots & & \vdots \\ \dfrac{\partial y_n}{\partial y_{n+1}} & \dfrac{\partial y_n}{\partial y_{n+2}} & \cdots & \dfrac{\partial y_n}{\partial y_{n+m}} \end{bmatrix} = \begin{bmatrix} L_{11} & L_{12} & \cdots & L_{1,m} \\ L_{21} & L_{22} & \cdots & L_{2,m} \\ \vdots & \vdots & & \vdots \\ L_{n,1} & L_{n,2} & \cdots & L_{n,m} \end{bmatrix} \tag{4.24}$$

を得る．すなわち，代謝物濃度の対数ゲインを求めるには，反応次数だけから構成された(4.16)式の行列演算を行えばよい．

つぎに，正味流束に対する対数ゲインの計算式を導いてみよう．(4.11)式中の$\ln V_i$はつぎのように書かれる．

$$\ln V_i = \ln \alpha_i + g_{i1}y_1 + g_{i2}y_2 + \cdots + g_{i,n}y_n + g_{i,n+1}y_{n+1} + g_{i,n+2}y_{n+2} \\ + \cdots + g_{i,k}y_k + \cdots + g_{i,n+m}y_{n+m} \tag{4.25}$$

従属変数$\ln V_i$を独立変数y_kで偏微分すると

$$\begin{aligned} L(V_i, X_k) = \frac{\partial \ln V_i}{\partial y_k} &= g_{i,k} + g_{i1}\frac{\partial y_1}{\partial y_k} + g_{i2}\frac{\partial y_2}{\partial y_k} + \cdots + g_{i,n}\frac{\partial y_n}{\partial y_k} \\ &= g_{i,k} + g_{i1}L(X_1,X_k) + g_{i2}L(X_2,X_k) + \cdots + g_{i,n}L(X_n,X_k) \end{aligned} \tag{4.26}$$

となる．同様の演算をすべての要素に対して行うと，

$$\begin{bmatrix} L(V_1,X_{n+1}) & L(V_1,X_{n+2}) & \cdots & L(V_1,X_{n+m}) \\ L(V_2,X_{n+1}) & L(V_2,X_{n+2}) & \cdots & L(V_2,X_{n+m}) \\ \vdots & \vdots & & \vdots \\ L(V_n,X_{n+1}) & L(V_n,X_{n+2}) & \cdots & L(V_n,X_{n+m}) \end{bmatrix} = \begin{bmatrix} g_{1,n+1} & g_{1,n+2} & \cdots & g_{1,n+m} \\ g_{2,n+1} & g_{2,n+2} & \cdots & g_{2,n+m} \\ \vdots & \vdots & & \vdots \\ g_{n,n+1} & g_{n,n+2} & \cdots & g_{n,n+m} \end{bmatrix}$$

$$+ \begin{bmatrix} g_{11} & g_{12} & \cdots & g_{1,n} \\ g_{21} & g_{22} & \cdots & g_{2,n} \\ \vdots & \vdots & & \vdots \\ g_{n,1} & g_{n,2} & \cdots & g_{n,n} \end{bmatrix} \begin{bmatrix} L_{11} & L_{12} & \cdots & L_{1,n} \\ L_{21} & L_{22} & \cdots & L_{2,n} \\ \vdots & \vdots & & \vdots \\ L_{n,1} & L_{n,2} & \cdots & L_{n,n} \end{bmatrix} \quad (4.27)$$

を得る．本式は正味流束に対する対数ゲインの計算式である．なお，(4.27)式は簡単にはつぎのように書くことができる．

$$[\mathbf{L}(V,X)] = [\mathbf{G}]_i + [\mathbf{G}]_d [\mathbf{L}(X,X)] \tag{4.28}$$

さらに，個々の流束に対する対数ゲインの計算式[12]を導いてみよう．この対数ゲインは代謝反応システムの特性を細かく調べる上で不可欠な特性値である．いま，流束式がつぎのようなGMA-システム型式で与えられているものとする．

$$\upsilon_{i,l} = \alpha_{i,l} \prod_{j=1}^{n+m} X_j^{g_{ijl}} \quad (i=1,\cdots,n; k=n+1,\cdots,n+m; l=1,\cdots,p) \tag{4.29}$$

本式の両辺の対数を取ると

$$\ln \upsilon_{i,l} = \ln \alpha_{i,l} + \ln \prod_{j=1}^{n+m} X_j^{g_{ijl}} \quad (i=1,\cdots,n; k=n+1,\cdots,n+m; l=1,\cdots,p) \tag{4.30}$$

となる．(4.30)式へ対数ゲインの定義を適用すると

$$\begin{aligned} L(\upsilon_{i,l},X_k) &= \frac{\partial\left(\ln \alpha_{i,l} + \ln \prod_{j=1}^{n+m} X_j^{g_{ijl}}\right)}{\partial \ln X_k} = \frac{\partial \ln \alpha_{i,l}}{\partial \ln X_k} + \frac{\partial \ln \prod_{j=1}^{n+m} X_j^{g_{ijl}}}{\partial \ln X_k} \\ &= \frac{\partial \ln \prod_{j=1}^{n+m} X_j^{g_{ijl}}}{\partial \ln X_k} = \frac{\partial \ln \prod_{j=1}^{n} X_j^{g_{ijl}}}{\partial \ln X_k} + \frac{\partial \ln \prod_{j=n+1}^{n+m} X_j^{g_{ijl}}}{\partial \ln X_k} \\ &= g_{ikl} + \sum_{j=1}^{n} g_{ijl} L(X_j,X_k) \end{aligned} \tag{4.31}$$

$$(i=1,\cdots,n; k=n+1,\cdots,n+m; l=1,\cdots,p)$$

を得る．(4.31)式を構成する各値は定常状態での理論的に正しい値である．したがって，(4.31)式は個々の流束(すなわち個々の酵素反応)に対する対数ゲインを陽的に表した式となっている．

(2) 速度定数感度

速度定数感度(Rate-constant sensitivity)は，速度定数α_i ($i=n+1,\cdots,n+m$) またはβ_i ($i=n+1,\cdots,n+m$)の無限小百分率変化に対する従属変数の百分率応答と定義される．これは近似的には速度定数が1%だけ増加したときに従属変数が何パーセント変化するかを表す．まず，代謝物濃度に対しては

$$S(X_i,\alpha_j)=\frac{\partial \ln X_i}{\partial \ln \alpha_j}=\frac{\partial X_i}{\partial \alpha_j}\frac{\alpha_j}{X_i}=-M_{ij} \qquad (i,j=1,\cdots,n) \qquad (4.32)$$

$$S(X_i,\beta_j)=\frac{\partial \ln X_i}{\partial \ln \beta_j}=\frac{\partial X_i}{\partial \beta_j}\frac{\beta_j}{X_i}=M_{ij} \qquad (i,j=1,\cdots,n) \qquad (4.33)$$

となる．(4.32), (4.33)式は簡単には

$$[\mathbf{S}(X,\alpha)]=-[\mathbf{M}]=-[\mathbf{A}]_\mathrm{d}^{-1} \qquad (4.34)$$

$$[\mathbf{S}(X,\beta)]=[\mathbf{M}]=[\mathbf{A}]_\mathrm{d}^{-1} \qquad (4.35)$$

と書かれる．また，正味流束に対しては

$$S(V_i,\alpha_j)=\frac{\partial \ln V_i}{\partial \ln \alpha_j}=\frac{\partial V_i}{\partial \alpha_j}\frac{\alpha_j}{V_i}=\delta_{ij}+\sum_{k=1}^{n}g_{ik}S(X_k,\alpha_j) \qquad (i,j=1,\cdots,n) \qquad (4.36)$$

$$S(V_i,\beta_j)=\frac{\partial \ln V_i}{\partial \ln \beta_j}=\frac{\partial V_i}{\partial \beta_j}\frac{\beta_j}{V_i}=\sum_{k=1}^{n}g_{ik}S(X_k,\beta_j) \qquad (i,j=1,\cdots,n) \qquad (4.37)$$

となる．ここでδ_{ij}はクロネッカーのデルタであり，

$$\delta_{ij}=\begin{cases} 1 & (i=j) \\ 0 & (i\neq j) \end{cases} \qquad (4.38)$$

の値を持つ．(4.36), (4.37)式は簡単には

$$\begin{aligned}{}[\mathbf{S}(V,\alpha)]&=[\mathbf{I}]+[\mathbf{G}]_\mathrm{d}[\mathbf{S}(X,\alpha)] \\ &=[\mathbf{I}]-[\mathbf{G}]_\mathrm{d}[\mathbf{M}]=[\mathbf{I}]-[\mathbf{G}]_\mathrm{d}[\mathbf{A}]_\mathrm{d}^{-1}\end{aligned} \qquad (4.39)$$

$$[\mathbf{S}(V,\beta)] = [\mathbf{G}]_d [\mathbf{S}(X,\beta)]$$
$$= [\mathbf{G}]_d [\mathbf{M}] = [\mathbf{G}]_d [\mathbf{A}]_d^{-1} \quad (4.40)$$

と書かれる．速度定数感度も分子，分母の無限小変化値が各基準値により割られており，無次元数である．速度定数感度，およびつぎに述べる反応次数感度の値が小さいとき，そのシステムは頑強性(Robustness)が高いという．

(3) 反応次数感度

反応次数感度(Kinetic-order sensitivity)は，反応次数g_{ij} (i, k=1,$\cdots$,n; p=1,$\cdots$,$n+m$) またはh_{ij} (i, k=1,$\cdots$,n; p=1,$\cdots$, $n+m$)の無限小百分率変化に対する従属変数の百分率応答として定義される．これは近似的には反応次数が1%だけ増加したときに従属変数が何パーセント変化するかを表す．まず，代謝物濃度に対しては

$$S(X_i, g_{kp}) = \left(\frac{\partial X_i}{\partial g_{kp}}\right)\left(\frac{g_{kp}}{X_i}\right) = y_i S(y_i, g_{kp}) \quad (i, k=1,\cdots,n; p=1,\cdots,n+m) \quad (4.41)$$

と定義される．ここで，

$$S(X_i, g_{kp})/g_{kp} = -S(X_i, h_{kp})/h_{kp} \quad (i, k=1,\cdots,n; p=1,\cdots,n+m) \quad (4.42)$$

の関係，または

$$S(y_i, g_{kp})/g_{kp} = -S(y_i, h_{kp})/h_{kp} \quad (i, k=1,\cdots,n; p=1,\cdots,n+m) \quad (4.43)$$

の関係が成り立つ．また，正味流束に対しては

$$S(V_i, g_{kp})/g_{kp} = \delta_{ij} y_p + \sum_{j=1}^{n} g_{ij} S(X_j, g_{kp})/g_{kp} \quad (i, k=1,\cdots,n; p=1,\cdots,n+m) \quad (4.44)$$

$$S(V_i, h_{kp})/h_{kp} = \sum_{j=1}^{n} g_{ij} S(X_j, h_{kp})/h_{kp} \quad (i, k=1,\cdots,n; p=1,\cdots,n+m) \quad (4.45)$$

となる．反応次数感度も分子，分母の無限小変化値が各基準値により割られており，無次元数である．

(4) 束縛条件[24]

上で定義した対数ゲイン，速度定数感度，反応次数感度には束縛条件が存在

する．これらは，感度または対数ゲインのみの和から構成される総和関係(Summation relationship)，および感度と反応次数，または対数ゲインと速度定数の積の和の形から構成される結合関係(Connectivity relationship)からなる．これらは独立変数がわずかに変化したとき，システムに及ぼされる影響(感度)の増減が制約を受けることを示す．

<u>総和関係</u>

速度定数感度については，(4.32), (4.33)式より

$$\sum_{j=1}^{n}\{S(X_i,\alpha_j)+S(X_i,\beta_j)\}=0 \qquad (i=1,\cdots,n) \tag{4.46}$$

となり，また(4.36)式と(4.37)式の和に (4.32), (4.33)式の関係を考慮して

$$\sum_{j=1}^{n}\{S(V_i,\alpha_j)+S(V_i,\beta_j)\}=1 \qquad (i=1,\cdots,n) \tag{4.47}$$

となる．反応次数感度については，(4.42)式より

$$\sum_{j=1}^{n}\{S(X_i,g_{jp})/g_{jp}+S(X_i,h_{jp})/h_{jp}\}=0 \qquad (i=1,\cdots,n; p=1,\cdots,n+m) \tag{4.48}$$

となり，また(4.44)式と(4.45)式の和に(4.42)式の関係を考慮して

$$\sum_{j=1}^{n}\{S(V_i,g_{jp})/g_{jp}+S(V_i,h_{jp})/h_{jp}\}=y_p \qquad (i=1,\cdots,n; p=1,\cdots,n+m) \tag{4.49}$$

となる．一方，対数ゲイン

$$\sum_{j=n+1}^{n+m}L(X_i,X_j),\ \sum_{j=n+1}^{n+m}L(V_i,X_j) \qquad (i=1,\cdots,n)$$

についての関係式は見いだされない[24]．

<u>結合関係</u>

速度定数感度については，(4.32), (4.32)式を(4.18)式から導かれる

$$\sum_{j=1}^{n}M_{ij}a_{jk}=\delta_{ik} \tag{4.50}$$

の関係へ適用することにより

$$\sum_{j=1}^{n}\{S(X_i,\alpha_j)g_{jk}+S(X_i,\beta_j)h_{jk}\}=-\delta_{ik} \qquad (i,k=1,\cdots,n) \tag{4.51}$$

となり，また(4.36)式, (4.37)式を考慮し，順次式を変形することにより

$$\sum_{j=1}^{n}\left\{S(V_i,\alpha_j)g_{jk}+S(V_i,\beta_j)h_{jk}\right\}=0 \qquad (i,k=1,\cdots,n) \tag{4.52}$$

となる．反応次数感度についても関係式の考慮により

$$\sum_{j=1}^{n}\left[\left\{S(X_i,g_{jp})/g_{jp}\right\}g_{jk}+\left\{S(X_i,h_{jp})/h_{jp}\right\}h_{jk}\right]=-\delta_{ik}y_p \tag{4.53}$$

$$(i,k=1,\cdots,n; p=1,\cdots,n+m)$$

$$\sum_{j=1}^{n}\left[\left\{S(V_i,g_{jp})/g_{jp}\right\}g_{jk}+\left\{S(V_i,h_{jp})/h_{jp}\right\}h_{jk}\right]=0 \tag{4.54}$$

$$(i,k=1,\cdots,n; p=1,\cdots,n+m)$$

となる．対数ゲインの束縛条件

$$\sum_{j=n+1}^{n+m}L(X_i,X_j)a_{jk} \text{ と } \sum_{j=n+1}^{n+m}L(V_i,X_j)a_{jk} \qquad (i=1,\cdots,n; k=1,\cdots,n+m)$$

は，a_{jk} ($j>n$)に該当する反応次数がないため存在しない．

4.3 固有値と局所的安定性[25]

S-システム型，GMA-システム型方程式は一般につぎのように書かれる．

$$\frac{dX_i}{dt}=f_i(X_1,X_2,\cdots X_n) \qquad (i=1,2\cdots,n) \tag{4.55}$$

上式は定常状態において

$$f_i(X_1^*,X_2^*,\cdots X_n^*)=0 \tag{4.56}$$

となる．(4.55)式の右辺の関数を，定常状態値の周りで低次のテーラー級数により近似する．すなわち，X_i の X_i^* から $X_i^*+\Delta X_i$ ($i=1,2\cdots,n$)へのわずかな変化をつぎのように表す．

$$\begin{aligned}f_i(X_1,X_2,\cdots X_n)&=f_i(X_1^*+\Delta X_1,X_2^*+\Delta X_2,\cdots,X_n^*+\Delta X_n)\\ &\simeq f_i(X_1^*,X_2^*,\cdots X_n^*)+\left(\frac{\partial f_i}{\partial X_1}\right)^*\Delta X_1+\left(\frac{\partial f_i}{\partial X_2}\right)^*\Delta X_2+\cdots+\left(\frac{\partial f_i}{\partial X_n}\right)^*\Delta X_n\end{aligned} \tag{4.57}$$

(4.54)式へ $X_i = X_i^* + \Delta X_i$ （ $i = 1, 2 \cdots, n$ ）と(4.56), (4.57)式の関係を適用すると

$$\frac{d(\Delta X_i)}{dt} = \left(\frac{\partial f_i}{\partial X_1}\right)^* \Delta X_1 + \left(\frac{\partial f_i}{\partial X_2}\right)^* \Delta X_2 + \cdots + \left(\frac{\partial f_i}{\partial X_n}\right)^* \Delta X_n$$

$$= A_{i1} \Delta X_1 + A_{i2} \Delta X_2 + \cdots + A_{in} \Delta X_n$$

(4.58)

となる．ここで

$$A_{ij} = \left(\frac{\partial f_i}{\partial X_j}\right)^*$$

(4.59)

とした．(4.58)式を行列で表記するとつぎのようになる．

$$\begin{bmatrix} \dfrac{d(\Delta X_1)}{dt} \\ \dfrac{d(\Delta X_2)}{dt} \\ \vdots \\ \dfrac{d(\Delta X_n)}{dt} \end{bmatrix} = \begin{bmatrix} A_{11} & A_{12} & \cdots & A_{1n} \\ A_{21} & A_{22} & \cdots & A_{2n} \\ \vdots & \vdots & & \vdots \\ A_{n1} & A_{n2} & \cdots & A_{nn} \end{bmatrix} \begin{bmatrix} \Delta X_1 \\ \Delta X_2 \\ \vdots \\ \Delta X_n \end{bmatrix}$$

(4.60)

いま，つぎのような行列式を定義する．

$$\left| \begin{bmatrix} A_{11} & A_{12} & \cdots & A_{1n} \\ A_{21} & A_{22} & \cdots & A_{2n} \\ \vdots & \vdots & & \vdots \\ A_{n1} & A_{n2} & \cdots & A_{nn} \end{bmatrix} - \lambda \begin{bmatrix} 1 & 0 & \cdots & 0 \\ 0 & 1 & \cdots & 0 \\ \vdots & \vdots & \ddots & \vdots \\ 0 & 0 & \cdots & 1 \end{bmatrix} \right| = 0$$

(4.61)

これを解いて整理すると次式を得る．

$$\lambda^n + a_{n-1}\lambda^{n-1} + a_{n-2}\lambda^{n-2} + a_{n-3}\lambda^{n-3} + \cdots + a_1 \lambda + a_0 = 0$$

(4.62)

これを特性方程式(Characteristic equation)といい，その根λを固有値(Eigenvalue)という．S-システム型方程式，またはGMA-システム型方程式から，(4.62)のような特性方程式を作り，その根λ_i（ $i = 1, 2 \cdots, n$ ）を得たとき，これらの固有値の実部がすべて負であれば，そのシステムは局所的に安定であるとみなされる．たとえば，定常状態にあるシステムにおいてある時刻に従属変数がわずかに変化した場合，各従属変数はその影響を受けて変化を始めるが，最終的にはもとの定常状態に落ち着くことになる．

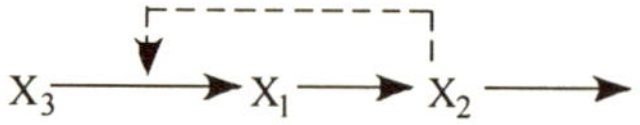

$$X_3 \longrightarrow X_1 \longrightarrow X_2 \longrightarrow$$

図 4.1 フィードバック阻害を持つ直線状代謝反応モデル

例として，図 4.1 に示すような代謝反応モデルを考えてみよう．その S-システム型方程式はつぎのように与えられる．

$$\frac{dX_1}{dt} = X_2^{-0.5} X_3^{1.5} - 0.5 X_1 = f_1(X_1, X_2; X_3)$$

$$\frac{dX_2}{dt} = 0.5 X_1 - 2 X_2^{0.2} = f_2(X_1, X_2; X_3) \tag{4.63}$$

$$X_3 = 1.0$$

上式を $dX_i/dt=0$ とおくことにより，代謝物濃度に対する定常状態値が $(X_1, X_2)=(3.281341, 0.3714986)$ と求められる．また，

$$\begin{aligned}
A_{11} &= \left(\frac{\partial f_1}{\partial X_1}\right)^* = -0.5 & A_{12} &= \left(\frac{\partial f_1}{\partial X_2}\right)^* = -0.5 X_2^{*-1.5} X_3^{*1.5} \\
& & & = -2.20817878 \\
A_{21} &= \left(\frac{\partial f_2}{\partial X_1}\right)^* = 0.5 & A_{22} &= \left(\frac{\partial f_2}{\partial X_2}\right)^* = -0.4 X_2^{*-0.8} \\
& & & = -0.88327156
\end{aligned} \tag{4.64}$$

である．したがって，特性方程式は

$$\left| \begin{bmatrix} -0.5 & -2.20817878 \\ 0.5 & -0.88327156 \end{bmatrix} - \lambda \begin{bmatrix} 1 & 0 \\ 0 & 1 \end{bmatrix} \right| = 0 \tag{4.65}$$

と与えられる．これより

$$\begin{aligned}
\left| \begin{bmatrix} -0.5 - \lambda & -2.20817878 \\ 0.5 & -0.88327156 - \lambda \end{bmatrix} \right| & \\
&= (0.5 + \lambda)(0.88327156 + \lambda) - 0.5(-2.20817878) \\
&= \lambda^2 + 1.38327156 \lambda + 1.5472517 = 0
\end{aligned} \tag{4.66}$$

となるので，これを根の公式を使って解くと，

$$\lambda_1 = -0.6916358 + 1.033134i$$
$$\lambda_2 = -0.6916358 - 1.033134i$$
(4.67)

を得る．これらの解の実部が負であることから，(4.63)式で与えられたシステムは定常状態近傍において局所的に安定であることがわかる．すなわち，システムが定常状態にあるとき，代謝物濃度が任意の時刻になんらかの理由により変化したとしても，各代謝物はそれぞれの定常状態値へ最終的に戻る．

この他，固有値の実部の絶対値の大きさから，そのシステムが堅い微分方程式系であるかどうかを推測することができる(7.4と7.7を参照)．たとえば，複数個ある固有値の実部の絶対値のなかで，最大値と最小値の比が非常に大きい場合，本システムの微分方程式は堅い可能性がある(ただし，このような判定は絶対的ではない．詳細は成書[56]を参照せよ)．堅い微分方程式系を陽的ルンゲ–クッタ法のような数値解法で解くと，正しい解を得ることができないことがある．このような場合，陰的ルンゲ–クッタ法や5章のテーラー級数法の導入が必要になる．

上述の例では，固有値が根の公式を使って簡単に求められた．しかし，システムが大きくなると固有値の数が多くなるため，特性方程式を解くのに数値的解法の利用が不可欠となる．補足で述べているソフトウエア PLAS(インターネット上でダウンロードできる)によれば，固有値を簡単に得ることができる．

ところで，前述の判定法では特性方程式を厳密に解く必要がある．しかしながら，多くの従属変数からなる大規模システムでは，特性方程式から固有値を求める過程で計算誤差が発生するかもしれない．このような場合，特性方程式を解かずに安定性を調べることができるラウス(Routh)の安定判別法の利用が有効になるであろう．本法では，特性多項式

$$\lambda^n + a_{n-1}\lambda^{n-1} + a_{n-2}\lambda^{n-2} + a_{n-3}\lambda^{n-3} + \cdots + a_1\lambda + a_0$$
(4.68)

から，つぎのようなラウス表を作成する．

$$
\begin{array}{c|ccccc}
\lambda^n & 1 & a_{n-2} & a_{n-4} & a_{n-6} & a_{n-8} & \cdots \\
\lambda^{n-1} & a_{n-1} & a_{n-3} & a_{n-5} & a_{n-7} & a_{n-9} & \cdots \\
\lambda^{n-2} & b_1 & b_2 & b_3 & b_4 & b_5 & \cdots \\
\lambda^{n-3} & c_1 & c_2 & c_3 & c_4 & c_5 & \cdots \\
\lambda^{n-4} & d_1 & d_2 & d_3 & d_4 & d_5 & \cdots \\
\vdots & \vdots & \vdots & \vdots & \vdots & \vdots \\
\lambda^0 & e_1 &
\end{array}
$$

ここで

$$
b_1 = \frac{a_{n-1}a_{n-2} - 1 \cdot a_{n-3}}{a_{n-1}}, \quad b_2 = \frac{a_{n-1}a_{n-4} - 1 \cdot a_{n-5}}{a_{n-1}}, \quad b_3 = \frac{a_{n-1}a_{n-6} - 1 \cdot a_{n-7}}{a_{n-1}}, \quad \cdots
$$

$$
c_1 = \frac{b_1 a_{n-3} - a_{n-1} b_2}{b_1}, \quad c_2 = \frac{b_1 a_{n-5} - a_{n-1} b_3}{b_1}, \quad \cdots
$$

$$
d_1 = \cdots\cdots\cdots
$$

である．システムが局所的に安定であるには，つぎの必要十分条件が満たされなければならない．

1) 特性方程式の係数 $a_{n-1}, \cdots, a_1, a_0$ がすべて正である．
2) ラウス表の第1列の係数 $1, a_{n-1}, b_1, c_1, \cdots$ がすべて正である．

たとえば，$n=2$ のときラウス表は

$$
\begin{array}{c|cc}
\lambda^2 & 1 & a_0 \\
\lambda^1 & a_1 & 0 \\
\lambda^0 & a_0 &
\end{array}
$$

となり，システムの安定条件は $a_0 > 0, a_1 > 0$ となる．また，$n=3$ のときのラウス表は

$$
\begin{array}{c|cc}
\lambda^3 & 1 & a_1 \\
\lambda^2 & a_2 & a_0 \\
\lambda^1 & a_1 - a_0/a_2 & 0 \\
\lambda^0 & a_0 &
\end{array}
$$

となり，安定条件は $a_0 > 0, a_1 > 0, \ a_2 > 0, a_1 a_2 > a_0$ のように与えられる．本判別

法の利点は，特性方程式を解かずに安定性の判別ができることにあるが，固有値そのものの値を求めないので，微分方程式が堅いかどうかや変数に変動が生じたときにそれぞれの代謝物濃度がどのくらいの時間でほぼ定常状態値と等しい値を取るかというような推定ができない．したがって，必要に応じて2つの方法を使い分けた方がよいと思われる．

　本法を(4.63)式で与えられたシステムへ適用してみよう．その特性方式は(4.66)式で与えられている．$n=2$なので，ラウス表は

$$\begin{array}{c|cc} \lambda^2 & 1 & 1.547 \\ \lambda^1 & 1.383 & 0 \\ \lambda^0 & 1.547 & \end{array}$$

となる．$a_0 = 1.547 > 0$，$a_1 = 1.383 > 0$ であり，システムの安定条件をすべて満たすことから，本システムは局所的に安定であることがわかる．

4.4　S-システム型式中の反応次数と速度定数の決定法

　代謝マップが与えられると，各代謝物濃度を従属変数として割り当てることにより S-システム型方程式を導くことができる．以下では，この式中の速度定数や反応次数を実験的にどのようにして決定するかについて述べる．

　例として，まず図4.2に示す直線状代謝反応モデルについて考えよう．このシステムの S-システム型方程式はつぎのようになる．

$$\begin{aligned} \dot{X}_1 &= \alpha_1 X_3^{g_{13}} - \beta_1 X_1^{h_{11}} = V_1 - V_{-1} \\ \dot{X}_2 &= \beta_1 X_1^{h_{11}} - \beta_2 X_2^{h_{22}} = V_2 - V_{-2} \\ X_3 &= 一定 \end{aligned} \quad (4.69)$$

いま，$V_2 = \beta_1 X_1^{h_{11}}$ について考える．X_3に無限小変動が加えられ，X_1がdX_1だけ変化したとき，流束V_1の変化量dV_1は

$$dV_2 = \left(\frac{\partial V_2}{\partial X_1}\right) dX_1 \quad (4.70)$$

と表される．いま，システムは定常状態にあり，X_1^*，V_2^* の値を持つと考えると，(4.70)式はつぎのように書き換えられる．

$$X_3 \longrightarrow X_1 \longrightarrow X_2 \longrightarrow$$

図 4.2 直線状代謝反応モデル

$$dV_2 = \left(\frac{\partial V_2}{\partial X_1}\right)^* \frac{X_1^*}{V_2^*} \frac{V_2^*}{X_1^*} dX_1 = h_{11} \frac{V_2^*}{X_1^*} dX_1 \tag{4.71}$$

実験的には X_3 をある大きさで変化させる必要がある．この変化により X_1^* は新たな定常状態において X_{11}^* となり，すなわち $\Delta X_{11}^* (= X_{11}^* - X_1^*)$ だけ変化し，また V_2^* は新たな定常状態において V_{21}^* となり，すなわち $\Delta V_{21}^* (= V_{21}^* - V_2^*)$ だけ変化したとすると，つぎの関係が成り立つ．

$$\frac{\Delta V_{21}^*}{V_2^*} = h_{11} \frac{\Delta X_{11}^*}{X_1^*} \tag{4.72}$$

したがって，h_{11} は

$$h_{11} = \frac{\Delta V_{21}^*}{V_2^*} \frac{X_1^*}{\Delta X_{11}^*} \tag{4.73}$$

として求められる．この値を使うと，速度定数 β_1 は

$$\beta_1 = \frac{V_2^*}{X_1^{*h_{11}}} \tag{4.74}$$

として求められる．

つぎに，図4.3に示す分岐のある代謝反応モデルについて考えよう．本システムのS-システム型方程式はつぎのようになる．

$$\begin{aligned}
\dot{X}_1 &= \alpha_1 X_4^{g_{14}} - \beta_1 X_1^{h_{11}} = V_1 - V_{-1} \\
\dot{X}_2 &= \alpha_2 X_5^{g_{25}} - \beta_2 X_2^{h_{22}} = V_2 - V_{-2} \\
\dot{X}_3 &= \alpha_3 X_1^{g_{31}} X_2^{g_{32}} - \beta_3 X_3^{h_{33}} = V_3 - V_{-3} \\
X_4, X_5 &= \text{一定}
\end{aligned} \tag{4.75}$$

第4章 定常状態解析

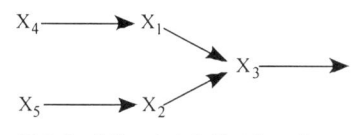

```
X₄ ──→ X₁
            ↘
             X₃ ──→
            ↗
X₅ ──→ X₂
```

図4.3 分岐のある代謝反応モデル

以上の式中のすべての速度定数と反応次数(α_1, g_{14}を除く)を決定するため，まずX_4に変化を与える．これにより，V_1, V_{-1}, V_3, V_{-3}が変化する．その結果，前述の方法によりV_{-1}, V_{-3}の速度定数と反応次数が決定される．一方，X_4の変化に対してV_2, V_{-2}は変化しない．そこで，X_5に変化を与える．これにより，V_{-2}の速度定数と反応次数が前と同様に求められる．V_3については，代謝物濃度が2つ含まれているためもう一つの独立変数の変化が必要であり，この場合の決定法について述べなければならない．いま，任意の独立変数を無限小変化させたときのV_3の変化は次式のように表される．

$$dV_3 = \left(\frac{\partial V_3}{\partial X_1}\right)dX_1 + \left(\frac{\partial V_3}{\partial X_2}\right)dX_2 \tag{4.76}$$

システムは定常状態にあり，X_1^*, V_2^*の値を持つと考えると，(4.70)式はつぎのように書き換えられる．実験においてX_4をある大きさで変化させたとき，X_1^*は新たな定常状態において$X_{1\mathrm{I}}^*$となり，すなわち$\Delta X_{1\mathrm{I}}^*(= X_{1\mathrm{I}}^* - X_1^*)$だけ変化する．しかしながら，$X_2^*$は変化しない．このとき，$V_3^*$は新たな定常状態において$V_{3\mathrm{I}}^*$となり，すなわち$\Delta V_{3\mathrm{I}}^*(= V_{3\mathrm{I}}^* - V_3^*)$だけ変化したとすると，(4.76)式から次式を得る．

$$\Delta V_{3\mathrm{I}}^* = \left(\frac{\partial V_3}{\partial X_1}\right)^* \frac{X_1^*}{V_3^*} \frac{V_3^*}{X_1^*} \Delta X_{1\mathrm{I}}^* = g_{31} \frac{V_3^*}{X_1^*} \Delta X_{1\mathrm{I}}^* \tag{4.77}$$

一方，X_5をある大きさで変化させたとき，X_1は変化しない．また，X_2^*は新たな定常状態において$X_{2\mathrm{II}}^*$となり，すなわち$\Delta X_{2\mathrm{II}}^*(= X_{2\mathrm{II}}^* - X_2^*)$だけ変化する．その結果，$V_3^*$は新たな定常状態において$V_{3\mathrm{II}}^*$となり，すなわち$\Delta V_{3\mathrm{II}}^*(= V_{3\mathrm{II}}^* - V_3^*)$だけ変化する．このとき，

$$\Delta V_{3\mathrm{II}}^* = \left(\frac{\partial V_3}{\partial X_2}\right)^* \frac{X_2^*}{V_3^*} \frac{V_3^*}{X_2^*} \Delta X_{2\mathrm{II}}^* = g_{32} \frac{V_3^*}{X_2^*} \Delta X_{2\mathrm{II}}^* \tag{4.78}$$

の関係を得る．結果として，(4.77), (4.78)式から反応次数は

$$g_{31} = \frac{\Delta V_{31}^*}{V_3^*} \frac{X_1^*}{\Delta X_{1\mathrm{I}}^*} \tag{4.79}$$

$$g_{32} = \frac{\Delta V_{3\mathrm{II}}^*}{V_3^*} \frac{X_2^*}{\Delta X_{2\mathrm{II}}^*} \tag{4.80}$$

として求められる．また，速度定数 α_3 は

$$\alpha_3 = \frac{V_3^*}{X_1^{*g_{31}} X_2^{*g_{32}}} \tag{4.81}$$

として求められる．

さらに，図4.4に示すフィードバック阻害のある代謝反応モデルについて考えよう．本システムのS-システム型方程式はつぎのようになる．

$$\begin{aligned}
\dot{X}_1 &= \alpha_1 X_4^{g_{14}} - \beta_1 X_1^{h_{11}} X_3^{h_{13}} = V_1 - V_{-1} \\
\dot{X}_2 &= \beta_1 X_1^{h_{11}} X_3^{h_{13}} - \beta_2 X_2^{h_{22}} = V_2 - V_{-2} \\
\dot{X}_3 &= \beta_2 X_2^{h_{22}} - \beta_3 X_3^{h_{33}} = V_3 - V_{-3} \\
X_4 &= 一定
\end{aligned} \tag{4.82}$$

上式において，1個の代謝物濃度だけで構成される流束 V_{-2}, V_3, V_{-3} の速度定数と反応次数は前述の手順で決定できる．一方，V_{-1} は X_1 と X_3 を含むので，X_4 を2回だけ変化させなければならない．X_4 の無限小変化に対する V_2 の変化はつぎのように与えられる．

$$dV_2 = \left(\frac{\partial V_2}{\partial X_1}\right) dX_1 + \left(\frac{\partial V_2}{\partial X_3}\right) dX_3 \tag{4.83}$$

いま，X_4 をある値に変化させたときの新しい定常状態における従属変数の値にIを，X_4 を別の値に変化させたときの新しい定常状態における従属変数の値にIIを付けて表すと，(4.83)式から次式を得る．

$$\frac{\Delta V_{2\mathrm{I}}^*}{V_2^*} = h_{11} \frac{\Delta X_{1\mathrm{I}}^*}{X_1^*} + h_{13} \frac{\Delta X_{3\mathrm{I}}^*}{X_3^*} \tag{4.84}$$

$$\frac{\Delta V_{2\mathrm{II}}^*}{V_2^*} = h_{11} \frac{\Delta X_{1\mathrm{II}}^*}{X_1^*} + h_{13} \frac{\Delta X_{3\mathrm{II}}^*}{X_3^*} \tag{4.85}$$

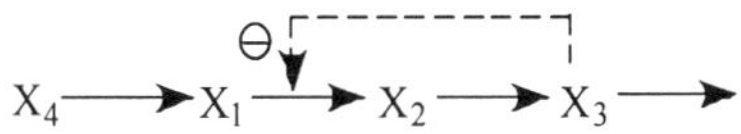

第4章　定常状態解析

$$X_4 \longrightarrow X_1 \xrightarrow{\ominus} X_2 \longrightarrow X_3 \longrightarrow$$

図4.4 フィードバック阻害のある代謝反応モデル

ここで $\Delta X_{1\mathrm{I}}^* = X_{1\mathrm{I}}^* - X_1^*$, $\Delta X_{3\mathrm{I}}^* = X_{3\mathrm{I}}^* - X_3^*$, $\Delta X_{1\mathrm{II}}^* = X_{1\mathrm{II}}^* - X_1^*$, $\Delta X_{3\mathrm{II}}^* = X_{3\mathrm{II}}^* - X_3^*$, $\Delta V_{2\mathrm{I}}^*(= V_{2\mathrm{I}}^* - V_2^*)$, $\Delta V_{2\mathrm{II}}^*(= V_{2\mathrm{II}}^* - V_2^*)$ である．(4.84), (4.85)式を連立して解くと, h_{11}, h_{13}の値を得る．また，速度定数 β_1 は

$$\beta_1 = \frac{V_2^*}{X_1^{*h_{11}} X_3^{*h_{13}}} \tag{4.86}$$

として求められる．

以上から明らかなように，n個の代謝物濃度からなる流束式

$$V_i = \alpha_i \prod_{j=1}^{n} X_j^{g_{ij}} \tag{4.87}$$

においてすべての反応次数を決定するには，独立変数をn回にわたりわずかに変化させて代謝物濃度の変化量を求め，これらの値を

$$\frac{\Delta V_{iK}^*}{V_i^*} = \sum_{j=1}^{n} g_{ij} \frac{\Delta X_{jK}^*}{X_j^*} \quad (K = \mathrm{I, II, III}, \cdots, n) \tag{4.88}$$

へ適用して得られる代数方程式を連立させて解くことになる．

第5章
代謝物濃度の時間変化

5.1 べき乗則型方程式の数値解法

前章で述べたように，様々な形の流束式からなる代謝物濃度の時間変化式は，近似的および解析的に S–システム

$$\frac{dX_i}{dt} = \alpha_i \prod_{j=1}^{n+m} X_j^{g_{ij}} - \beta_i \prod_{j=1}^{n+m} X_j^{h_{ij}} \quad (i = 1, 2, \cdots, n) \tag{5.1}$$

および GMA–システム

$$\frac{dX_i}{dt} = \sum_{k=1}^{p} \alpha_{ik} \prod_{j=1}^{n+m} X_j^{g_{ijk}} \quad (i = 1, 2, \cdots, n) \tag{5.2}$$

のようなべき乗則式へ変換することができる．これらの連立 1 階常微分方程式をコンピューターを使って数値的に解くと，代謝物濃度の時間変化の挙動を知ることができる．

近似的に変換されたべき乗則型の微分方程式の解は，代謝物濃度が定常状態値の近傍で変化する場合に正しい解とほぼ一致する．代謝物濃度が定常状態値から大きく離れて変化する場合大きな誤差を持つと考えられるが，その時間変化の挙動はシステムの特性をおおまかに理解する上で十分な役割を果たすであろう．堅い(stiff)微分方程式のように計算値を正確に求めにくい場合や正しい計算値を得たい場合，リキャスティングしたべき乗則式を数値的に解けばよい．

べき乗則式の解法では一般的に使われているルンゲ–クッタ法[26]を利用できるが，べき乗則式の一般性に基づき確立されたテーラー級数法を使用した方がより効率的である．本法によれば，与えられた微分方程式に対してコンピューターの持つ有効数字と同程度の精度で数値解を得ることができる．近似的に変換されたべき乗則式を使用する場合，それ自体が近似式であるため，計算値もあくまで近似値である．解析的に変換したべき乗則式においては，計算条件が

厳しくない限り，いつでも超高精度解(計算値の精度がコンピューターの持つ有効数字と同程度の数値解)を期待できる．

S−システム型，またはGMA−システム型の微分方程式に対するテーラー級数解には，デカルト座標系と対数座標系での解がある．対数座標系のテーラー級数解[17]によれば，デカルト座標系のテーラー級数解[18]に比べて少ない演算回数で，各時刻における代謝物濃度を計算することができる．したがって，近似的に変換されたべき乗則式を用いる場合でも，テーラー級数法を利用することには意味がある．ただし，対数座標系のテーラー級数解では，対数自体の性質上，代謝物濃度がゼロの場合に対応できない．この問題は，ゼロの値を非常に小さな数値(たとえば 10^{-50})で置き換えることによりほぼ解決できるが，このような値を初期値として数値積分を始めると，計算値が 1 に近いオーダーになるまでその精度を維持するのに非常に小さな刻み幅を使わなければならない．たとえば，計算が 10^{-50} の桁から 10^{-49} の桁へ進む場合，計算値が1桁繰り上がるごとに4，5回程度の計算ステップが必要になる．したがって，対数座標系のテーラー級数解の利用は，代謝物濃度が 1 よりも極端に小さな値を取らない場合に限った方がよいと思われる．計算時間を問題としない場合にはこの限りではない．

5.2 テーラー級数法

(1) テーラー級数法の原理

コンピューターが記憶できる数字の桁数には限界があり，その計算は単精度の場合7桁程度，倍精度の場合15桁程度，倍々精度の場合32桁程度で行われる．このことは，コンピューターを使って数値計算を行うと，いつでも計算誤差の問題がつきまとうことを意味する．たとえば，(5.1)式または(5.2)式をコンピューターで解いた場合，その計算値には必ず誤差が含まれている．数値計算の過程で，コンピューターは次々と生成する数字を限られたメモリーの中に蓄えていくとき，決められた桁数で四捨五入(正確には 0 捨 1 入)を行う．この操作を丸めるという．丸めの回数が増えてくると，計算値は少しずつこの操作の影響を受けることになる．また，ほぼ同じ大きさの数値同士の差により発生する桁落ち誤差や，逆に大きさが極端に異なる数値同士の和や差により発生する情報落ち誤差もコンピューターの限られた記憶容量から生じる計算誤差である．さらに，

既存の数値計算法の多くは有限の項で打ち切られたテーラー級数式に基づき定式化されていることが多い．この場合，理論的に予測される誤差が確実に発生する．これを打ち切り誤差という．なぜこのような打ち切りが行われるのであろうか．その主な理由は，打ち切ることにより定式化が容易になるからである．打ち切り誤差を小さくするための最も簡単な方法は，刻み幅を小さく取ることである．ただし，この方法が有効なのはある程度小さな刻み幅までであり，小さくしすぎると桁落ちによりかえって精度が悪くなっていくので注意が必要である．

以上のように，数値計算は誤差との闘いである．倍精度計算を行った場合，コンピューターディスプレイ上に最大16桁の計算値を表示できるが，これらをすべて正しい値と考えてはならない．計算条件によっては，その値の1桁さえも正しくないことがある．このような現象は(5.1)式や(5.2)式が堅い場合に現れやすい．また，計算値の精度は微分方程式の数の増加とともに低下しやすくなる．一般に，代謝反応システムを構成する微分方程式は堅くなりやすい．また，代謝反応システムの真の姿を捕らえようともくろむ場合，大規模システムの解析は必然的であり，多くの微分方程式を連立して解くことを余儀なくされる．したがって，代謝反応システムの動的挙動を調べようとする場合，可能な限り高精度の数値計算法の導入が必要となる．

xの値からわずかにΔxだけ進んだ位置(または時刻)における関数値は，テーラー級数によりつぎのように表される(補足を参照)．

$$f(x + \Delta x) = f(x) + \sum_{i=1}^{\infty} \frac{f^{(i)}(x)}{i!}(\Delta x)^i \tag{5.3}$$

原理的にはテーラー級数の項数を無限まで計算してその和を取れば，誤差のない計算値を求めることができる．しかし，このような計算は現実的ではない．なぜなら，コンピューターが記憶できる数値の桁数に制限があり，またそのような計算が可能であるとしても計算にとてつもなく長い時間(無限の時間)がかかるからである．そこで，打ち切り誤差が生じない程度にテーラー級数の計算を有限の項で打ち切り，数値積分を進めていくことになる．このような数値計算法をテーラー級数法という．広義においてテーラー級数法は，ルンゲ–クッタ法など低次の固定した次数で打ち切り定式化されたものも含むが，ここではその定義の範囲を，計算の精度に応じて次数が自由に変えられるものに限定する．

この計算方式を完全に理論化できれば最高の数値計算法を構築できるに違いないと期待できるが,このような計算法の確立は容易ではない.それは実用化に際してつぎのような課題が立ちはだかっているからである.
1) 桁落ちを生じない適切な刻み幅をどのように決定するか.

　一般に,テーラー級数法の刻み幅の決定は,ある刻み幅での計算値がたとえばその半分の刻み幅での計算値とほぼ一致したとき,計算値に充分な精度が確保されていると判断して計算を先へ進める.もし,一致しないならば,現在の刻み幅を半分にして同様の操作を繰り返す.ところが,この計算では刻み幅の初期値をどのように決定するかが問題になる.大きな刻み幅を初期値に取ると,テーラー級数が発散するため計算不能となる.このため,テーラー級数が単調に減少するようになるまで刻みを半分にしていく操作を繰り返すことになり,無駄に時間を消費する.逆に非常に小さな刻み幅を初期値に取ると判定条件は即座に満足されるであろうが,目的の計算点に到達するまでに時間がかかる.また,この場合刻む回数が増えるので,誤差の蓄積の可能性が高くなる.永末[27]は緻密な数値計算の積み重ねの結果として,この問題の解決策を見出した.テーラー級数の初めの数項のうち適当な 2 項の比を 1 程度におくことにより与えられる Δx の値を刻み幅の初期値として使用するという,いたって簡単なものである.本法は経験的方法であり,その有効性は今後理論的に証明されなければならないが,これまでに著者らが適用した微分方程式に関する限り満足のいく結果が得られている.
2) テーラー級数解を導くのに十分な数学的知識が必要である.

　テーラー級数法を適用するには,与えられた微分方程式に対して,刻み幅を含む形のテーラー級数解を導く必要がある.通常は,微分方程式ごとにこの解を誘導しなければならない.これには,(5.3)式中のすべての微分項の計算が可能となるように,式の整理も含めた煩雑な作業が要求される.したがって,数式の誘導にかなり熟練した者でなければこの作業に対応できない.このことがテーラー級数法の普及の大きな障害となってきた.著者ら[18]はこの問題の解決のため,BSTのべき乗則式に対してテーラー級数解を導いた.ユーザーはまず,与えられた微分方程式をリキャスティングによりGMA–システム型方程式へ変数変換する.つぎに,この変換式に含まれるパラメーター値を,上述のテーラー級数解に基づき作成された計算プログラムにデータとしてセットし,計算を実行す

る．これにより，テーラー級数解を導くことなしに様々な形の微分方程式をテーラー級数法で簡単に解くことができるようになった．

3) 次数を大きく取ると理論化が困難である．

通常我々がよく利用するルンゲ-クッタ法の次数は 4 次である。ルンゲ-クッタ法の次数を大きくしようとすると式の誘導がやっかいであるばかりでなく，導いた式の数も多くなるため取り扱いが煩雑になる．また，次数をある程度以上に増やしても精度の飛躍的向上にはつながらないようである．一方，計算条件が厳しくなると，次数を 10 以上に設定しなければ正しい解を得ることができないことがある．この問題に対処するには，計算条件に応じて次数を自由に変えることができるアルゴリズムの導入が必要になる．後述のテーラー級数法では，このような次数の自動調節が可能である．

4) 次数を大きく取ると計算時間が長くかかるという先入観がある．

満足できる精度の計算値を得るには，いまの計算で得たテーラー級数項の値が，初項の値よりも十分に小さくなったか(たとえば，10^{-16}以下となったか)で判定し，計算を打ち切るようにすればよい．既存の方法のように低次の固定した次数の項で近似する場合，満足できる精度を確保するため，計算区間を 10^4〜10^5 程度に分割することが多い．これにより，ある一定の長さ以上の計算時間が必要になる．しかしながら，刻み幅を自動的に選択して調節するテーラー級数法では，計算条件が厳しくなければその区間を数回のステップで積分することができることがある．これは次数の増加により近似精度が増大するため，より大きな刻み幅を選択できるようになるからである．もちろん，計算条件が厳しいときにはそれなりの時間がかかるが，計算値は絶対的に信頼できる精度で求められるため，計算値精度の確認作業が必要でない．

(2) 超高精度数値計算とその意義

通常，計算値の精度は 3 ないし 4 桁もあれば十分である．しかし，この程度の精度しかでない数値計算法では，得られる計算値をいつでも信頼することはできない．計算モデルを作り，これを使ってシミュレーションを行う者にとって，このことはいつも悩みの種となる．結局，常に信頼できる計算値を得るには，コンピューターの持つ有効桁と同程度の精度で計算値を与える数値解法の確立が必要なのである．原理的に考えて，この条件を満足できるものはテーラー級数

法以外にない.

　著者らは，コンピューターの持つ有効桁と同程度の精度で解を与える計算法を超高精度数値計算法と定義している．超高精度数値計算法による計算値は，いつでもコンピューターの性能に依存する．その数値解の精度は，有効数字 $10^{-7} \sim 10^{-8}$ 程度の単精度計算では7桁程度，$10^{-15} \sim 10^{-16}$ 程度の倍精度計算では15桁程度となり，含まれるのは丸め誤差程度である．

　超高精度数値計算がいつでも可能になれば，プロットした計算値をいつでも滑らかな線で結ぶことができるようになる．いま，実験を行って得られたデータの変化を数学モデルを使って記述しようとしたところ，計算結果がこのデータに適合しなかったものとしよう．この原因として，つぎの3つのことが考えられる．
1) 実験データに誤差が含まれる．
2) 数学モデルが適切でない．
3) 数値解に誤差が含まれる．

しかしながら，この計算を超高精度数値計算法により行ったのであれば，少なくとも3番目の原因は除外できる．そして，残りの2つに原因を絞り込むことで，問題解決に要する時間を短縮できるようになる．超高精度数値計算は超高精度解を得るために行うのではない．いつでも絶対的に信頼できる計算値を得るために行うのである．

(3) 対数座標系におけるテーラー級数解[17]

　いずれのべき乗則式に対してもテーラー級数解を導くことができるが，1つの微分方程式において流束式の数が多い場合，リキャスティングの回数が多くなり，その結果微分方程式の数が増える．このため，数値計算が目的である場合には，GMA-システム型方程式を利用した方が得策である．S-システム型方程式に対するテーラー級数解は，以下で与える GMA-システム型方程式のテーラー級数解において項数を2とし，かつ2番目の速度定数の前の符号を負に変えればよい．

　(5.2)式で与えた GMA-システム型方程式を，便宜上つぎのように書く．

$$X_i^{(1)} = \sum_{k=1}^{p} \alpha_{ik} \prod_{j=1}^{N} X_j^{g_{ijk}} \qquad (i = 1, 2, \cdots, N) \qquad (5.4)$$

ここで，添字の括弧の中の数字はtによるX_iの微分回数を表す．本式に対する対数座標系でのテーラー級数解はつぎのように与えられる．

$$Y_i(t+\Delta_i) = Y_i(t) + \sum_{m=1}^{M} \frac{Y_i^{(m)}(t)}{m!} \Delta_i^m$$
$$= Y_i(t) + \sum_{m=1}^{M} \frac{\tilde{Y}_i^{(m)}(t)}{m} \Delta_i^m = Y_i(t) + \sum_{m=1}^{M} \frac{\tilde{y}_i^{(m)}(t)}{m} \quad (i=1,2,\cdots,N) \tag{5.5}$$

ここで，$Y_i = \ln X_i$，Δ_i は刻み幅，Mは級数の最大項数，$Y_i^{(m)}(t)$は時刻tにおける$Y_i(t)$のm次導関数である．$m=1$ のとき，(5.5)式はつぎのようになる．

$$\tilde{y}_i^{(1)} = \tilde{Y}_i^{(1)} \Delta_i = Y_i^{(1)} \Delta_i = (X_i^{(1)}/X_i)\Delta_i$$
$$= \sum_{k=1}^{p} \Delta_i \cdot \alpha_{ik} \prod_{j=1}^{N} X_j^{g'_{ijk}} = \sum_{k=1}^{p} \Delta_i \cdot \alpha_{ik} \exp\left(\sum_{j=1}^{N} g'_{ijk} Y_j\right) \tag{5.6}$$
$$= \sum_{k=1}^{p} \tilde{a}_{ik}^{(1)} \quad (i=1,2,\cdots,N)$$

ここで $g'_{ijk} = g_{ijk} - \delta_{ijk}$，$h'_{ijk} = h_{ijk} - \delta_{ijk}$ ($i=j$ のとき $\delta_{ijk}=1$，$i \neq j$ のとき $\delta_{ijk}=0$). 同様に，$m \geq 2$ のとき，$\tilde{y}_i^{(m)}$はつぎのようになる．

$$\tilde{y}_i^{(m)} = \tilde{Y}_i^{(m)} \Delta_i^m = \frac{Y_i^{(m)}}{(m-1)!} \Delta_i^m = \sum_{k=1}^{p} \tilde{a}_{ik}^{(m)} \quad (i=1,2,\cdots,N) \tag{5.7}$$

ここで，

$$\tilde{a}_{ik}^{(m)} = \frac{\sum_{q=1}^{m-1} \tilde{a}_{ik}^{(m-q)} \tilde{b}_{ik}^{(q)}}{(m-1)} \tag{5.8}$$

$$\tilde{b}_{ik}^{(q)} = \sum_{j=1}^{N} g'_{ijk} \tilde{y}_j^{(q)} \tag{5.9}$$

である．(5.5)〜(5.9)式は各項がΔ_i^mを含めた形で与えられていることに注意されたい．これは，オーバーフロー誤差，アンダーフロー誤差の発生を少なくし，かつ各パラメーター値の広い範囲で計算を可能にするためである．

(4) デカルト座標系におけるテーラー級数解[18]

デカルト座標系におけるテーラー級数解はつぎのように与えられる．

第 5 章　代謝物濃度の時間変化

$$X_i(t + \Delta_t) = \sum_{m=0}^{M} T_{i,m} = X_i(t) + \sum_{m=1}^{M} \frac{X_i^{(m)}(t)}{m!} \Delta_i^m \qquad (i = 1, 2, \cdots, N) \tag{5.10}$$

$m=1$ のとき，1 回微分は

$$X_i^{(1)} = \sum_{k=1}^{p} A_{ik}^{(1)} \qquad (i = 1, 2, \cdots, N) \tag{5.11}$$

となる．ここで，

$$A_{ik}^{(1)} = \alpha_{ik} \prod_{j=1}^{N} X_j^{g_{ijk}} \qquad (i = 1, 2, \cdots, N) \tag{5.12}$$

である．また，$m=2$ のとき，2 回微分は

$$X_i^{(2)} = \sum_{k=1}^{p} A_{ik}^{(2)} \qquad (i = 1, 2, \cdots, N) \tag{5.13}$$

となる．ここで

$$A_{ik}^{(2)} = A_{ik}^{(1)} \sum_{l=1}^{N} g_{ilk} X_l^{-1} X_l^{(1)} = A_{ik}^{(1)} \sum_{l=1}^{N} g_{ilk} B_l^{(1)} \qquad (i = 1, 2, \cdots, N) \tag{5.14}$$

$$B_l^{(1)} = X_l^{-1} X_l^{(1)} = C_l^{(1)} X_l^{(1)} \tag{5.15}$$

$$C_l^{(1)} = X_l^{-1} \tag{5.16}$$

である．同様に，$m \geq 3$ のとき，m 回微分は

$$X_i^{(m)} = \sum_{k=1}^{p} A_{ik}^{(m)} \qquad (i = 1, 2, \cdots, N) \tag{5.17}$$

となる．ここで

$$A_{ik}^{(m)} = \sum_{r=1}^{m-1} \left[A_{ik}^{(r)} \sum_{l=1}^{N} \frac{(m-2)!}{(r-1)!(m-r-1)!} g_{ilk} B_l^{(m-r)} \right] \tag{5.18}$$

$$B_l^{(m-1)} = \sum_{s=1}^{m-1} \frac{(m-2)!}{(s-1)!(m-s-1)!} C_l^{(m-s)} X_l^{(s)} \tag{5.19}$$

$$C_l^{(m-1)} = (-1) \sum_{u=1}^{m-2} \frac{(m-3)!}{(u-1)!(m-u-2)!} C_l^{(m-u-1)} B_l^{(u)} \tag{5.20}$$

である．計算を効率よく行うため，(5.17)～(5.20)式をつぎの関係を用いて別の形で表す．

$$\tilde{X}_i^{(m)} = \frac{X_i^{(m)}}{(m-1)!} \tag{5.21}$$

$$\tilde{A}_{ik}^{(m)} = \frac{A_{ik}^{(m)}}{(m-1)!} \tag{5.22}$$

$$\tilde{B}_l^{(m-1)} = \frac{B_l^{(m-1)}}{(m-2)!} \tag{5.23}$$

$$\tilde{C}_l^{(m-1)} = \frac{C_l^{(m-1)}}{(m-2)!} \tag{5.24}$$

これにより，(5.12)式は

$$X_i(t+\Delta_i) = X_i(t) + \sum_{m=1}^{M} \frac{\tilde{X}_i^{(m)}(t)}{m} \Delta_i^m \qquad (i=1,2,\cdots,N) \tag{5.25}$$

のように表される．$m=1$ のとき，1回微分は

$$\tilde{X}_i^{(1)} = \sum_{k=1}^{p} \tilde{A}_{ik}^{(1)} \qquad (i=1,2,\cdots,N) \tag{5.26}$$

となる．ここで

$$\tilde{A}_{ik}^{(1)} = \alpha_{ik} \prod_{j=1}^{N} X_j^{g_{ijk}} \qquad (i=1,2,\cdots,N) \tag{5.27}$$

である．また，$m \geq 2$ のとき，m 回微分は

$$\tilde{X}_i^{(m)} = \sum_{k=1}^{q} \tilde{A}_{ik}^{(m)} \qquad (i=1,2,\cdots,N) \tag{5.28}$$

$$\tilde{A}_{ik}^{(m)} = \frac{1}{m-1} \sum_{r=1}^{m-1} \left[\tilde{A}_{ik}^{(r)} \sum_{l=1}^{N} g_{ilk} \tilde{B}_l^{(m-r)} \right] \qquad (i=1,2,\cdots,N) \tag{5.29}$$

$$\tilde{B}_l^{(m-1)} = \sum_{s=1}^{m-1} \tilde{C}_l^{(m-s)} \tilde{X}_l^{(s)} \tag{5.30}$$

第5章 代謝物濃度の時間変化

$$\tilde{C}_l^{(m-1)} = \begin{cases} X_l^{-1} & (m = 2) \\ \dfrac{-1}{m-2} \sum_{u=1}^{m-2} \tilde{C}_l^{(m-u-1)} \tilde{B}_l^{(u)} & (m \geq 3) \end{cases} \qquad (5.31)$$

と与えられる．さらに，オーバーフローエラー，アンダーフローエラーの発生を防ぐため，各次数の項を Δ_i^m を含んだ形で表すと，(5.25)式はつぎようになる．

$$X_i(t + \Delta_i) = X_i(t) + \sum_{m=1}^{M} \frac{\tilde{x}_i^{(m)}(t)}{m} = \sum_{m=0}^{M} T_{i,m} \qquad (i = 1, 2, \cdots, N) \qquad (5.32)$$

結局，関係式は，$m=1$ のとき

$$\tilde{x}_i^{(1)} = \sum_{k=1}^{p} \tilde{a}_{ik}^{(1)} \qquad (i = 1, 2, \cdots, N) \qquad (5.33)$$

$$\tilde{a}_{ik}^{(1)} = \Delta_i \alpha_{ik} \prod_{j=1}^{N} X_j^{g_{ijk}} \qquad (i = 1, 2, \cdots, N) \qquad (5.34)$$

$m \geq 2$ のとき

$$\tilde{x}_i^{(m)} = \tilde{X}_i^{(m)} \Delta_i^m = \sum_{k=1}^{p} \tilde{A}_{ik}^{(m)} \Delta_i^m = \sum_{k=1}^{p} \tilde{a}_{ik}^{(m)} \qquad (i = 1, 2, \cdots, N) \qquad (5.35)$$

$$\begin{aligned}
\tilde{a}_{ik}^{(m)} &= \tilde{A}_{ik}^{(m)} \Delta_i^m \\
&= \frac{\Delta_i^m}{m-1} \sum_{r=1}^{m-1} \left[\tilde{A}_{ik}^{(r)} \sum_{l=1}^{N} g_{ilk} \tilde{B}_l^{(m-r)} \right] \\
&= \frac{1}{m-1} \sum_{r=1}^{m-1} \left[\tilde{A}_{ik}^{(r)} \Delta_i^r \sum_{l=1}^{N} g_{ilk} \tilde{B}_l^{(m-r)} \Delta_i^{m-r} \right] \\
&= \frac{1}{m-1} \sum_{r=1}^{m-1} \left[\tilde{a}_{ik}^{(r)} \sum_{l=1}^{N} g_{ilk} \tilde{b}_l^{(m-r)} \right]
\end{aligned} \qquad (5.36)$$

$$\begin{aligned}
\tilde{b}_l^{(m-1)} &= \tilde{B}_l^{(m-1)} \Delta_i^{m-1} \\
&= \Delta_i^{m-1} \sum_{s=1}^{m-1} \tilde{C}_l^{(m-s)} \tilde{X}_l^{(s)} \\
&= \frac{1}{\Delta_i} \sum_{s=1}^{m-1} \tilde{C}_l^{(m-s)} \Delta_i^{m-s} \tilde{X}_l^{(s)} \Delta_i^s \\
&= \sum_{s=1}^{m-1} \tilde{c}_l^{(m-s)} \left(\frac{\tilde{x}_l^{(s)}}{\Delta_i} \right)
\end{aligned} \qquad (5.37)$$

$$\tilde{c}_l^{(m-1)} = \begin{cases} \Delta_l / X_l & (m=2) \\ \tilde{C}_l^{(m-1)} \Delta_l^{m-1} = \dfrac{-1}{m-2} \displaystyle\sum_{u=1}^{m-2} \tilde{C}_l^{(m-u-1)} \Delta_l^{m-u-1} \tilde{B}_l^{(u)} \Delta_l^u \\ \qquad\qquad\quad = \dfrac{-1}{m-2} \displaystyle\sum_{u=1}^{m-2} \tilde{c}_l^{(m-u-1)} \tilde{b}_l^{(u)} & (m \geq 3) \end{cases} \tag{5.38}$$

と与えられる．実際の計算は，(5.32)〜(5.38)式を使って行うとよい．

(5) 刻み幅の選択法[21, 27]

テーラー級数法では，積分の各ステップにおいて使用する刻み幅は計算値の精度に大きな影響を与える．テーラー級数を加算していく過程で，計算中の項の絶対値が最初の数項の絶対値よりも大きくなった場合，桁落ち誤差が生じる可能性がある．また，連続する数項の各絶対値が最初の数項の絶対値よりも非常に小さい場合，情報落ち誤差が生じる可能性がある．この問題を克服するため，ここではテーラー級数の最初の数項のうち適当な 2 項の比から計算される刻み幅をその初期値として使用する．デカルト座標系のテーラー級数解を用いて計算を行う場合の刻み幅選択のアルゴリズムを以下に述べる．

いま，(5.32)式において，$\tilde{x}_i^{(1)}$ が 0 またはほぼ 0(すなわち，$T_{i,1}$ が 0 またはほぼ 0)であるが，X_l と $\tilde{x}_i^{(2)}$ は 0 でない値を持つとき，

$$|T_{i,2}| / |T_{i,0}| = 1 \tag{5.39}$$

とおくと，(5.10)式より

$$\Delta_l = \left| 2 X_l / X_l^{(2)} \right|^{0.5} \tag{5.50}$$

を得る．一方，X_l が 0 またはほぼ 0(すなわち，$T_{i,0}$ が 0 またはほぼ 0)であるが，$\tilde{x}_i^{(1)}$ と $\tilde{x}_i^{(2)}$ は 0 でない値を持つとき，

$$|T_{i,2}| / |T_{i,1}| = 1 \tag{5.41}$$

とおくと

$$\Delta_l = 2 \left| X_l^{(1)} / X_l^{(2)} \right| \tag{5.42}$$

を得る．ここで，$X_l^{(1)}$，$X_l^{(2)}$ は(5.11)〜(5.16)式から求める．そこで，これらの判定条件を各微分方程式へ適用して Δ_l を計算し，その中で最も小さな値をそのステ

ップでの共通の刻み幅として採用する．そして，T_{ij} ($j=0,1,2,\cdots$) の値をつぎの判定条件が満足されるまで連続して計算する．

$$|T_{i,j}/T_{i,0}|<\varepsilon_a \qquad (\varepsilon_a=10^{-18}程度) \qquad (5.43)$$

また，テーラー級数を加算していく過程で

$$|T_{i,j}|>|T_{i,j+1}| \qquad (5.44)$$

であるかをチェックする．もし，(5.45)式の関係が満足されなければ，刻み幅を

$$\Delta_i=\Delta_i/2 \qquad (5.45)$$

とし，改めて計算を始めからやり直す．さらに特別な場合として，テーラー級数の収束が遅いため十分に大きなiの値になっても，(5.44)式は満たされるが(5.43)式は満たされないことがある．このような場合，テーラー級数の加算をそのまま継続して行うことは得策ではない．(5.43)式が$i=i_{max}$ (=30~50)までに満たされないならば，この場合も現在の刻み幅を半分にし，計算を始めからやり直した方がよい．

以上のような計算アルゴリズムに従って計算を進めていくならば，微分方程式が線形，非線形に関わらず，最終的に丸め誤差程度しか含まない超高精度解を得ることが可能になる．

5.3　テーラー級数法の精度[18]

M–Mシステム型式の正確な解を得たい場合には，与えられた式をリキャスティングすることにより(5.1)式または(5.2)式へと変換してやればよい．微分方程式の右辺に3個以上の流束項がある場合，リキャスティングを行うとまず(5.2)式の形の微分方程式を得る．これをさらにリキャスティングすると(5.1)式の形の微分方程式を得る．リキャスティングの欠点は，その回数に応じて微分方程式の数が増えることである．式の数が増えると計算時間が増えることとなり，また計算精度が低下しやすくなる．したがって，リキャスティング回数を少なくするため式の変換をGMA–システム型式でやめた方がよい．以下では，いくつかの微分方程式を例として取り上げ，テーラー級数法の適用手順と計算精度について述べる．

(1) ロトカ–ヴォルテラの式

ロトカ–ヴォルテラ(Lotka–Volterra)の式は捕食者と被食者の関係を表すモデル式である．本システムは代謝反応システムとは直接関係はないが，その挙動に周期性があるため，テーラー級数法の精度を検証するのに都合がよい．そのモデル式はつぎのように与えられる．

$$\frac{dH}{dt} = \mu H - k_1 HP \qquad H(0) = 2 \qquad (5.46)$$

$$\frac{dP}{dt} = k_2 HP - \delta P \qquad P(0) = 1 \qquad (5.47)$$

ここで，Hは被食者数，Pは捕食者数，k_1, k_2, μ, δは速度定数である．H, Pの値は正の領域で変化する．(5.46), (5.47)式ともにべき乗則式の形で与えられているので，HをX_1に，PをX_2に置き換えるだけでよい．BSTの変数表示に従ったべき乗則式はつぎのようになる．

$$\frac{dX_1}{dt} = \mu X_1 - k_1 X_1 X_2 \qquad X_1(0) = 2 \qquad (5.50)$$

$$\frac{dX_2}{dt} = k_2 X_1 X_2 - \delta X_2 \qquad X_2(0) = 1 \qquad (5.51)$$

$\mu = k_1 = k_2 = \delta = 1$とし，テーラー級数法により計算した$t = 0 \sim 30$にわたる$X_1$と$X_2$の時間変化を図5.1に示す．計算は毎回異なる刻み幅を使って行われているが，計算値のサンプリング間隔を 30/150=0.2 としたため，この時間間隔での値だけが示されている．本モデル式には解析解がない．そこで，対数座標系でのテーラー級数解を用いた方法(方法 1)による計算値を厳密解とみなし，デカルト座標系でのテーラー級数解を用いた方法(方法 2)による計算値の持つ相対誤差

$$E_r = \left| \frac{(X_1)_{方法2} - (X_1)_{方法1}}{(X_1)_{方法1}} \right| \qquad (5.52)$$

に基づき，方法2の精度を評価する．まったく異なる式を使って計算された両方の値がほぼ全桁で一致するならば，計算が高精度で行われたと判断できるであろう．E_rの時間変化を図5.1に示す．各計算値に対してE_rはつねに10^{-14}のオーダーである．これよりテーラー級数法による計算値が少なくとも14桁程度の精度

第 5 章　代謝物濃度の時間変化

で得られていると推定される．この計算条件において H, P に対する計算曲線の周期は約 6.6 であり，1 周期の計算に要した刻み数は 31 であった．計算値をこの周期ごとにサンプリングしながら計算を $t=20{,}000$ まで継続したが，計算値の精度低下は見られなかった．

図 5.2 にデカルト座標系でのテーラー級数法と 4 次のルンゲ–クッタ法において $t=20{,}000$ まで計算するのに要した時間の比較を示す．テーラー級数法での計算は，いつでも桁落ちが生じないように不等間隔の刻み幅を選択しながら行われる．このため，計算時間は 1 つ(310 秒)だけである．ルンゲ–クッタ法の計算時間は，刻み幅が 10^{-3} よりも大きい場合，テーラー級数法の計算時間よりも短い．ただし，このように大きな刻み幅は計算値の信頼性の点から通常用いられないことを考慮すべきである．一方，それよりも小さくなると計算が長くかかるようになる．計算値に対する信頼性が高いことと計算時間がそれほど長くないことを考慮するならば，テーラー級数法が有用であることは明らかである．なお，ここで示した計算時間は計算を行った時点でのコンピューターの性能に基づく値であり，現在のコンピューターを用いれば示した値よりもかなり短くなる．計算時間の大きさの相対的関係だけに注目されたい．

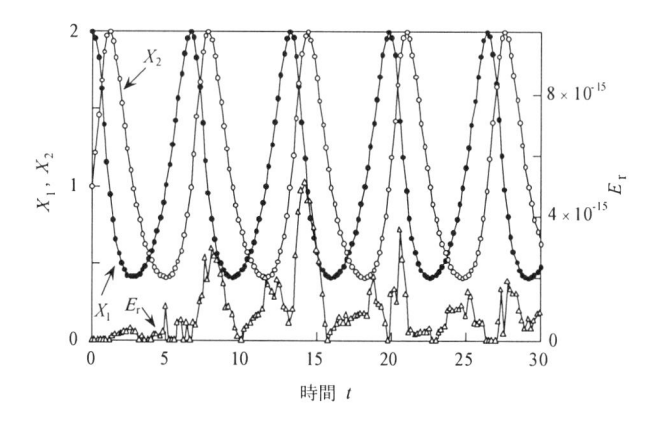

図 5.1　テーラー級数法によるロトカ–ヴォルテラの式の計算結果($\mu=k_1=k_2=\delta=1$)

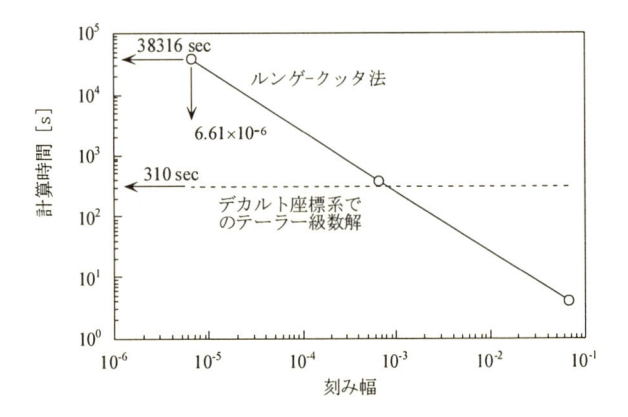

図5.2 デカルト座標系でのテーラー級数法と4次のルンゲ-クッタ法によりロトカ-ヴォルテラの式を$t=0$から20,000まで計算するのに要した時間の比較

(2) sin関数を含む微分方程式

つぎに，sin関数を含み，解が$\cos t$である微分方程式

$$\frac{dy}{dt} = -\sin t \qquad y(0) = 1 \qquad (5.53)$$

について考えてみよう(本式は3.2の例と同じである). ここで，$X_1 = \cos t\ (=y)$, $X_2 = \sin t$ とおくと，(5.53)式はつぎのようにリキャスティングされる.

$$\frac{dX_1}{dt} = -X_2 \qquad X_1(0) = 1 \qquad (5.54)$$

$$\frac{dX_2}{dt} = X_1 \qquad X_2(0) = 0 \qquad (5.55)$$

本システムの従属変数値は，正と負の領域で変化する. このため, 対数座標系でのテーラー級数解を直接本モデル式へ適用することができない. 従属変数値が負の値を取らないようにy軸方向へ座標移動した後にテーラー級数法を適用することが考えられるが，計算値を元の座標へ戻すため計算値から座標移動の際に加えた値を差し引くとき誤差が生じる. したがって，従属変数が負の値を取る場合, デカルト座標系でのテーラー級数解を適用した方がよい.

第5章 代謝物濃度の時間変化　　　　　　　　　　　　　　　75

　図 5.3 に$t=0 \sim 2\pi$の範囲で計算したX_1とX_2の時間変化および相対誤差(解析解 $\cos t$を基準値とする)を示す．相対誤差が0もしくは非常に小さな値であることから，テーラー級数法による計算値が高い精度で求められていることは明らかである．計算値がゼロを通過するとき，相対誤差は一時的に増加する．しかし，ゼロ近傍からはずれると精度回復が起こる．

　テーラー級数法の精度が高いといっても，計算値にはいつでも丸め誤差が含まれる．この誤差は，なぜ時間とともに増大しないのであろうか．これは，現在のパーソナルコンピューターで動作する数値計算用ソフトウエアが計算値を丸めるとき0捨1入を行うからである．切り捨て，切り上げはほぼ50%の確率で起こると推測されるので，演算回数が多くなるにつれて計算値は丸め誤差の影響を受けにくくなる．すなわち，丸め誤差は，通常，他の種類の誤差に比べて致命的な精度低下を引き起こさない．

(3)　ミカエリス–メンテン式

　さらに，もう一つ簡単な例を考えてみよう．酵素反応の基礎式であるミカエリス–メンテン式はつぎのように与えられる．

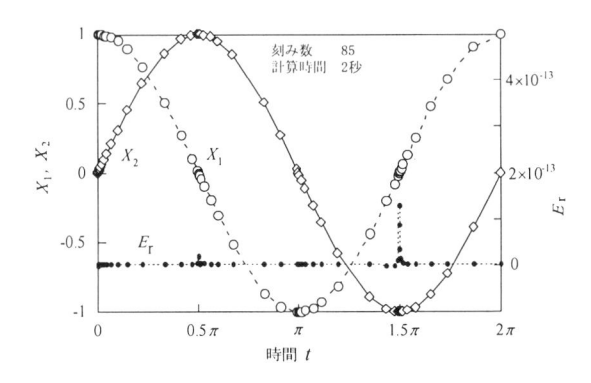

図 5.3　テーラー級数法による(5.53)式の解および相対誤差の時間変化
(相対誤差は解析解 $\cos t$ と比較して計算)

$$\frac{dS}{dt} = -\frac{V_m S}{S + K_m} \qquad S(0) = S_0 \qquad (5.56)$$

ここで $X_1 = S$, $X_2 = S + K_m$ とおくと，上式はつぎのようなべき乗則式へ変換される．

$$\frac{dX_1}{dt} = -V_m X_1 X_2^{-1} \qquad X_1(0) = S_0 \qquad (5.57)$$

$$\frac{dX_2}{dt} = -V_m X_1 X_2^{-1} \qquad X_2(0) = S_0 + K_m \qquad (5.58)$$

表 5.1 は，$V_m = K_m = 1$, $S_0 = 1$ において，(5.57), (5.58)式をテーラー級数法により解いた解を，(5.56)式に対する解析解(この解の式は時間について陽的なので，本式にまず時間を与え，つぎに S を未知数としてニュートン-ラフソン法により求めることで，その時間における濃度を得た)と比較したものである．両方の計算値が驚くほど一致していることから，テーラー級数法がいかに高い性能を持つかがわかる．微分方程式に対して解析解が存在し，この式を用いてコンピューターで解を計算したとしても，その最後の数桁は丸め誤差の影響を受けている．

表 5.1 ミカエリス-メンテン式に対するテーラー級数解と数値解の比較

時間	テーラー級数解	解析解
0	1.000000000000000D+00	1.000000000000000D+00
1	5.671432904097838D-01	5.671432904097838D-01
2	2.784645427610738D-01	2.784645427610738D-01
3	1.200282389876412D-01	1.200282389876412D-01
4	4.747849102486548D-02	4.747849102486548D-02
5	1.798910282853102D-02	1.798910282853101D-02
6	6.693000497730998D-03	6.693000497730993D-03
7	2.472630709097279D-03	2.472630709097277D-03
8	9.110515723789152D-04	9.110515723789145D-04
9	3.353501493210618D-04	3.353501493210617D-04
10	1.233945769256096D-04	1.233945769256097D-04

た計算値と同等の精度で得られる．したがって，テーラー級数法による解は単なる数値解ではなく，数値的に求められた解析解と言うことができよう．

　以上から明らかなように，テーラー級数法によれば超高精度数値解を得ることが可能である．したがって，堅い微分方程式系になりやすく，また大規模になると数多くの微分方程式を解かざるを得ない代謝反応システムを解析する場合，有効な計算法であるといえる．

第6章
動的感度解析

6.1 動的感度

　定常状態下のシステムにおいて，ある独立変数がなにかの原因で変動したとき，各従属変数(代謝物濃度または流束)は新しい定常状態値に向かって変化し始める．このときの独立変数の変動が各従属変数へ及ぼす影響の大きさを表すのが対数ゲインである．同様に，ある代謝物濃度がなにかの原因で変動したときにもすべての従属変数が変化し始める．この場合には従属変数は最終的に元の定常状態値へ戻ることになるが，このときの代謝物濃度変動が各従属変数へ及ぼす影響も対数ゲインとして定義できる．しかし，このような従属変数変動に対する対数ゲインは定常状態においてゼロの値を取るため，これまでは独立変数変動に対する対数ゲインのみを考えてきた．

　3章で述べたように，BSTによる対数ゲインの計算値は近似値ではなく，理論的にまったく正しい値である．独立変数の変動において定常状態対数ゲインが正であるとき，新しい定常状態での従属変数値は現在の定常状態での従属変数値よりも大きくなる．一方，定常状態対数ゲインが負であるとき，新しい定常状態での従属変数値はもとの定常状態での従属変数値よりも小さくなる．

　振動系のように従属変数が決して一定の値を取らない場合，定常状態での感度解析法はもはや機能しない．この場合，従属変数が時間とともに変化している間中，対数ゲイン，速度定数感度，反応次数感度の値は刻々と変化する．また，定常状態が存在する場合でも従属変数が定常状態値以外の値を初期値として変化し始めるときには，同様に変化する．このような時間とともに変化するシステム感度が動的感度である．対数ゲイン，速度定数感度，反応次数感度に対して，それぞれ動的対数ゲイン(Dynamic logarithmic gain)，動的速度定数感度(Dynamic rate-constant sensitivity)，動的反応次数感度(Dynamic kinetic-order sensitivity)を定義できるが，本書では動的対数ゲインついてのみ述べる．

システムが動的状態にある場合，従属変数変動に対する対数ゲインも物理的に重要な意味を持つようになる．また，定常状態における変動であっても，従属変数がそれぞれの定常状態値へ戻るまでの対数ゲインはゼロにはならず，その値の大きさや符号は考察の対象になる．

　これまで BST に基づく研究では，定常状態における感度解析が主であった．この理由の一つは BST を基礎として構築された計算法がなかったからである．最近，著者らは BST に基づく動的対数ゲインの計算法を確立した．本章では，本法とその応用について述べる．

6.2 動的対数ゲインの定義

　BST では独立変数とパラメーターの変動に対する従属変数の応答を明確に区別し，それぞれ対数ゲイン，感度と呼ぶ．一般的な感度解析理論では，システムに含まれるすべての定数をパラメーターとみなし，これらの変動に対する従属変数の応答を感度という一つの言葉で呼ぶ．この違いが生じたのは，BST が独立変数とパラメーターを明確に区別してシステムを記述することによる．一方，前述のように独立変数ばかりでなく従属変数の変動においても従属変数の変化が起こる．したがって，独立変数の変動ばかりでなく，従属変数の変動も含めて動的対数ゲインを定義するならば

$$L_{i,f} = L(X_i(t), X_f) = \frac{\partial \ln X_i(t)}{\partial \ln X_f} = \frac{\partial X_i(t)}{\partial X_f} \frac{X_f}{X_i(t)} \tag{6.1}$$

$$(i = 1, \cdots, n; f = 1, \cdots, n, n+1, \cdots, n+m)$$

となる．(6.1)式は，$t=0$ での従属変数または独立変数の無限小百分率変動に対して，$t=t$ における従属変数の百分率応答を表す．システムに定常状態が存在するならば，動的対数ゲインは最終的に定常状態対数ゲインに漸近する．

　これまで BST では定常状態での感度解析だけを対象としてきたため，代謝物濃度がゼロとはならず，定常状態対数ゲインの定義だけで十分であった．しかし，動的感度の計算法が確立され，その解析の範囲が広がってしまった現在では，つぎのような<u>正規化されていない感度</u>の定義が必要である．

$$s_{i,f} = s(X_i(t), X_f) = \frac{\partial X_i(t)}{\partial X_f} \qquad (6.2)$$

$$(i = 1, 2, \cdots, n; f = i, \cdots, n, n+1, n+2, \cdots, n+m)$$

本書ではこれを単にゲイン(Gain)と呼ぶことにする．(6.1)式による計算は，定常状態が存在し，代謝物濃度が決してゼロにならない場合問題なく実行できる．しかし，$t=0$ において代謝物濃度がゼロであったり，代謝物濃度がゼロへ向かって小さくなったりする場合，(6.1)式の分母に代謝物濃度が含まれるため実行不能になる．このような場合，まずゲインを計算し，つぎに代謝物濃度がゼロでないゲイン値に対して，対数ゲインを計算する必要がある．

参考のため，BSTと他の感度解析理論における感度の用語を表6.1に示す．また，BSTにおける感度解析を定常状態から動的状態まで拡張したときの感度の分類を図6.1に示す．

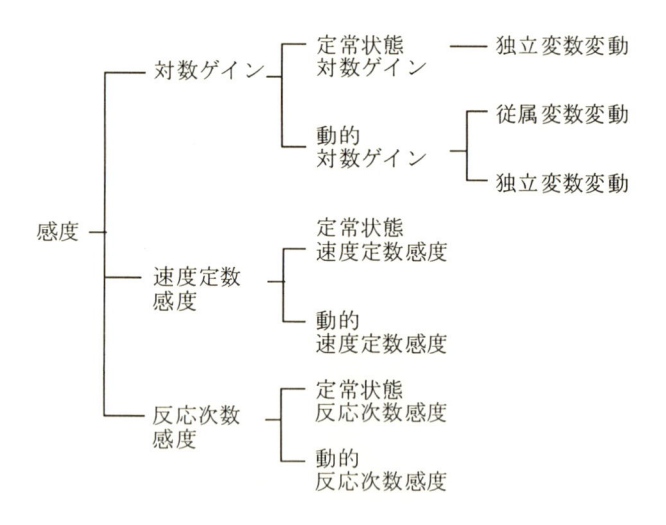

図 6.1　BST における感度の分類

第 6 章　動的感度解析

表 6.1　BST と他の感度解析理論における感度の用語

	$(\partial X_i / \partial X_f)$	$(\partial X_i / \partial X_f)(X_f / X_i)$
BST	ゲイン	対数ゲイン
一般的理論	感度もしくは局所感度	正規化感度

6.3　従来の動的感度計算法[28]

　動的感度計算法の基礎は，1980 年代の初め頃までに確立された．これらは大きく 3 つに分類される．直接微分法(Direct differential method; DDM)は，従属変数ベクトル $\mathbf{X}$，パラメーターベクトル $\boldsymbol{\phi}$，時間 t を使い

$$\frac{d\mathbf{X}}{dt} = \mathbf{f}(\mathbf{X}, \boldsymbol{\phi}, t) \qquad \mathbf{X}(0) = \mathbf{X}_0 \tag{6.3}$$

と記述されるシステムにおいて，パラメーターの無限小変動に対する感度方程式を

$$\frac{d(\partial \mathbf{X}/\partial \boldsymbol{\phi})}{dt} = \frac{d\mathbf{s}(\mathbf{X}, \boldsymbol{\phi})}{dt} = \frac{\partial \mathbf{f}}{\partial \mathbf{X}} \cdot \frac{\partial \mathbf{X}}{\partial \boldsymbol{\phi}} + \frac{\partial \mathbf{f}}{\partial \boldsymbol{\phi}} = \frac{\partial \mathbf{f}}{\partial \mathbf{X}} \cdot \mathbf{s}(\mathbf{X}, \boldsymbol{\phi}) + \frac{\partial \mathbf{f}}{\partial \boldsymbol{\phi}} \tag{6.4}$$

と表し，(6.4)式を(6.3)式と連立させて解くことにより，各感度の時間変化を求める方法である．(6.4)式に対する初期値は，パラメーター ϕ_j の変動に対する従属変数 X_i の感度方程式を

$$\begin{aligned}\frac{d(\partial X_i / \partial \phi_j)}{dt} &= \frac{ds(X_i, \phi_j)}{dt} = \frac{\partial f_i}{\partial X_i} \cdot \frac{\partial X_i}{\partial \phi_j} + \frac{\partial f_i}{\partial \phi_j} \\ &= \frac{\partial f_i}{\partial X_i} \cdot s(X_i, \phi_j) + \frac{\partial f_i}{\partial \phi_j}\end{aligned} \tag{6.5}$$

と表すならば，

$$s(X_i, \phi_j)\big|_{t=0} = \begin{cases} X_i(0) \neq \phi_j \text{のとき} & 0 \\ X_i(0) = \phi_j \text{のとき} & 1 \end{cases} \tag{6.6}$$

と与えられる．なお，ここでは感度計算法を一般的立場で述べるため，変動する

ものを独立変数ではなく，パラメーターとした．DDM は感度計算を行うのに最も自然な計算法である．しかし，流束式の偏微分行列を求めなければならないため，数学にあまりなじみのない生化学者には受け入れにくいかもしれない．

有限差法(Finite-difference method； FDM)は感度を

$$s(X_i, \phi_j) = \frac{\partial X_i}{\partial \phi_j} \cong \frac{\Delta X_i}{\Delta \phi_j} = \frac{X_i(t, \phi_j + \Delta \phi_j) - X_i(t, \phi_j)}{\Delta \phi_j} \qquad (6.7)$$

として求める近似計算法である．ここで，$X_i(t,\phi_j)$ と $X_i(t,\phi_j + \Delta \phi_j)$ の値を得るため，まず，$\phi_j = \phi_j$ として，つぎに $\phi_j = \phi_j + \Delta \phi_j$ として(6.3)式を解く．この操作をすべてのパラメーター値に対して行い，最終的にすべての感度の値を得る．本法の利点は，従属変数に対する微分方程式と感度方程式を連立して解く必要がないことである．また，その欠点は，微分方程式を解く操作をパラメーターの数だけ繰り返す必要があること，感度の計算値がパラメーター値の有限の変動に対する近似値であること，応答が小さいとき ϕ_j の変動を大きく取らなければならないことである．

グリーン関数法(Green's function method；GFM)は，最初に感度方程式, (6.4)式の斉次部分をグリーン関数問題

$$\frac{d\mathbf{G}(t,\tau)}{dt} = \frac{\partial \mathbf{f}}{\partial \mathbf{X}} \mathbf{G}(t,\tau) \qquad (t > \tau) \qquad (6.8)$$

$$\mathbf{G}(\tau,\tau) = \mathbf{1}$$

として解き，つぎにこの計算値をグリーン関数 $\mathbf{G}(t,\tau)$ に関する非斉次項の積分変換式

$$\mathbf{s}(\mathbf{X},\phi_j) = \frac{\partial \mathbf{X}(t)}{\partial \phi_j} = \mathbf{G}(t,0) \cdot \boldsymbol{\delta} + \int_0^t \mathbf{G}(t,\tau) \frac{\partial \mathbf{f}(\tau)}{\partial \phi_j} d\tau \qquad (6.9)$$

へ適用して感度を求める方法である．m 個のパラメーターの無限小変動に対して n 個の従属変数の感度値を得るのに，GFM では $n \times n$ 個の微分方程式と n 個の積分式を解く必要がある．一方，DDM では $(m+1) \times n$ 個の微分方程式を解く必要がある．したがって，$m >> n$ のとき，すなわちパラメーター数が非常に多いとき，GFM の計算量は DDM のそれよりも少なくなる．

6.4 動的対数ゲインの物理的意味

BSTのべき乗則式に基づく動的感度解析を前提とし，以下では酵素活性のような独立変数の変動に対する従属変数の対数ゲインに限定して議論を進める．いま，従属変数 X_i ($i=1,....,n$) と独立変数 X_j ($j=n+1,...., n+m$) で構成されたシステムにおいて，つぎのような2種類の微分方程式を設定する．

$$\frac{dX_i^\circ}{dt} = V_i^\circ - V_{-i}^\circ \qquad X_i^\circ = X_i(0) \qquad (i=1,\cdots,n) \qquad (6.10)$$

$$\frac{dX_i}{dt} = V_i - V_{-i} \qquad X_i = X_i(0) \qquad (i=1,\cdots,n) \qquad (6.11)$$

ここで，(6.10)式は独立変数になにも変動を与えず，そのままの値を使って従属変数の時間変化を計算するための微分方程式である．これにより得られる従属変数の計算値を X_i° で表す．また，(6.11)式は j 番目の独立変数 X_j だけを $t=0$ において $X_j + \Delta X_j$ のように変動させて従属変数の時間変化を計算するための微分方程式である．これにより得られる従属変数の計算値を X_i で表す．(6.11)式から(6.10)式の差を取り，これを積分すると次式を得る．

$$\Delta X_i = X_i - X_i^\circ = \int_0^t \left\{ (V_i - V_i^\circ) - (V_{-i} - V_{-i}^\circ) \right\} dt \qquad (i=1,\cdots,n) \qquad (6.12)$$

この計算値を使った動的対数ゲインの近似的表現はつぎのようになる．

$$L(X_i(t), X_j) \cong \frac{\int_0^t \left\{ (V_i - V_i^\circ) - (V_{-i} - V_{-i}^\circ) \right\} dt}{\Delta X_j} \frac{X_j}{X_i(t)} \qquad (i=1,\cdots,n) \qquad (6.13)$$

また，その厳密な表現はつぎのようになる．

$$L(X_i(t), X_j) = \lim_{\Delta X_j \to 0} \frac{\int_0^t \left\{ (V_i - V_i^\circ) - (V_{-i} - V_{-i}^\circ) \right\} dt}{\Delta X_j} \frac{X_j}{X_i(t)} \qquad (i=1,\cdots,n) \qquad (6.14)$$

(6.12)～(6.14)式から，独立変数変動に対する代謝物濃度の動的対数ゲインはつぎのような性質を持つことがわかる．

1) 時刻 $t=t$ における動的対数ゲインは，$t=0$ における独立変数の無限小百分率変動の結果として生じる代謝物濃度の応答を表す．
2) その値が大きくなるのは，独立変数の無限小変動の結果として変化する代謝

物濃度の $t=t$ での値と，独立変数の変動がないときの代謝物濃度の $t=t$ での値の差の絶対値が大きいときである．

3) 動的対数ゲインは，$t=0$ における独立変数の無限小変動に対して生じる各従属変数プールでの流入流束，流出流束の大きさの時間的変化と密接に関係している．

4) この時間的変化により，各従属変数プールで代謝物濃度の時間的変化が生じる．

5) $t=0$ における独立変数の無限小変動に対して流入流束が流出流束に比べて増大すれば従属変数濃度は増大し，対数ゲインは正の値を取るようになる．

6) 逆に，流入流束が流出流束に比べて減少すれば代謝物濃度は減少し，対数ゲインは負の値を取るようになる．

したがって，動的対数ゲインが正の領域で変化しているか，負の領域で変化しているかを見れば，その代謝物プールにおいて流入流束が流出流束に比べて大きいか，小さいかを推測できることになる．この情報は，システム全体の動的挙動の特性を詳しく理解する上で重要である．

6.5 代謝物濃度変動に対する動的対数ゲイン

外部からシステム内へ代謝物が添加される場合のように，ある特定の代謝物濃度が突然変化するとき，これがそれ以外の代謝物の濃度や流束へどのような影響を及ぼすかを知ることは大変重要である．しかし，定常状態における対数ゲインの計算は独立変数の変動に対してだけ意味がある．なぜならば，定常状態下で，ある特定の代謝物濃度が変動しても，長い時間が経過すればシステムは同じ定常状態へ戻るので，実質的な代謝物濃度の変化はなくなり，定常状態対数ゲインはゼロの値を取るからである．しかしながら，定常状態に到達するまでに従属変数が変化している間中，対数ゲインは変化し続けている(演習問題9を参照)．同様に，システムが定常状態にない場合でも，従属変数が変化している間中，対数ゲインは変化し続けている．したがって，定常状態での変動，動的状態での変動に関わらず対数ゲインの変化は，システムの特性を知る上で大変重要な情報源になりうることは言うまでもない．

6.6 動的対数ゲインの初期値と最終値

条件の違いに応じて,動的対数ゲインが取り得る初期値と最終的値はつぎのようになる[29].

1) 独立変数X_jの変動に対する従属変数X_iの動的対数ゲインは$t=0$でゼロの値を取り,時間経過とともに有限値を取りながら変化した後,次式のような定常状態対数ゲインへ漸近する.

$$L(X_i(t), X_j)\Big|_{t=0} = \frac{\partial \ln X_i(t)}{\partial \ln X_j}\Big|_{t=0} = \frac{\partial X_i(t)}{\partial X_j}\frac{X_j}{X_i(t)}\Big|_{t=0} = 0 \qquad (6.15)$$

$$\lim_{t \to \infty} L(X_i(t), X_j) = \frac{\partial X_i(t)}{\partial X_j}\frac{X_j}{X_i(t)}\Big|_{t=\infty} = \left(\frac{\partial X_i(t)}{\partial X_j}\frac{X_j}{X_i(t)}\right)^* = L(X_i, X_j)^* \qquad (6.16)$$

2) 従属変数X_d($d \neq i$)の変動に対する従属変数X_iの動的対数ゲインは,$t=0$でゼロの値を取り,時間経過とともに有限値を取りながら変化した後,最終的にゼロの値へ戻る.すなわち,

$$L(X_i(t), X_d(0))\Big|_{t=0} = \frac{\partial \ln X_i(t)}{\partial \ln X_d(0)}\Big|_{t=0} = \frac{\partial X_i(t)}{\partial X_d(0)}\frac{X_d(0)}{X_i(t)}\Big|_{t=0} = 0 \qquad (6.17)$$

$$\lim_{t \to \infty} L(X_i(t), X_d(0)) = \lim_{t \to \infty} \frac{\partial X_i(t)}{\partial X_d(0)}\frac{X_d(0)}{X_i(t)}$$
$$= \left(\frac{\partial X_i(t)}{\partial X_d(0)}\frac{X_d(0)}{X_i(t)}\right)^* = L(X_i(t), X_d(0))^* = 0 \qquad (6.18)$$

となる.また,従属変数X_d ($d=i$)の変動に対する従属変数X_iの動的対数ゲインは,$t=0$で1の値を取り,時間経過とともに有限値を取りながら変化した後,最終的にゼロの値を取る.すなわち,次式となる

$$L(X_i(t), X_i(0))\Big|_{t=0} = \frac{\partial \ln X_i(t)}{\partial \ln X_i(0)}\Big|_{t=0} = \frac{\partial X_i(t)}{\partial X_i(0)}\frac{X_i(0)}{X_i(t)}\Big|_{t=0} = 1 \qquad (6.19)$$

$$\lim_{t \to \infty} L(X_i(t), X_i(0)) = \lim_{t \to \infty} \frac{\partial X_i(t)}{\partial X_i(0)}\frac{X_i(0)}{X_i(t)} = \left(\frac{\partial X_i(t)}{\partial X_i(0)}\frac{X_i(0)}{X_i(t)}\right)^*$$
$$= L(X_i(t), X_i(0))^* = 0 \qquad (6.20)$$

6.7 定常状態での従属変数の無限小変動に対する動的対数ゲインの変化

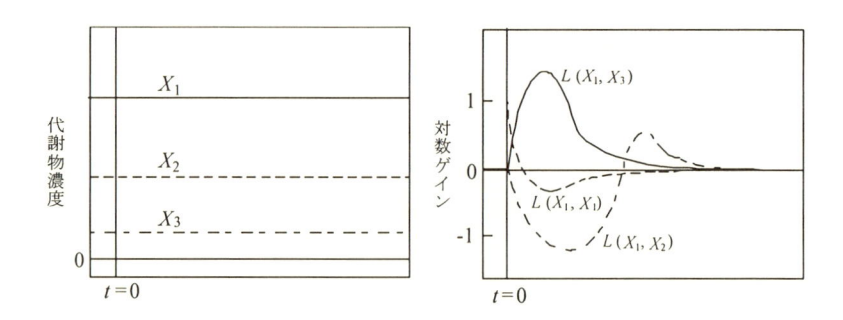

システムに定常状態が存在する場合，代謝物濃度が定常状態値を維持した状態であるにも関わらず，対数ゲインを計算するとその変化が観察される．たとえば，3つの代謝物濃度X_1, X_2, X_3の時間変化を表す微分方程式においてそれぞれの定常状態値を初期値として，これらの代謝物濃度とX_1の応答を表す対数ゲイン$L(X_1, X_1)$，$L(X_1, X_2)$，$L(X_1, X_3)$の時間変化を計算したとしよう．当然ながら代謝物濃度は定常状態値を維持したままでまったく変化しないが，対数ゲインは変化する(図 6.2)．この場合，$L(X_1, X_1)$は1を初期値とし，また$L(X_1, X_2)$，$L(X_1, X_3)$は0を初期値として様々に変化した後，0へ漸近する．代謝物濃度にまったく変化がないにも関わらず，対数ゲインが変化することを不思議に思うかもしれない．この対数ゲインの変化は，X_1が$t=0$(計算を開始した時間)において無限小増大したことに対する各従属変数の応答である．無限小変化とは限りなく小さく変化することであるが，また実質的にはまったく変化しないことでもある．これら両方の意味を理解すれば，図6.2における対数ゲインの不思議な変化を納得することができよう．

図 6.2 定常状態での従属変数の無限小変動に対する動的対数ゲインの変化(代謝物X_1, X_2, X_3からなり，定常状態にある代謝反応システムにおいて，$t=0$でX_1が無限小増加したときの各代謝物濃度の百分率応答を表す)

第 6 章　動的感度解析

6.8 BST に基づく動的対数ゲイン計算法

(1) 計算原理

　M–M システム型微分方程式を定常状態値を用いて近似的に S-システム型式へ変換する．これを(6.4)式へ適用すると感度方程式が得られる．この場合，代謝物濃度を偏微分する際のパラメーターとして独立変数，速度定数，反応次数のいずれを選ぶかにより，それぞれ動的対数ゲイン，動的速度定数感度，動的反応次数感度の感度方程式となる．この感度方程式を S-システム型方程式と連立して解くと，動的感度値の時間変化が得られる．ただし，これらの計算値は近似値である．

　一方，M–M システム型微分方程式はリキャスティング操作により GMA–システム型式へ解析的に変換される．したがって，GMA–システム型式を一般式とみなし，DDMに従って対数ゲインに対する感度方程式を導き，これをM–Mシステム型微分方程式と連立させて動的対数ゲインを求めるコンピュータープログラムを作成するならば，ユーザーはM–Mシステム型微分方程式をGMA–システム型式へリキャスティングし，本式中に含まれるパラメーター値をコンピューターへ入力するだけで，対数ゲインの時間変化を求めることができるようになる．以下では，この計算原理に基づく動的対数ゲインの感度方程式を導く．

(2) 対数ゲインの感度方程式

<u>独立変数変動に対する応答</u>　　いま，任意の代謝反応システムにおいて導かれた代謝物濃度(従属変数)X_i ($i=1,2,\ldots,n'$)に対し，つぎのようなM-Mシステム型微分方程式を考える．

$$\frac{dX_i}{dt} = \sum_{j=1}^{n'+m} v_{ji} - \sum_{j=1}^{n'+m} v_{ij} \quad (i=1,\cdots,n') \tag{6.21}$$

ここで，tは時間，n'は従属変数の数，v_{ij}は代謝物X_iから代謝物X_jが生成するときの流束式(または反応速度)を表す．(6.21)式をGMA–システム型式へリキャスティングすると

$$\frac{dX_i}{dt} = \sum_{k=1}^{p} v_{ik} = \sum_{k=1}^{p} \alpha_{ik} \prod_{j=1}^{n+m} X_j^{g_{ijk}} \quad (i=1,\cdots,n) \tag{6.22}$$

となる.ここで,v_{ik}はX_iの変化速度式中の右辺のk番目の流束式項,pはリキャスティング後のそれぞれの変化速度式中の流束項の数のうちで最大の値,α_{ik}は速度定数,g_{ijk}は反応次数を表す.また,nはリキャスティング後の従属変数の数であり,したがって$n-n'$はリキャスティングにより新たに生じた従属変数の数を表す.(6.22)式を独立変数X_f ($f = n+1,\cdots,n+m$) で偏微分すると

$$\frac{\partial}{\partial X_f}\frac{dX_i}{dt} = \frac{\partial}{\partial X_f}\left(\sum_{k=1}^{p}\alpha_{ik}\prod_{j=1}^{n+m}X_j^{g_{ijk}}\right) \quad (i=1,\cdots,n; f=n+1,\cdots,n+m) \quad (6.23)$$

となる.上式の左辺は

$$\frac{\partial}{\partial X_f}\frac{dX_i}{dt} = \frac{d}{dt}\frac{\partial X_i}{\partial X_f} = \frac{d}{dt}\left(L_{i,f}\frac{X_i}{X_f}\right) = \frac{dL_{i,f}}{dt}\frac{X_i}{X_f} + \frac{dX_i}{dt}\frac{L_{i,f}}{X_f} \quad (6.24)$$

となる.また,右辺は

$$\frac{\partial}{\partial X_f}\left(\sum_{k=1}^{p}\alpha_{ik}\prod_{j=1}^{n+m}X_j^{g_{ijk}}\right) = \sum_{l=1}^{n}\frac{\partial}{\partial X_l}\left(\sum_{k=1}^{p}\alpha_{ik}\prod_{j=1}^{n+m}X_j^{g_{ijk}}\right)\frac{\partial X_l}{\partial X_f} + \frac{\partial}{\partial X_f}\left(\sum_{k=1}^{p}\alpha_{ik}\prod_{j=1}^{n+m}X_j^{g_{ijk}}\right)$$

$$= \sum_{l=1}^{n}\frac{1}{X_l}\left(\sum_{k=1}^{p}g_{ilk}v_{ik}\right)\frac{\partial X_l}{\partial X_f} + \frac{1}{X_f}\sum_{k=1}^{p}g_{ifk}v_{ik}$$

$$= \frac{1}{X_f}\left\{\sum_{l=1}^{n}J_{il}L_{l,f} + J_{if}\right\} \quad (6.25)$$

となる.ここで,

$$J_{il} = \sum_{k=1}^{p}g_{ilk}v_{ik} \quad (6.26)$$

である.したがって,代謝物濃度の対数ゲインの時間変化は次式で与えられる.

$$\frac{dL_{i,f}}{dt} = \frac{1}{X_i}\left(\sum_{l=1}^{n}\tilde{J}_{il}L_{l,f} + J_{if}\right) \quad (i=1,\cdots,n; f=n+1,\cdots,n+m) \quad (6.27)$$

ここで

$$\tilde{J}_{il} = \begin{cases} J_{il} & \left(=\sum_{k=1}^{p}g_{ilk}v_{ik}\right) & (i \neq l) \\ J_{ii} - \sum_{k=1}^{p}v_{ik} & \left(=\sum_{k=1}^{p}(g_{iik}-1)v_{ik}\right) & (i = l) \end{cases} \quad (6.28)$$

第6章　動的感度解析

である．また, (6.27)式の初期値は次式で与えられる．

$$L_{i,f}(0) = 0 \qquad (i=1,\cdots,n'; f=n+1,\cdots,n+m) \tag{6.29}$$

$$L_{i,f}(0) = \left(\frac{\partial X_i(0)}{\partial X_j}\right)\frac{X_j}{X_i(0)} \qquad (i=n'+1,\cdots,n; f=n+1,\cdots,n+m) \tag{6.30}$$

一方，流束 v_{ik} の対数ゲイン

$$L(v_{ik}, X_f) = \frac{\partial \ln v_{ik}}{\partial \ln X_f} = \frac{\partial v_{ik}}{\partial X_f}\frac{X_f}{v_{ik}} \tag{6.31}$$

は, (6.22)式に含まれる v_{ik} を独立変数 X_f で偏微分することにより

$$\frac{\partial v_{ik}}{\partial X_f} = \frac{\partial}{\partial X_f}\left(\alpha_{ik}\prod_{j=1}^{n+m}X_j^{g_{ijk}}\right) = \alpha_{ik}\left\{\sum_{l=1}^{n}\frac{g_{ilk}}{X_l}\left(\prod_{j=1}^{n+m}X_j^{g_{ijk}}\right)\frac{\partial X_l}{\partial X_f} + \frac{g_{ifk}}{X_f}\prod_{j=1}^{n+m}X_j^{g_{ijk}}\right\}$$

$$= v_{ik}\left(\sum_{l=1}^{n}\frac{g_{ilk}}{X_l}\frac{\partial X_l}{\partial X_f} + \frac{g_{ifk}}{X_f}\right) \tag{6.32}$$

となる．よって，流束 v_{ik} ($i=1,\cdots,n'; f=n+1,\cdots,n+m; k=1,\cdots,p$) に対する対数ゲインの時間変化は，各時刻における代謝物濃度の対数ゲインの値を次式へ代入することにより求められる．

$$L(v_{ik}, X_f) = X_f\left(\sum_{l=1}^{n}\frac{g_{ilk}}{X_l}\frac{\partial X_l}{\partial X_f} + \frac{g_{ifk}}{X_f}\right)$$

$$= \sum_{l=1}^{n}g_{ilk}\frac{\partial X_l}{\partial X_f}\frac{X_f}{X_l} + g_{ifk} = \sum_{l=1}^{n}g_{ilk}L_{l,f} + g_{ifk} \tag{6.33}$$

$$(i=1,\cdots,n'; f=n+1,\cdots,n+m; k=1,\cdots,p)$$

ここで, $t=0$ における初期値は

$$L(v_{ik}, X_f) = \sum_{l=n'+1}^{n}g_{ilk}L_{l,f} + g_{ifk} \tag{6.34}$$

$$(i=1,\cdots,n'; f=n+1,\cdots,n+m; k=1,\cdots,p)$$

である．(6.33)式には，リキャスティングにより生じる微分方程式中の流束の対数ゲインの計算を含めていない．

<u>従属変数変動に対する応答</u>　　(6.22)式を従属変数X_dの$t=0$ における値，すなわち$X_d(0)$ $(d=1,\cdots,n)$ で偏微分すると

$$\frac{\partial}{\partial X_d(0)}\frac{dX_i}{dt} = \frac{\partial}{\partial X_d(0)}\left(\sum_{k=1}^{p}\alpha_{ik}\prod_{j=1}^{n+m}X_j^{g_{ijk}}\right) \qquad (i,d=1,\cdots,n) \qquad (6.35)$$

となる．上式の左辺は

$$\begin{aligned}\frac{\partial}{\partial X_d(0)}\frac{dX_i}{dt} &= \frac{d}{dt}\frac{\partial X_i}{\partial X_d(0)} = \frac{d}{dt}\left(L_{i,d}\frac{X_i}{X_d(0)}\right) \\ &= \frac{dL_{i,d}}{dt}\frac{X_i}{X_d(0)} + \frac{dX_i}{dt}\frac{L_{i,d}}{X_d(0)}\end{aligned} \qquad (6.36)$$

となり，右辺は

$$\begin{aligned}\frac{\partial}{\partial X_d(0)}\left(\sum_{k=1}^{p}\alpha_{ik}\prod_{j=1}^{n+m}X_j^{g_{ijk}}\right) &= \sum_{l=1}^{n}\frac{\partial}{\partial X_l}\left(\sum_{k=1}^{p}\alpha_{ik}\prod_{j=1}^{n+m}X_j^{g_{ijk}}\right)\cdot\frac{\partial X_l}{\partial X_d(0)} \\ &= \sum_{l=1}^{n}\frac{1}{X_l}\left(\sum_{k=1}^{p}g_{ilk}v_{ik}\right)\frac{\partial X_l}{\partial X_d(0)} \\ &= \frac{1}{X_d(0)}\sum_{l=1}^{n}J_{il}L_{l,d}\end{aligned} \qquad (6.37)$$

となる．ここで，$L_{i,d}(i,d=1,\cdots,n)$ は $X_d(0)$ $(d=1,\cdots,n)$ の変動に対する従属変数 X_i $(i=1,\cdots,n)$ の応答を表す対数ゲインであり，

$$L_{i,d} = L(X_i(t),X_d(0)) = \frac{\partial \ln X_i}{\partial \ln X_d(0)} = \frac{\partial X_i}{\partial X_d(0)}\frac{X_d(0)}{X_i} \qquad (i,d=1,\cdots,n) \qquad (6.38)$$

と定義される．したがって，代謝物濃度の対数ゲインの時間変化は次式で表される．

$$\frac{dL_{i,d}}{dt} = \frac{1}{X_i}\sum_{l=1}^{n}\tilde{J}_{il}L_{l,d} \qquad (i,d=1,\cdots,n) \qquad (6.39)$$

ここで

$$\tilde{J}_{il} = \begin{cases} J_{il} & \left(= \sum_{k=1}^{p} g_{ilk} v_{ik} \right) & (i \neq l) \\ J_{ii} - \sum_{k=1}^{p} v_{ik} & \left(= \sum_{k=1}^{p} (g_{iik} - 1) v_{ik} \right) & (i = l) \end{cases} \quad (6.40)$$

である．(6.40)式の初期値は

$$L_{i,d}(0) = 0 \qquad (i,d = 1,\cdots,n'; i \neq d) \qquad (6.41)$$

$$L_{i,d}(0) = 1 \qquad (i,d = 1,\cdots,n'; i = d) \qquad (6.42)$$

$$L_{i,d}(0) = \left(\frac{\partial X_i(0)}{\partial X_d(0)} \right) \frac{X_d(0)}{X_i(0)} \qquad (i = n'+1,\cdots,n; d = 1,\cdots,n') \qquad (6.43)$$

と与えられる．一方，v_{ik} の対数ゲインは

$$L(v_{ik}, X_d(0)) = \frac{\partial \ln v_{ik}}{\partial \ln X_d(0)} = \frac{\partial v_{ik}}{\partial X_d(0)} \frac{X_d(0)}{v_{ik}} \qquad (6.44)$$

と定義される．いま，v_{ik} を独立変数 $X_d(0)$ により偏微分すると

$$\frac{\partial v_{ik}}{\partial X_d(0)} = \frac{\partial}{\partial X_d(0)} \left(\alpha_{ik} \prod_{j=1}^{n+m} X_j^{g_{ijk}} \right) = \alpha_{ik} \left\{ \sum_{l=1}^{n} \frac{g_{ilk}}{X_l} \left(\prod_{j=1}^{n+m} X_j^{g_{ijk}} \right) \frac{\partial X_l}{\partial X_d(0)} \right\}$$

$$= v_{ik} \left(\sum_{l=1}^{n} \frac{g_{ilk}}{X_l} \frac{\partial X_l}{\partial X_d(0)} \right) \qquad (6.45)$$

となる．したがって，v_{ik} $(i=1,\cdots,n'; d=1,\cdots,n; k=1,\cdots,p)$ の対数ゲインの時間変化は，各時刻における代謝物濃度の対数ゲインの値を次式へ代入することにより求められる．

$$L(v_{ik}, X_d(0)) = X_d(0) \left(\sum_{l=1}^{n} \frac{g_{ilk}}{X_l} \frac{\partial X_l}{\partial X_d(0)} \right)$$

$$= \sum_{l=1}^{n} g_{ilk} \frac{\partial X_l}{\partial X_d(0)} \frac{X_d(0)}{X_l} = \sum_{l=1}^{n} g_{ilk} L_{l,d} \qquad (6.46)$$

$$(i = 1,\cdots,n'; d = 1,\cdots,n; k = 1,\cdots,p)$$

なお，上式の $t=0$ において初期値は次のように与えられる．

$$L(v_{ik}, X_d(0)) = g_{idk} \qquad (i = 1,\cdots,n'; d = 1,\cdots,n; k = 1,\cdots,p) \qquad (6.47)$$

(3) ゲインの感度方程式

<u>独立変数変動に対する応答</u>　(6.22)式を独立変数X_f ($f = n+1, \cdots, n+m$) で偏微分した式の左辺は

$$\frac{\partial}{\partial X_f} \frac{dX_i}{dt} = \frac{d}{dt} \frac{\partial X_i}{\partial X_f} = \frac{ds_{i,f}}{dt} \tag{6.48}$$

となり，右辺は

$$\frac{\partial}{\partial X_f} \left(\sum_{k=1}^{p} \alpha_{ik} \prod_{j=1}^{n+m} X_j^{g_{ijk}} \right) = \sum_{l=1}^{n} \frac{\partial}{\partial X_l} \left(\sum_{k=1}^{p} \alpha_{ik} \prod_{j=1}^{n+m} X_j^{g_{ijk}} \right) \frac{\partial X_l}{\partial X_f} + \frac{\partial}{\partial X_f} \left(\sum_{k=1}^{p} \alpha_{ik} \prod_{j=1}^{n+m} X_j^{g_{ijk}} \right)$$

$$= \sum_{l=1}^{n} \frac{1}{X_l} \left(\sum_{k=1}^{p} g_{ilk} v_{ik} \right) \frac{\partial X_l}{\partial X_f} + \frac{1}{X_f} \sum_{k=1}^{p} g_{ifk} v_{ik}$$

$$= \sum_{l=1}^{n} \frac{1}{X_l} J_{il} s_{l,f} + \frac{1}{X_f} J_{if} \tag{6.49}$$

となる．したがって，独立変数X_f ($f = n+1, \cdots, n+m$) の変動に対する従属変数X_i ($i = 1, \cdots, n$) のゲイン$s_{i,f}$ ($i = 1, \cdots, n$; $f = n+1, \cdots, n+m$) の時間変化は次式で表される．

$$\frac{ds_{i,f}}{dt} = \sum_{l=1}^{n} \frac{1}{X_l} J_{il} s_{l,f} + \frac{1}{X_f} J_{if} \qquad (i = 1, \cdots, n; f = n+1, \cdots, n+m) \tag{6.50}$$

上式の初期値は

$$s_{i,f}(0) = 0 \qquad (i = 1, \cdots, n'; f = n+1, \cdots, n+m) \tag{6.51}$$

$$s_{i,f}(0) = \frac{\partial X_i(0)}{\partial X_f} \qquad (i = n'+1, \cdots, n; f = n+1, \cdots, n+m) \tag{6.52}$$

である．一方，流束v_{ik} ($i = 1, \cdots, n'; f = n+1, \cdots, n+m; k = 1, \cdots, p$) に対するゲインは，$v_{ik}$を独立変数$X_f$で偏微分することにより

$$s(v_{ik}, X_f) = \frac{\partial v_{ik}}{\partial X_f} = \frac{\partial}{\partial X_f} \left(\alpha_{ik} \prod_{j=1}^{n+m} X_j^{g_{ijk}} \right)$$

$$= \alpha_{ik} \left\{ \sum_{l=1}^{n} \frac{g_{ilk}}{X_l} \left(\prod_{j=1}^{n+m} X_j^{g_{ijk}} \right) \frac{\partial X_l}{\partial X_f} + \frac{g_{ifk}}{X_f} \prod_{j=1}^{n+m} X_j^{g_{ijk}} \right\}$$

第6章 動的感度解析

$$= v_{ik}\left(\sum_{l=1}^{n}\frac{g_{ilk}}{X_l}s_{l,f} + \frac{g_{ifk}}{X_f}\right) \tag{6.53}$$

$$(i=1,\cdots,n'; f=n+1,\cdots,n+m; k=1,\cdots,p)$$

となる．ここで，上式に対する初期値は

$$s(v_{ik}, X_f) = v_{ik}\frac{g_{ifk}}{X_f} \qquad (i=1,\cdots,n'; f=n+1,\cdots,n+m; k=1,\cdots,p) \tag{6.54}$$

と与えられる．したがって，個々の流束のゲインの時間変化は，各時刻における代謝物濃度のゲイン値を(6.54)式へ代入することにより求められる．

<u>従属変数変動に対する応答</u>　(6.22)式を$X_d(0)$ $(d=1,\cdots,n)$ で偏微分した式の左辺は

$$\frac{\partial}{\partial X_d(0)}\frac{dX_i}{dt} = \frac{d}{dt}\frac{\partial X_i}{\partial X_d(0)} = \frac{ds_{i,d}}{dt} \tag{6.55}$$

となり，右辺は

$$\frac{\partial}{\partial X_d(0)}\left(\sum_{k=1}^{p}\alpha_{ik}\prod_{j=1}^{n+m}X_j^{g_{ijk}}\right) = \sum_{l=1}^{n}\frac{\partial}{\partial X_l}\left(\sum_{k=1}^{p}\alpha_{ik}\prod_{j=1}^{n+m}X_j^{g_{ijk}}\right)\cdot\frac{\partial X_l}{\partial X_d(0)}$$

$$= \sum_{l=1}^{n}\frac{1}{X_l}\left(\sum_{k=1}^{p}g_{ilk}v_{ik}\right)\frac{\partial X_l}{\partial X_d(0)} = \sum_{l=1}^{n}\frac{1}{X_l}J_{il}s_{l,d} \tag{6.56}$$

となる．したがって，代謝物濃度に対するゲインの時間変化は次式となる．

$$\frac{ds_{i,d}}{dt} = \sum_{l=1}^{n}\frac{1}{X_l}J_{il}s_{l,d} \qquad (i,d=1,\cdots,n) \tag{6.57}$$

また，初期値はつぎのようになる．

$$s_{i,d}(0) = 0 \qquad (i,d=1,\cdots,n'; i\neq d) \tag{6.58}$$

$$s_{i,d}(0) = 1 \qquad (i,d=1,\cdots,n'; i=d)$$

$$s_{i,d}(0) = \frac{\partial X_i(0)}{\partial X_d(0)} \qquad (i=n'+1,\cdots,n; d=1,\cdots,n') \tag{6.59}$$

一方，流束 v_{ik} $(i=1,\cdots,n'; d=1,\cdots,n; k=1,\cdots,p)$ のゲインは，v_{ik} を $X_d(0)$ で偏微分することにより

$$s(v_{ik}, X_d(0)) = \frac{\partial v_{ik}}{\partial X_d(0)} = \frac{\partial}{\partial X_d(0)} \left(\alpha_{ik} \prod_{j=1}^{n+m} X_j^{g_{ijk}} \right) = \alpha_{ik} \left\{ \sum_{l=1}^{n} \frac{g_{ilk}}{X_l} \left(\prod_{j=1}^{n+m} X_j^{g_{ijk}} \right) \frac{\partial X_l}{\partial X_d(0)} \right\}$$

$$= v_{ik} \left(\sum_{l=1}^{n} \frac{g_{ilk}}{X_l} s_{l,d} \right) \quad (i=1,\cdots,n';d=1,\cdots,n;k=1,\cdots,p) \quad (6.60)$$

となる.ここで,各流束に対する初期値は

$$s(v_{ik}, X_d(0)) = v_{ik} g_{idk} / X_d(0) \quad (i=1,\cdots,n';d=1,\cdots,n;k=1,\cdots,p) \quad (6.61)$$

である.したがって,個々の流束のゲインの時間変化は,各時刻における代謝物濃度のゲイン値を(6.60)式へ代入することにより求められる.

(6.50),(6.57)式を解くことにより得られる代謝物濃度のゲイン値は,それぞれ次式を使って対数ゲイン値へ変換される.

$$L_{i,f} = s_{i,f} \frac{X_f}{X_i(t)} \quad (i=1,\cdots,n;f=n+1,\cdots,n+m) \quad (6.62)$$

$$L_{i,d} = s_{i,d} \frac{X_d(0)}{X_i(t)} \quad (i,d=1,\cdots,n) \quad (6.63)$$

同様に,(6.53),(6.60)式から得られる個々の流束に対するゲイン値は,それぞれ次式を使って対数ゲイン値へ変換される.

$$L(v_{ik}, X_f) = s(v_{ik}, X_f) \frac{X_f}{v_{ik}} \quad (i=1,\cdots,n';f=n+1,\cdots,n+m;k=1,\cdots,p) \quad (6.64)$$

$$L(v_{ik}, X_d(0)) = s(v_{ik}, X_d(0)) \frac{X_d(0)}{v_{ik}} \quad (i=1,\cdots,n';d=1,\cdots,n;k=1,\cdots,p) \quad (6.65)$$

6.9 計算アルゴリズムの正当性の確認[14]

前節で示した動的感度計算法の正しさを示すため,例として単一酵素反応の基礎式であるミカエリス–メンテン式

$$-\frac{dS}{dt} = \frac{V_m S}{K_m + S} \qquad S(0)=S_0 \quad (6.66)$$

について考える.本微分方程式を解くと,基質濃度Sはその初期値S_0から連続的

第6章 動的感度解析

にゼロへ向かって減少する過程を観察できる．この微分方程式には定常状態はなく，S-システムに基づく定常状態感度解析を行うことができない．一方，前節の動的感度解析法によれば，時間とともに変化する対数ゲインの値を計算することができる．以下で示すように，(6.66)式から動的対数ゲインの式を解析的に求めることができる．したがって，この式による計算値を動的感度計算法による計算値と比較することにより，この計算法の正しさを検証することができる．

いま，$X_1=S$, $X_2=K_m+S$, $X_3=V_m$とおき，(6.66)式をリキャスティングするとつぎのようになる．

$$\frac{dX_1}{dt} = -X_1 X_2^{-1} X_3 = v_{11} \qquad X_1(0)=S_0 \tag{6.67}$$

$$\frac{dX_2}{dt} = -X_1 X_2^{-1} X_3 = v_{21} \qquad X_2(0)=X_{10}+K_m=S_0+K_m \tag{6.68}$$

これらの式を(6.22)式と比較すると

$$\left.\begin{array}{l} \alpha_{11}=-1,\ g_{111}=1,\ g_{121}=-1,\ g_{131}=1 \\ \alpha_{21}=-1,\ g_{211}=1,\ g_{221}=-1,\ g_{231}=1 \end{array}\right\} \tag{6.69}$$

を得る．さらに，これらを(6.26), (6.28)式へ適用し，

$$\left.\begin{array}{l} J_{11}=g_{111}v_{11}=v_{11},\ J_{12}=g_{121}v_{11}=-v_{11},\ J_{13}=g_{131}v_{11}=v_{11} \\ J_{21}=g_{211}v_{21}=v_{21},\ J_{22}=g_{221}v_{21}=-v_{21},\ J_{23}=g_{231}v_{21}=v_{21} \end{array}\right\} \tag{6.70}$$

$$\left.\begin{array}{l} \tilde{J}_{11}=(g_{111}-1)v_{11}=0,\ \tilde{J}_{12}=g_{121}v_{11}=-v_{11},\ \tilde{J}_{13}=g_{131}v_{11}=v_{11} \\ \tilde{J}_{21}=g_{211}v_{21}=v_{21},\ \tilde{J}_{22}=(g_{221}-1)v_{21}=-2v_{21},\ \tilde{J}_{23}=g_{231}v_{21}=v_{21} \end{array}\right\} \tag{6.71}$$

を得る．したがって，対数ゲインの時間変化を表す微分方程式は

$$\frac{dL_{1,3}}{dt} = \frac{X_3}{X_2}(L_{2,3}-1) \qquad L_{1,3}(0)=0 \tag{6.72}$$

$$\frac{dL_{2,3}}{dt} = \frac{X_1 X_3}{X_2^2}(L_{1,3}-2L_{2,3}+1) \qquad L_{2,3}(0)=0 \tag{6.73}$$

となる．以上の操作の大半は計算プログラム中に容易に組み込むことができる．たとえば，適当なエディターに(6.67), (6.68)式を書き込むだけとし，これらの式中のパラメーターはコンピューターに自動的に抽出させるように計算プログラ

ムを作成する．これによりリキャスティング操作だけで動的ゲインを計算することが可能になる．

　ここで，(6.72), (6.73)式を$L_{1,3}$と$L_{2,3}$について解析的に解くことにする．いま，

$$X_2 = K_m + X_1 \tag{6.74}$$

をX_3で微分し，対数ゲインの定義にしたがって整理すると

$$L_{2,3} = \frac{X_1}{X_2} L_{1,3} \tag{6.75}$$

を得る．(6.74), (6.75)式を(6.72)式へ代入して整理すると

$$\frac{dL_{1,3}}{dt} - \frac{X_1 X_3}{(X_1 + K_m)^2} L_{1,3} + \frac{X_3}{X_1 + K_m} = \frac{dL_{1,3}}{dt} + P(X_1) L_{1,3} - Q(X_1) = 0 \tag{6.76}$$

となる．また，(6.66)式は

$$\frac{dX_1}{dt} = -\frac{X_1 X_3}{X_1 + K_m} \tag{6.77}$$

と書くことができ，その解は

$$X_{10} - X_1 - K_m \ln \frac{X_1}{X_0} = X_3 t \tag{6.78}$$

となる．(6.76)式は線形の1階微分方程式であり，その解は

$$L_{1,3} = e^{\int P(X_1) dt} \left\{ \int \left(e^{-\int P(X_1) dt} Q(X_1) \right) dt + const \right\} \tag{6.79}$$

となる．ここで，

$$\int P(X_1) dt = \int P(X_1)(dt/dX_1) dX_1$$

$$= \int \frac{X_1 X_3}{(X_1 + K_m)^2} \frac{X_1 + K_m}{X_1 X_3} dX_1 = \ln(X_1 + K_m) \tag{6.80}$$

である．(6.80)式を(6.79)式へ代入し，かつ(6.72), (6.73)式の初期条件を適用して整理すると

$$L_{1,3} = -\frac{X_3 t}{X_1 + K_m} \tag{6.81}$$

第6章 動的感度解析

となる．また，これを(6.75)式へ適用すると

$$L_{2,3} = -\frac{X_1 X_3}{(X_1 + K_m)^2} t \tag{6.82}$$

を得る．(6.81)式の導出は，(6.77)式を対数ゲインの定義に従って変換することによっても可能である．

$X_{10}=1.0$, $X_3=1.0$ として(6.67), (6.68)式から計算したX_1, X_2の時間変化，および動的感度計算法に従って作成した計算プログラムに(6.69)式のα_{ik}, g_{ijk}の値を設定して計算した$L_{1,3}$, $L_{2,3}$の時間変化を図 6.3 に示す．参考のため，リキャスティングにより生じた従属変数X_2とその対数ゲイン$L_{2,3}$の計算値も与えている．$t=0$ におけるV_mの変動の結果，$L_{1,3}$は負の領域で減少し続ける．(6.81), (6.82)式による$L_{1,3}$, $L_{2,3}$の計算値は，図 6.3 の計算値と完全に一致する．これより前述の動的感度計算法が正しいことが明らかである．

6.10 適用例

(1) S-システム型式で表された直線状代謝反応モデル

図6.4に示すような従属変数X_1, X_2と独立変数X_3, X_4からなる直線状代謝反応モデルを考える．ここでX_3は一定速度でX_1になり，X_1はX_2へ，X_2はさらに別の

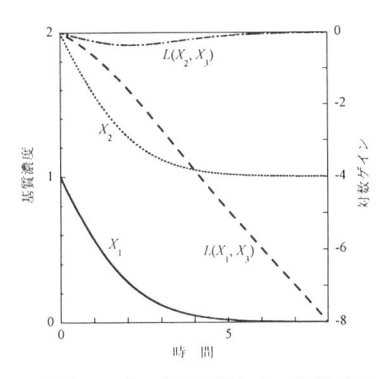

図 6.3　M-M 型式における従属変数および対数ゲインの時間変化

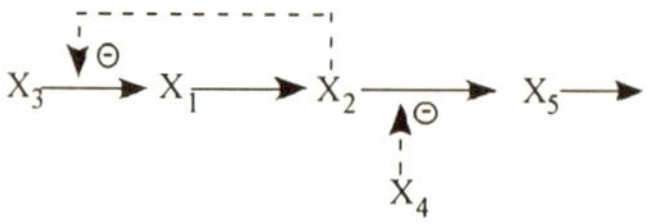

```
        ┌ ─ ─ ─ ─ ┐
        ▼ ⊖      │
  X₃ ──→ X₁ ──→ X₂ ──→ X₅ ──→
                ▲⊖
                │
                X₄
```

図 6.4 S-システム型式で表された直線状代謝反応モデル

代謝物へと逐次的に変化する．X_3からX_1への変化はX_2の濃度に応じた抑制を受け，またX_2のさらなる変化も一定濃度のX_4により抑制される．本システムを次のようなS-システム型方程式で表す．

$$\frac{dX_1}{dt} = 0.5 X_2^{-2} X_3^{0.5} - 2X_1 = \upsilon_{31} - \upsilon_{12} = V_{11} + V_{12} \qquad X_1(0)=0.5 \qquad (6.83)$$

$$\frac{dX_2}{dt} = 2X_1 - X_2^{0.5} X_4^{-1} = \upsilon_{12} - \upsilon_{25} = V_{21} + V_{22} \qquad X_2(0)=0.5 \qquad (6.84)$$

独立変数の値をX_3=4.0, X_4=2.0 としたときのX_1, X_2の時間変化を図 6.5 に示す．時間の経過に伴いX_1は減少し，X_2は増加し，最終的にそれぞれの定常状態値(X_1=0.28717, X_2=1.3195)へ近づく．

　対数ゲインを計算する場合，本モデルはすでにS-システム型方程式で与えられているためリキャスティングを行う必要がなく，(6.83), (6.84)式中のα_{ik}, g_{ijk}の値をそのままデータとして使用することができる．図6.6に各代謝物濃度の対数ゲインの時間変化を示す．$L_{1,3}$, $L_{2,3}$, $L_{2,4}$は正の領域で，$L_{1,4}$は負の領域で大きく変化した後，X_1, X_2が定常状態値へ近づくにつれて，これら対数ゲインの値も定常状態値へ漸近する．対数ゲインの値がすべて1以下であることから，本システムは低感度システムとみなすことができる．

　流束の対数ゲインの時間変化を図 6.7 に示す．X_3の変動に対して，すべての対数ゲインは正の領域で変化し，最終的にそれぞれの定常状態値へ漸近する．一方，X_4の変動に対して，すべての対数ゲインが負の領域で変化する．$L(\upsilon_{11}, X_3)$と$L(\upsilon_{22}, X_4)$の初期値が 0 ではなく，それぞれ 0.5, -1.0 の値を取っているが，これは(6.34)式におけるg_{ijk}が 0 でないことによる．流束の対数ゲインの値もすべて1以下であることから，本システムは低感度であることがわかる．

第6章 動的感度解析

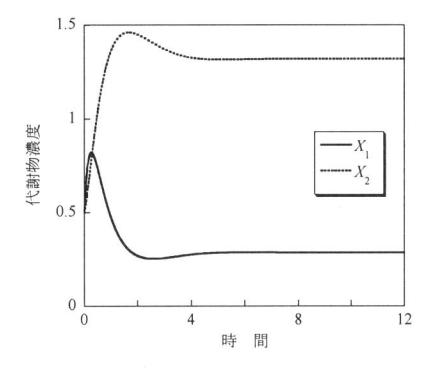

図 6.5 S-システム型式で表された直線状代謝反応モデルにおける代謝物濃度の時間変化

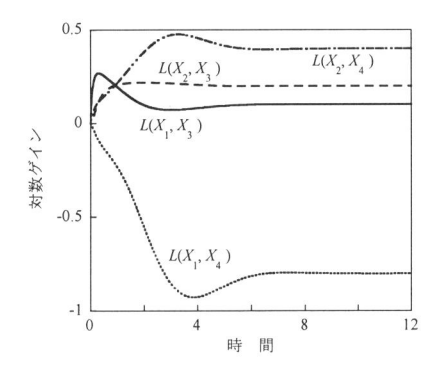

図 6.6 S-システム型式で表された直線状代謝反応モデルの代謝物濃度に対する対数ゲイン

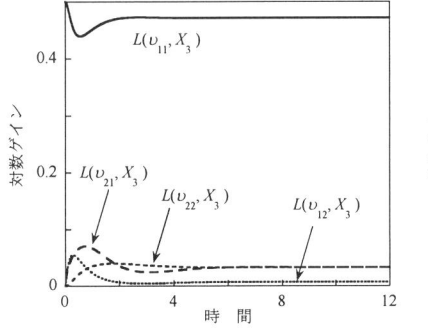

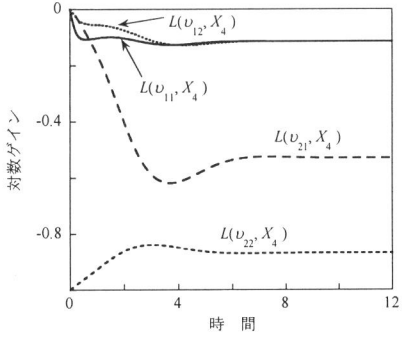

図 6.7 S-システム型式で表された直線状代謝反応モデルの流束に対する対数ゲイン

(2) リミットサイクルを形成する代謝反応モデル

動的対数ゲインの計算の面白さを示すため，リミットサイクルを形成する代謝反応モデル[30] (図6.8)を考えよう．いま，本システムをつぎのように表す．

$$\frac{dS_1}{dt} = v_0 - k_1 S_1(1+S_2^q) - k_3 S_1 = v_{51} - v_{12} - v_{13} \qquad S_1(0)=1.0 \qquad (6.85)$$

$$\frac{dS_2}{dt} = k_1 S_1(1+S_2^q) - k_2 S_2 = v_{12} - v_{24} \qquad S_2(0)=3.0 \qquad (6.86)$$

ここで，$S_1=X_1, S_2=X_2, v_0=X_3, k_1=X_4, k_2=X_5, k_3=X_6$ とおき，(6.85), (6.86)式をつぎのようなGMA-システム型式へ変換する．

$$\frac{dX_1}{dt} = X_3 - X_4 X_1 - X_4 X_1 X_2^q - X_6 X_1 = \sum_{j=1}^{4} v_{1j} \qquad X_1(0)=1.0 \qquad (6.87)$$

$$\frac{dX_2}{dt} = -X_5 X_2 + X_4 X_1 + X_4 X_1 X_2^q = \sum_{j=1}^{3} v_{2j} \qquad X_2(0)=3.0 \qquad (6.88)$$

独立変数をX_3=8.0, X_4=1.0, X_5=5.0, X_6=1.0, 反応次数をq=3.0 として計算した従属変数の時間変化を図6.9に示す．計算値はどのような初期値においても最終的にそれぞれの周期で振動する軌道へ収束する．すなわち，本システムはリミットサイクルの特性を持つ．計算例として，X_3の変動に対するX_1, X_2の対数ゲイン $L(X_1, X_3) (= L(S_1, v_0))$，$L(X_2, X_3) (= L(S_2, v_0))$ の時間変化を図6.10に示す．X_1, X_2 とも正，負の領域で振動しながら次第に振幅を増大させていく．また，図6.11に流束の対数ゲイン $L(v_{12}, X_j) (= L(-(v_{12}+v_{13}), X_j))$ ($j=3,\cdots,6$) の計算例を示す．代謝物濃度の対数ゲインと同様に，流束の対数ゲインも時間経過とともに振動しながら増大する．したがって，本システムでは時間の経過とともに次第に感度が高くなっていく．

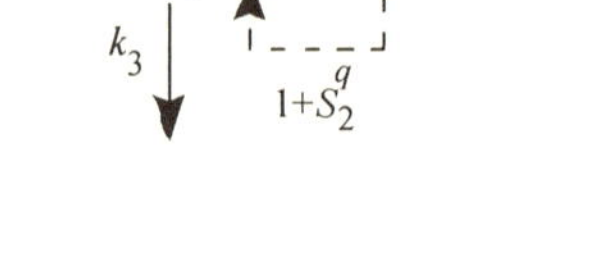

図6.8 リミットサイクルを形成する代謝反応モデル

第 6 章 動的感度解析　　　　　　　　　　　　　　　　　101

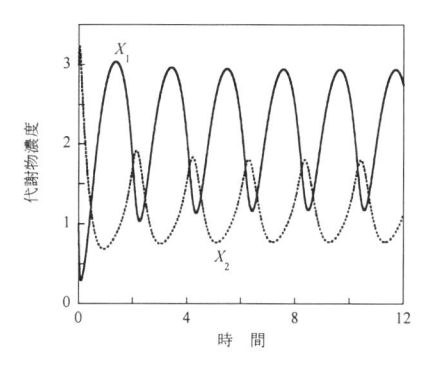

図 6.9 リミットサイクルを形成する代謝反応モデル(代謝物濃度の時間変化)

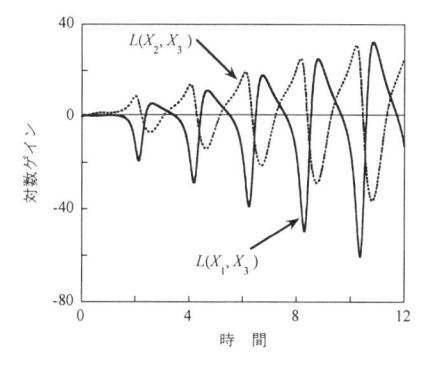

図 6.10 リミットサイクルを形成する代謝反応モデル(X_3の変動に対する代謝物濃度の対数ゲインの時間変化)

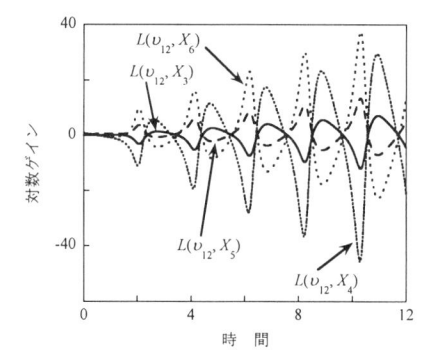

図 6.11 リミットサイクルを形成する代謝反応モデル ((6.85)式右辺第2項で与えられた流束の対数ゲインの時間変化)

(3) M–M型式で表された直線状代謝反応モデル

図6.12に示すM–M型式で表された直線状代謝経路を考えよう．本システムは従属変数X_1, X_2と独立変数X_5, X_6からなる．代謝物X_5は定常的に代謝物X_1へ変換され，これは代謝物X_2へ，そして別の代謝物X_7へ変換される．X_5のX_1への転化反応は，X_2によりその濃度の大きさに応じて競争的に阻害される．X_2のX_7への転化反応もX_6により阻害される．ただし，この濃度は一定とする．X_5からX_1への転化反応とX_2からX_6への転化反応はミカエリス–メンテン型式に，またX_1からX_2への転化反応は1次反応に従って進行する．本システムはつぎのように書かれる．

$$\frac{dX_1}{dt} = \frac{V_{m5}X_5}{X_5 + K_{m5}\left(1 + X_2/K_{i5}\right)} - k_1 X_1 = v_{51} - v_{12} \qquad X_1(0)=0.5 \qquad (6.89)$$

$$\frac{dX_2}{dt} = k_1 X_1 - \frac{V_{m2}X_2}{X_2 + K_{m2}\left(1 + X_6/K_{i2}\right)} = v_{12} - v_{27} \qquad X_2(0)=0.5 \qquad (6.90)$$

ここで，つぎのような新たな変数を導入する．

$$X_3 = X_5 + K_{m5}\left(1 + X_2/K_{i5}\right) \qquad (6.91)$$

$$X_4 = X_2 + K_{m2}\left(1 + X_6/K_{i2}\right) \qquad (6.92)$$

これらを用いて(6.89), (6.90)式をリキャスティングすると次式を得る．

$$\frac{dX_1}{dt} = V_{m5}X_3^{-1}X_5 - k_1 X_1 = v_{11} + v_{12} \qquad X_1(0)=0.5 \qquad (6.93)$$

$$\frac{dX_2}{dt} = k_1 X_1 - V_{m2}X_2 X_4^{-1} = v_{21} + v_{22} \qquad X_2(0)=0.5 \qquad (6.94)$$

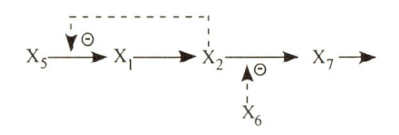

$$X_5 \xrightarrow{\ominus} X_1 \longrightarrow X_2 \xrightarrow{\ominus} X_7 \rightarrow$$
$$ X_6$$

図6.12 M–M型式で表された直線状代謝反応モデル

$$\frac{dX_3}{dt} = k_1(K_{m5}/K_{i5})X_1 - V_{m2}(K_{m5}/K_{i5})X_2 X_4^{-1} = v_{31} + v_{32} \tag{6.95}$$

$$X_3(0) = X_5 + K_{m5}\left(1 + X_2(0)/K_{i5}\right)$$

$$\frac{dX_4}{dt} = k_1 X_1 - V_{m2} X_2 X_4^{-1} = v_{41} + v_{42} \qquad X_4(0) = X_5 + K_{m2}\left(1 + X_6/K_{i2}\right) \tag{6.96}$$

(6.93)～(6.96)式中のパラメーターに基づくと，対数ゲインの微分方程式を導くことができる．たとえば，$L_{1,5}$, $L_{3,5}$に対してはつぎのような微分方程式を得る．

$$\frac{dL_{1,5}}{dt} = -V_{m5} L_{3,5} X_1^{-1} X_3^{-1} X_5 + V_{m5} X_1^{-1} X_3^{-1} X_5 - k_1 L_{1,5} X_1 \qquad L_{1,5}(0) = 0 \tag{6.97}$$

$$\begin{aligned}\frac{dL_{3,5}}{dt} &= k_1(K_{m5}/K_{i5})L_{1,5} X_1 X_3^{-1} - V_{m2}(K_{m5}/K_{i5})L_{2,5} X_2 X_4^{-1} \\ &\quad + V_{m2}(K_{m5}/K_{i5}) L_{4,5} X_2 X_4^{-1} \qquad L_{3,5}(0) = X_5/X_3(0)\end{aligned} \tag{6.98}$$

(6.93)～(6.96)式中のパラメーター値をX_5=4.0, X_6=2.0, k_1=2.0, V_{m2}=1.0, V_{m5}=0.5, K_{m2}=1.0, K_{m5}=1.0, K_{i2}=1.0, K_{i5}=0.1 として計算した結果を図6.13に示す．時間の経過とともにX_1は減少する．一方，X_2はわずかに増加して最大値を示した後に減少し，最終的にそれぞれの定常状態値X_1^*=0.08779734, X_2^*=0.6389867 へ漸近する(図6.13(a))．$L(X_1, X_5)$は正の領域において最初増加し，最大値を取った後に定常状態値$L(X_1^*, X_5)$= 0.3860804 へ向かって減少する(図6.13(b))．これはX_5がt=0 で変動したとき，言い換えればX_5がわずかに増加したとき，X_1プールへの流入流束v_{51}が増加し，その結果X_5のX_1への転化が促進されるからである．$L(X_2, X_5)$も正の領域のみで変化し，最終的にその定常状態値$L(X_2^*, X_5)$= 0.4683138 へ漸近する．これは，X_5がt=0 でわずかに増加したとき，まずv_{51}が増加し，それからv_{12}が増加し，その結果X_1のX_2への転化が促進され，X_2が増加するからである．$L(X_2, X_6)$もまた正の領域のみで変化し，最終的に定常状態値$L(X_2^*, X_6)$= 0.3967058 へ漸近する．これはX_6がt=0 でわずかに増加したとき，X_2のX_7への転化が阻害されることによりv_{27}が減少し，その結果X_2が増加するからである．一方，$L(X_1, X_6)$は負の領域のみで変化し，最終的に定常状態値$L(X_1^*, X_6)$= −0.2225572 に到達する．これは，X_6がt=0 でわずかに増加したとき，X_2が増加し，その結果X_5のX_1への転化が強く阻害され，X_1が減少するからである．

対数ゲインから得られるもう一つの重要な情報は，対数ゲインの変化速度である．$L(X_1, X_5)$は初期段階で迅速に増加する．これはX_5がX_1, X_2よりも大きく，X_5のX_1への転化が他の反応よりも速いことによる．X_5は本モデルにおける流束変化の発生源でもあり，X_1プールはX_5の変動の影響を直接受けている．対数ゲインの絶対値の最大値は1よりも小さいか，または1にほぼ等しいので，本システムは低感度システムと見なされる．

図 6.13(c), (d)は流束の動的対数ゲインを示したものである．ここで，
$L(v_{11}, X_j)=L(v_{51}, X_j), L(v_{12}, X_j)=L(v_{21}, X_j)=L(v_{12}, X_j), L(v_{22}, X_j)=L(v_{27}, X_j)$ $(j=5, 6)$
の関係がある．$L(X_i, X_6)$の値は$X_4(0)$に対する対数ゲインの計算値を使い，

$$L(X_i, X_6) = \frac{\partial \ln X_i}{\partial \ln X_6} = \frac{\partial \ln X_i}{\partial \ln X_4(0)}\frac{\partial \ln X_4(0)}{\partial \ln X_6} = L(X_i, X_4(0))\frac{K_{m2}}{K_{i2}}\frac{X_6}{X_4(0)}$$

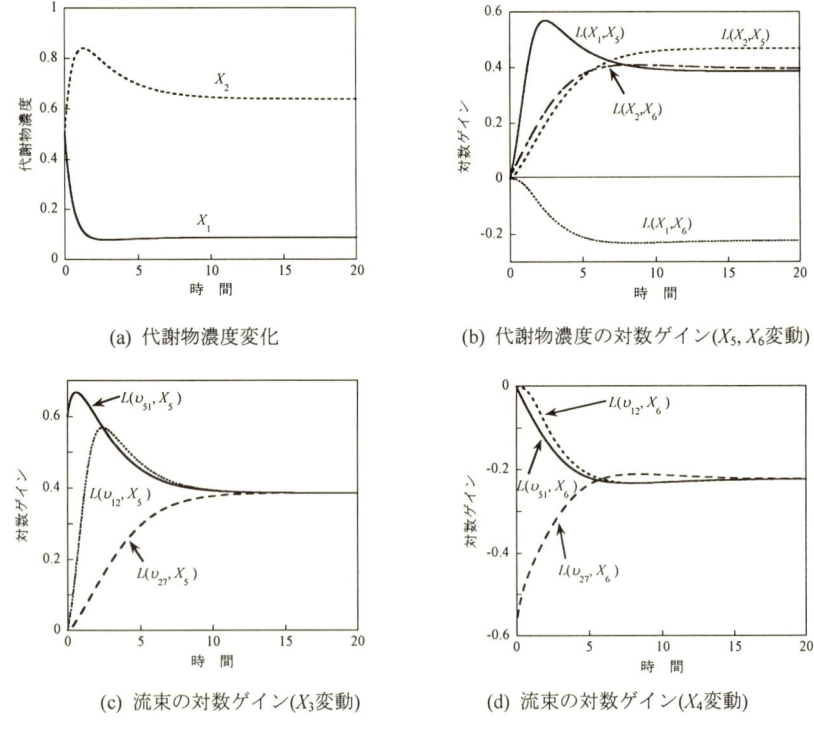

(a) 代謝物濃度変化

(b) 代謝物濃度の対数ゲイン(X_5, X_6変動)

(c) 流束の対数ゲイン(X_3変動)

(d) 流束の対数ゲイン(X_4変動)

図 6.13 M-M型式で表された直線状代謝反応モデルの動的対数ゲイン

の関係から求められる．同様に，$L(v_{ij}, X_6)$の値は(6.33)式から求められる．流束の定常状態値は$L(v_{ij}^*, X_5)$=0.3860804, $L(v_{ij}^*, X_6)$=−0.2225572 である．t=0 でX_5がわずかに増加したとき，すべての対数ゲインは正の領域で変化する．これはv_{51}, v_{12}, v_{27} がすべてX_5の変動により増加するからである．X_6がt=0 で変動するとき，すべての対数ゲインが負の領域で変化する．これはX_6 が変動したとき，v_{27}が増加し，これによりX_2が増加し，これはさらにv_{51}の減少，そしてv_{12}の減少を引き起こすからである．結果として，この逐次的な流束の減少が$L(v_{12}, X_6)$, $L(v_{51}, X_6)$, $L(v_{27}, X_6)$の値を負にしてしまう．また，本システムは流束に対する対数ゲインの絶対値が 1 より小さいことから低感度システムである．

(4) 平衡反応からなる代謝反応モデル

図 6.14 に示すような 4 個の代謝物X_1~X_4が可逆的に反応し，平衡状態を維持するような代謝反応モデル[31] を考えよう．この中の経路のいくつかは，酵素X_0, X_9~X_{10}によりなんらかの影響を受けているものとする(文献のモデルを，酵素濃度に変化がなく，X_1~X_4が従属変数として変化するとして修正)．本システムに対する微分方程式はつぎのようになる．

$$\frac{dX_1}{dt} = v_{31} - v_{12} \tag{6.99}$$

$$\frac{dX_2}{dt} = v_{12} + v_{32} - v_{24} \tag{6.100}$$

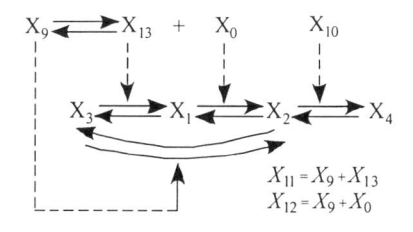

図 6.14　平衡反応からなる代謝反応モデル

$$\frac{dX_3}{dt} = -v_{31} - v_{32} \tag{6.101}$$

$$\frac{dX_4}{dt} = v_{24} \tag{6.102}$$

ここで，各流束はつぎのようなミカエリス–メンテン型の可逆反応速度式で表されるものとする．

$$v_{31} = \frac{X_{13}\{(k_1/K_1)X_3 - (k_{-1}/K_{-1})X_1\}}{1 + X_3/K_1 + X_1/K_{-1}}$$

$$= \frac{k_1 K_{-1} X_3 X_{13}}{K_1 K_{-1} + K_{-1} X_3 + K_1 X_1} - \frac{k_{-1} K_1 X_1 X_{13}}{K_1 K_{-1} + K_{-1} X_3 + K_1 X_1} \tag{6.103}$$

$$v_{12} = \frac{X_0\{(k_2/K_2)X_1 - (k_{-2}/K_{-2})X_2\}}{1 + X_1/K_2 + X_2/K_{-2}}$$

$$= \frac{k_2 K_{-2} X_0 X_1}{K_2 K_{-2} + K_{-2} X_1 + K_2 X_2} - \frac{k_{-2} K_2 X_0 X_2}{K_2 K_{-2} + K_{-2} X_1 + K_2 X_2} \tag{6.104}$$

$$v_{32} = \frac{X_9\{(k_3/K_3)X_3 - (k_{-3}/K_{-3})X_2\}}{1 + X_3/K_3 + X_2/K_{-3}}$$

$$= \frac{k_3 K_{-3} X_3 X_9}{K_3 K_{-3} + K_{-3} X_3 + K_3 X_2} - \frac{k_{-3} K_3 X_2 X_9}{K_3 K_{-3} + K_{-3} X_3 + K_3 X_2} \tag{6.105}$$

$$v_{24} = \frac{X_{10}\{(k_4/K_4)X_2 - (k_{-4}/K_{-4})X_4\}}{1 + X_2/K_4 + X_4/K_{-4}}$$

$$= \frac{k_4 K_{-4} X_2 X_{10}}{K_4 K_{-4} + K_{-4} X_2 + K_4 X_4} - \frac{k_{-4} K_4 X_4 X_{10}}{K_4 K_{-4} + K_{-4} X_2 + K_4 X_4} \tag{6.106}$$

(6.99)〜(6.102)式をリキャスティングするため，新たに次のような変数を導入する．

$$X_5 = K_1 K_{-1} + K_{-1} X_3 + K_1 X_1 \tag{6.107}$$

$$X_6 = K_2 K_{-2} + K_{-2} X_1 + K_2 X_2 \tag{6.108}$$

$$X_7 = K_3 K_{-3} + K_{-3} X_3 + K_3 X_2 \tag{6.109}$$

第 6 章　動的感度解析

$$X_8 = K_4 K_{-4} + K_{-4} X_2 + K_4 X_4 \tag{6.110}$$

また，簡単化のため以下のようにおく．

$$X_{13} = X_{11} - X_9 \tag{6.111}$$

$$X_0 = X_{12} - X_9 \tag{6.112}$$

結果として，(6.99)～(6.102)式はつぎのような GMA 型式で与えられる．

$$\begin{aligned}\frac{dX_1}{dt} &= k_1 K_{-1} X_3 X_5^{-1} X_{13} - k_{-1} K_1 X_1 X_5^{-1} X_{13} - k_2 K_{-2} X_0 X_1 X_6^{-1} + k_{-2} K_2 X_0 X_2 X_6^{-1} \\ &= k_1 K_{-1} X_3 X_5^{-1} X_{11} - k_1 K_{-1} X_3 X_5^{-1} X_9 - k_{-1} K_1 X_1 X_5^{-1} X_{11} + k_{-1} K_1 X_1 X_5^{-1} X_9 \\ &\quad - k_2 K_{-2} X_1 X_6^{-1} X_{12} + k_2 K_{-2} X_1 X_6^{-1} X_9 + k_{-2} K_2 X_2 X_6^{-1} X_{12} - k_{-2} K_2 X_2 X_6^{-1} X_9 \end{aligned} \tag{6.113}$$

$$\begin{aligned}\frac{dX_2}{dt} &= k_2 K_{-2} X_0 X_1 X_6^{-1} - k_{-2} K_2 X_0 X_2 X_6^{-1} + k_3 K_{-3} X_3 X_7^{-1} X_9 - k_{-3} K_3 X_2 X_7^{-1} X_9 \\ &\quad - k_4 K_{-4} X_2 X_8^{-1} X_{10} + k_{-4} K_4 X_4 X_8^{-1} X_{10} \\ &= k_2 K_{-2} X_1 X_6^{-1} X_{12} - k_2 K_{-2} X_1 X_6^{-1} X_9 - k_{-2} K_2 X_2 X_6^{-1} X_{12} + k_{-2} K_2 X_2 X_6^{-1} X_9 \\ &\quad + k_3 K_{-3} X_3 X_7^{-1} X_9 - k_{-3} K_3 X_2 X_7^{-1} X_9 - k_4 K_{-4} X_2 X_8^{-1} X_{10} + k_{-4} K_4 X_4 X_8^{-1} X_{10} \end{aligned} \tag{6.114}$$

$$\begin{aligned}\frac{dX_3}{dt} &= -k_1 K_{-1} X_3 X_5^{-1} X_{13} + k_{-1} K_1 X_1 X_5^{-1} X_{13} - k_3 K_{-3} X_3 X_7^{-1} X_9 + k_{-3} K_3 X_2 X_7^{-1} X_9 \\ &= -k_1 K_{-1} X_3 X_5^{-1} X_{11} + k_1 K_{-1} X_3 X_5^{-1} X_9 + k_{-1} K_1 X_1 X_5^{-1} X_{11} - k_{-1} K_1 X_1 X_5^{-1} X_9 \\ &\quad - k_3 K_{-3} X_3 X_7^{-1} X_9 + k_{-3} K_3 X_2 X_7^{-1} X_9 \end{aligned} \tag{6.115}$$

$$\frac{dX_4}{dt} = k_4 K_{-4} X_2 X_8^{-1} X_{10} - k_{-4} K_4 X_4 X_8^{-1} X_{10} \tag{6.116}$$

また，リキャスティングにより新たに生じた従属変数 $X_5 \sim X_8$ の時間変化を表す式は以下のように与えられる．

$$\begin{aligned}\frac{dX_5}{dt} &= -k_1 K_{-1}^2 X_3 X_5^{-1} X_{13} + k_{-1} K_1 K_{-1} X_1 X_5^{-1} X_{13} - k_3 K_{-1} K_{-3} X_3 X_7^{-1} X_9 \\ &\quad + k_{-3} K_{-1} K_3 X_2 X_7^{-1} X_9 + k_1 K_1 K_{-1} X_3 X_5^{-1} X_{13} - k_{-1} K_1^2 X_1 X_5^{-1} X_{13} \\ &\quad - k_2 K_1 K_{-2} X_0 X_1 X_6^{-1} + k_{-2} K_1 K_2 X_0 X_2 X_6^{-1} \end{aligned}$$

$$\begin{aligned}
&= -k_1 K_{-1}^2 X_3 X_5^{-1} X_{11} + k_1 K_{-1}^2 X_3 X_5^{-1} X_9 + k_{-1} K_1 K_{-1} X_1 X_5^{-1} X_{11} \\
&\quad - k_{-1} K_1 K_{-1} X_1 X_5^{-1} X_9 - k_3 K_{-1} K_{-3} X_3 X_7^{-1} X_9 + k_{-3} K_{-1} K_3 X_2 X_7^{-1} X_9 \\
&\quad + k_1 K_1 K_{-1} X_3 X_5^{-1} X_{11} - k_1 K_1 K_{-1} X_3 X_5^{-1} X_9 - k_{-1} K_1^2 X_1 X_5^{-1} X_{11} \\
&\quad + k_{-1} K_1^2 X_1 X_5^{-1} X_9 - k_2 K_1 K_{-2} X_1 X_6^{-1} X_{12} + k_2 K_1 K_{-2} X_1 X_6^{-1} X_9 \\
&\quad + k_{-2} K_1 K_2 X_2 X_6^{-1} X_{12} - k_{-2} K_1 K_2 X_2 X_6^{-1} X_9
\end{aligned} \quad (6.117)$$

$$\begin{aligned}
\frac{dX_6}{dt} &= k_1 K_{-1} K_{-2} X_3 X_5^{-1} X_{13} - k_{-1} K_1 K_{-2} X_1 X_5^{-1} X_{13} - k_2 K_{-2}^2 X_0 X_1 X_6^{-1} \\
&\quad + k_{-2} K_2 K_{-2} X_0 X_2 X_6^{-1} + k_2 K_2 K_{-2} X_0 X_1 X_6^{-1} - k_{-2} K_2^2 X_0 X_2 X_6^{-1} \\
&\quad + k_3 K_2 K_{-3} X_3 X_7^{-1} X_9 - k_{-3} K_2 K_3 X_2 X_7^{-1} X_9 - k_4 K_2 K_{-4} X_2 X_8^{-1} X_{10} \\
&\quad + k_{-4} K_2 K_4 X_4 X_8^{-1} X_{10}
\end{aligned}$$

$$\begin{aligned}
&= k_1 K_{-1} K_{-2} X_3 X_5^{-1} X_{11} - k_1 K_{-1} K_{-2} X_3 X_5^{-1} X_9 - k_{-1} K_1 K_{-2} X_1 X_5^{-1} X_{11} \\
&\quad + k_{-1} K_1 K_{-2} X_1 X_5^{-1} X_9 - k_2 K_{-2}^2 X_1 X_6^{-1} X_{12} + k_2 K_{-2}^2 X_1 X_6^{-1} X_9 \\
&\quad + k_{-2} K_2 K_{-2} X_2 X_6^{-1} X_{12} - k_{-2} K_2 K_{-2} X_2 X_6^{-1} X_9 + k_2 K_2 K_{-2} X_1 X_6^{-1} X_{12} \\
&\quad - k_2 K_2 K_{-2} X_1 X_6^{-1} X_9 - k_{-2} K_2^2 X_2 X_6^{-1} X_{12} + k_{-2} K_2^2 X_2 X_6^{-1} X_9 \\
&\quad + k_3 K_2 K_{-3} X_3 X_7^{-1} X_9 - k_{-3} K_2 K_3 X_2 X_7^{-1} X_9 - k_4 K_2 K_{-4} X_2 X_8^{-1} X_{10} \\
&\quad + k_{-4} K_2 K_4 X_4 X_8^{-1} X_{10}
\end{aligned} \quad (6.118)$$

$$\begin{aligned}
\frac{dX_7}{dt} &= -k_1 K_{-1} K_{-3} X_3 X_5^{-1} X_{13} + k_{-1} K_1 K_{-3} X_1 X_5^{-1} X_{13} - k_3 K_{-3}^2 X_3 X_7^{-1} X_9 \\
&\quad + k_{-3} K_3 K_{-3} X_2 X_7^{-1} X_9 + k_2 K_{-2} K_3 X_0 X_1 X_6^{-1} - k_{-2} K_2 K_3 X_0 X_2 X_6^{-1} \\
&\quad + k_3 K_3 K_{-3} X_3 X_7^{-1} X_9 - k_{-3} K_3^2 X_2 X_7^{-1} X_9 - k_4 K_3 K_{-4} X_2 X_8^{-1} X_{10} \\
&\quad + k_{-4} K_3 K_4 X_4 X_8^{-1} X_{10}
\end{aligned}$$

$$\begin{aligned}
&= -k_1 K_{-1} K_{-3} X_3 X_5^{-1} X_{11} + k_1 K_{-1} K_{-3} X_3 X_5^{-1} X_9 + k_{-1} K_1 K_{-3} X_1 X_5^{-1} X_{11} \\
&\quad - k_{-1} K_1 K_{-3} X_1 X_5^{-1} X_9 - k_3 K_{-3}^2 X_3 X_7^{-1} X_9 + k_{-3} K_3 K_{-3} X_2 X_7^{-1} X_9 \\
&\quad + k_2 K_{-2} K_3 X_1 X_6^{-1} X_{12} - k_2 K_{-2} K_3 X_1 X_6^{-1} X_9 - k_{-2} K_2 K_3 X_2 X_6^{-1} X_{12} \\
&\quad + k_{-2} K_2 K_3 X_2 X_6^{-1} X_9 + k_3 K_3 K_{-3} X_3 X_7^{-1} X_9 - k_{-3} K_3^2 X_2 X_7^{-1} X_9 \\
&\quad - k_4 K_3 K_{-4} X_2 X_8^{-1} X_{10} + k_{-4} K_3 K_4 X_4 X_8^{-1} X_{10}
\end{aligned} \quad (6.119)$$

$$\frac{dX_8}{dt} = k_2 K_{-2} K_{-4} X_0 X_1 X_6^{-1} - k_{-2} K_2 K_{-4} X_0 X_2 X_6^{-1} + k_3 K_{-3} K_{-4} X_3 X_7^{-1} X_9$$
$$- k_{-3} K_3 K_{-4} X_2 X_7^{-1} X_9 - k_4 K_{-4}^2 X_2 X_8^{-1} X_{10} + k_{-4} K_4 K_{-4} X_4 X_8^{-1} X_{10}$$
$$+ k_4 K_4 K_{-4} X_2 X_8^{-1} X_{10} - k_{-4} K_4^2 X_4 X_8^{-1} X_{10}$$

$$= k_2 K_{-2} K_{-4} X_1 X_6^{-1} X_{12} - k_2 K_{-2} K_{-4} X_1 X_6^{-1} X_9 - k_{-2} K_2 K_{-4} X_2 X_6^{-1} X_{12}$$
$$+ k_{-2} K_2 K_{-4} X_2 X_6^{-1} X_9 + k_3 K_{-3} K_{-4} X_3 X_7^{-1} X_9 - k_{-3} K_3 K_{-4} X_2 X_7^{-1} X_9 \qquad (6.120)$$
$$- k_4 K_{-4}^2 X_2 X_8^{-1} X_{10} + k_{-4} K_4 K_{-4} X_4 X_8^{-1} X_{10} + k_4 K_4 K_{-4} X_2 X_8^{-1} X_{10}$$
$$- k_{-4} K_4^2 X_4 X_8^{-1} X_{10}$$

従属変数$X_1 \sim X_4$の定常状態値$X_1^* \sim X_4^*$は表 6.2 のようになる．シミュレーションの条件として，$t=0$ で$X_1(0)$が定常状態値のn倍の濃度，すなわち$X_1(0)=nX_1^*$であり，$X_4(0)$がこの増加に相当する分だけ小さな濃度，すなわち$X_4(0)=X_4^*-nX_1^*$であるものとし，システムがこのときを初期状態としてこれより定常状態に到達するまでの期間の$X_1 \sim X_4$および対数ゲインの時間変化を求める．たとえば，$n=10$ のとき，各従属変数に対する初期条件はつぎのようである．

$X_1(0)$= 13.84021073457840

$X_2(0)$= 4.157587749894074

$X_3(0)$= 0.6916646093762662

$X_4(0)$= 8.310536905950960

本システムは閉鎖系なので，各時刻における代謝物濃度の合計が一定になる．よって，上記の初期条件で計算を開始すると，従属変数は最終的に表 6.2 の定常状態値へ近づく．さらに，表 6.3 に示す独立変数の値$X_9 \sim X_{12}$とパラメーター値を考慮すると，リキャスティングにより生じた従属変数$X_5 \sim X_8$の初期条件はつぎのようになる．

$X_5(0)$= 552.0033539962723

$X_6(0)$= 585.9942607868225

$X_7(0)$= 15.44099069443377

$X_8(0)$= 335.1104310076241

表 6.2 従属変数 $X_1 \sim X_4$ の定常状態値

X_1^*	1.3840210734
X_2^*	4.1575877498
X_3^*	0.6916646093
X_4^*	20.7667265670

表 6.3 独立変数 $X_9 \sim X_{12}$ およびパラメーターの値

$K_1 = 20.0$	$k_1 = 2.77$	$X_9 = 11.0$
$K_1 = 13.3$	$k_1 = 0.922$	$X_{10} = 10.0$
$K_2 = 5.0$	$k_2 = 8.66$	$X_{11} = 20.0$
$K_2 = 30.0$	$k_2 = 17.3$	$X_{12} = 15.0$
$K_3 = 1.0$	$k_3 = 2.74$	
$K_3 = 6.67$	$k_3 = 3.04$	
$K_4 = 10.0$	$k_4 = 5.50$	
$K_4 = 17.8$	$k_4 = 1.96$	

計算例として，$X_1(0)$ を定常状態の 10 倍にしたときの $X_1 \sim X_4$ の時間変化を図 6.15 に示す．X_1 は単調に減少し，また X_4 は単調に増加し，それぞれの定常状態値へ漸近する．一方，X_2, X_3 は定常状態値からわずかに増加して最大値を取った後，減少して定常状態値へ戻る．この従属変数が変化する間の $X_1 \sim X_4$ の対数ゲインの~変化をそれぞれ図 6.16 に示す．対数ゲインの変化は，定常状態値に対する従属変数の変化の割合が大きいほど，また定常状態値の大きさが小さいほど大きくなる傾向にある．例えば，X_1 は最大のとき初期濃度が定常状態値の 10 倍であり，かつその定常状態値が小さいので，対数ゲインの変化は他の従属変数のものより大きい．対称的に，X_4 の対数ゲインの変化は小さい．なぜなら，代謝物濃度の変化は大きいが，定常状態濃度が大きいため，小さい．すべての対数ゲインは，代謝物濃度が定常状態値に十分漸近したとき，それぞれの定常状態値へ漸近する．

$L_{2,9}$ と $L_{2,12}$ は，正と負の値を取りながら変化するという点で，興味深い．そこで，$n=2 \sim 15$ の範囲で変化させて $L_{2,9}$ の時間変化を調べた．結果を図 6.17 に示す．時間の経過とともに，$L_{2,9}$ の値は最初，負の値を取りながら減少して最小値を取

第 6 章　動的感度解析

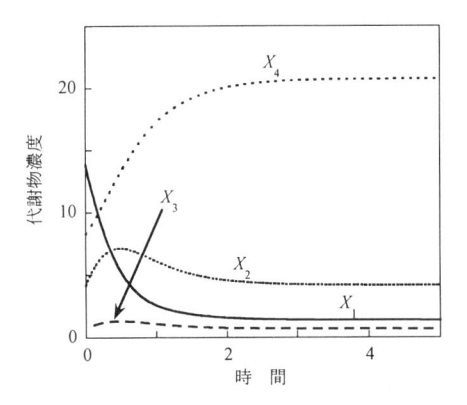

図 6.15　平衡反応からなる代謝反応モデルにおける代謝物濃度の時間変化 ($X_1(0)=10X_1^*$, $X_4(0)=X_4^*-10X_1^*$)

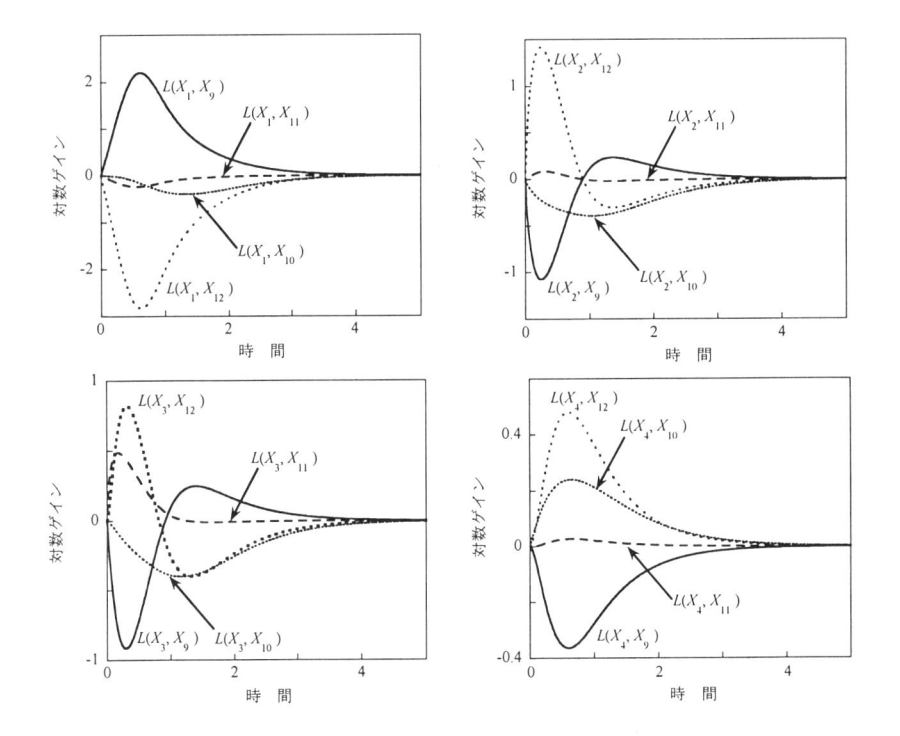

図 6.16　平衡反応からなる代謝反応モデルにおける代謝物濃度の対数ゲイン ($X_1(0)=10X_1^*$, $X_4(0)=X_4^*-10X_1^*$)

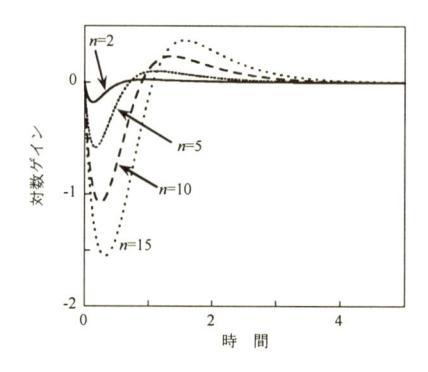

図 6.17 平衡反応からなる代謝反応モデルにおける$L(X_2,X_9)$の時間変化

った後，増加する．その後，正の値を取りながら最大値を取った後減少し，最終的に定常状態値へ漸近する．その変化の割合はnが大きいほど大きく，また定常状態へ漸近するのにより長い時間を要する．

　本系では，定常状態における対数ゲインが非常に小さい．このため，定常状態において任意の独立変数を変動させても従属変数はほとんど変化しない．しかしながら，代謝物濃度が定常状態から大きく離れた値を取りながら変化する場合，対数ゲインは大きな値を取る．このことは従来の定常状態における対数ゲインからは予測できず，これより対数ゲインの時間変化の計算がいかに重要であるかがわかる．

6.11 大規模システムにおける動的対数ゲインの計算

　リキャスティングを取り入れた動的感度計算法は，元の微分方程式をリキャスティングし，得られた式中の係数をデータとしてコンピューターへ入力するだけで，代謝物濃度および流束の対数ゲインを計算することができる．このため，大変利用しやすい方法である．しかし，リキャスティング変数の数が多くなると，微分方程式の数が増えるため，その分だけ計算に負荷がかかるようになる．したがって，本計算法を大規模システムへ適用するには，リキャスティング変数の値を微分方程式から求めるのではなく，リキャスティング変数の式から直接計算するような工夫が必要である．

第7章 TCAサイクルの解析

7.1 大規模システム解析の問題点

　数学モデルにより代謝反応システムの解析を行う場合の問題点として，そのモデルが実際のシステムの本当の姿をどの程度表すことができるかということ以外に，そのモデルに基づく数値計算がどの程度正しく行われているのかということが挙げられる．解析しようとするシステムの規模が大きくなればなるほど計算ミスを犯す可能性が高くなり，また計算ミスを犯していたとしてもそのことに気づきにくくなる．もっともらしい計算結果が得られたならば，研究者はこれを論文としてまとめ，公表しようとするであろう．雑誌に投稿された論文は数人の査読者により審査される．しかし，査読者には多くの従属変数と独立変数からなる大規模ネットワークシステムの計算結果を一つ一つ細かくチェックする余裕などない．内容のオリジナリティが高いと判断されるとその論文は受理され，やがて雑誌に公表されることとなる．そして，誤った内容が真実として一人歩きを始める．このような問題を引き起こさないためには，大規模システム解析に計算ミスを犯しにくい系統的手法の導入が不可欠である．

　これまでに示したように，BSTでは大規模システムの解析を効率よく系統的に推し進めることができる．このような特性を利用し，これまでBST解析により，粘性菌(*Dictyostelium discoideum*)のTCAサイクルモデル[32-34]とヒト赤血球内代謝反応モデル[35-38]に欠陥があることが指摘されている．長い時間をかけて数学モデルを構築したとしても，解析段階でミスを犯してはどうしようもない．BSTでは，システム化された手順に従って微分方程式の設定，べき乗則式への変換，感度解析などを行うため，人為的ミスが生じにくい．

　BST の一連の解析の流れを正しく理解するため，本章では *Dictyostelium discoideum* の TCA サイクルモデルを例として，BST 解析をどのように進めてい

くかを説明する．また，本モデルの問題点を指摘するとともに，その解決を試みた結果についても述べる．

7.2 *Dictyostelium discoideum* の TCA サイクルモデル

大規模システムを解析する上で必ず問題になるのは，個々の酵素反応の動力学データをどのように入手してモデルを作るかということである．これは通常，異なる微生物を使って異なる実験者により決定された反応速度式を文献から拾い集め，これらをつなぎ合わせて一つのネットワークモデルとして表すことにより行われる．著者らは，20年以上にわたって粘性菌*Dictyostelium discoideum*に固執し，そのTCAサイクルに関わる酵素を単離，精製して動力学的特性を明らかにしてきた生化学者の研究グループから，実測値に基づく動力学データを直接入手することができた．彼ら[32-33]は，図7.1に示すTCAサイクルモデル(以下，

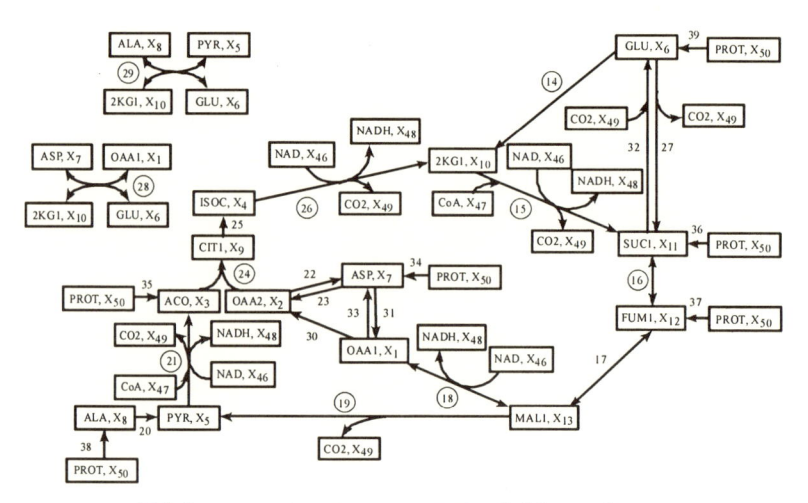

図 7.1 *Dictyostelium discoideum* の TCA サイクルモデル
X_1; オキサロ酢酸 1, X_2; オキサロ酢酸 2, X_3; アセチル-CoA, X_4; イソクエン酸, X_5; ピルビン酸, X_6; グルタミン酸, X_7; アスパラギン酸, X_8; アラニン, X_9; クエン酸 1, X_{10}; 2-オキソグルタル酸, X_{11}; コハク酸, X_{12}; フマル酸, X_{13}; マレイン酸, X_{14}~X_{39}; 酵素濃度, X_{46}~X_{48}; 補酵素濃度, X_{49}; 二酸化炭素プール, X_{50}; タンパク質プール

表 7.1 *Dictyostelium discoideum* の TCA サイクルに関わる酵素および補酵素

変数番号	反応に関わる酵素等	EC 番号
14	グルタミン酸デヒドロゲナーゼ	1.4.1.2
15	2-オキソグルタル酸デヒドロゲナーゼ複合体	
16	コハク酸デヒドロゲナーゼ	1.3.99.1
17	フマル酸ヒドラターゼ	4.2.1.2
18	マレイン酸デヒドロゲナーゼ	1.1.1.37
19	リンゴ酸酵素	1.1.1.40
20	Ala → Pyr	
21	ピルビン酸デヒドロゲナーゼ複合体	
	ピルビン酸デヒドロゲナーゼ	1.2.4.1
	ジヒドロリポイルアセチルトランスフェラーゼ	2.3.1.12
	ジヒドロリポイルデヒドロゲナーゼ	1.8.1.4
22	Oaa2 → Asp	
23	Asp → Oaa2	
24	クエン酸シンターゼ	4.1.3.7
25	アコニターゼ	4.2.1.3
26	イソクエン酸デヒドロゲナーゼ	1.1.1.41
27	Glu → Suc	
28	アスパラギン酸トランスアミナーゼ	2.6.1.1
29	アラニントランスアミナーゼ	2.6.1.2
30	Oaa1 → Oaa2	
31	Asp → Oaa1	
32	Suc → Glu	
33	Oaa1 → Asp	
34	Prot → Asp	
35	Prot → AcCoA	
36	Prot → Suc	
37	Prot → Fum	
38	Prot → Ala	
39	Prot → Glu	
46	NAD	
47	CoA	
48	NADH	

A–Wモデルと記述する)を構築し，MCAによるシステム解析を行った．本システムは13個の従属変数$X_1 \sim X_{13}$(代謝物濃度)と31個の独立変数$X_{14} \sim X_{50}$($X_{14} \sim X_{39}$; 酵素濃度, $X_{46} \sim X_{48}$; 補酵素濃度, X_{49}; 二酸化炭素プール, X_{50}; タンパク質プール)からなる．丸で囲んだ数字は実際に単離，精製され，in vitroでその動力学特性が決定された酵素を示す．16~18, 28, 29 の酵素は可逆反応，残りは不可逆反応を

触媒する．反応に関わる各酵素名と独立変数として割り当てた番号を表7.1に示す．また，酵素濃度の値を表7.2に示す．表中の数値に含まれるDは，その数値が有効数字15～16桁の倍精度計算値であることを意味する．たとえば，D–01は 10^{-1} の倍精度数値である．各数値は表示の都合上3桁目で四捨五入されている．

7.3 物質収支式とS–システム方程式への変換[9]

各代謝物プールに対して物質収支を取ると，表7.3に示すような13個の連立1階微分方程式を得る．ここでは，表7.4に示すようなミカエリス–メンテン型式で与えられた個々の流束式を最終的にS–システム型方程式へ変換することを考慮して，流束式が正味の流入流束と流出流束ごとに括弧でくくられている．

v_{ij} は代謝物 X_j を生成するための代謝物 X_i の利用速度(すなわち反応速度)を表す．これはまた1つの反応を介した流束でもある．V_i と V_{-i} はそれぞれ X_i プールへ流入する正味流束，X_i プールから流出する正味流束を表す．物質収支式の設定では，$v_{39}=v_{29}$, $v_{6,10,2}=v_{58}$, $v_{7,1,2}=v_{10,6}$ の関係を考慮している．ここで3番目の添え字は，最初の2つの添字により示される代謝物間の2番目の並行反応であることを表す．表7.4の式中のパラメーター値は，*in vitro* での酵素反応速度測定と *in vivo* でのトレーサー実験により決定されたものである．

表7.2 酵素濃度 [a]

X_{14}	9.77D–01[b]	X_{25}	8.00D+01	X_{36}	3.60D–01
X_{15}	7.61D+03	X_{26}	2.71D+02	X_{37}	8.00D–02
X_{16}	3.15D+00	X_{27}	1.33D–01	X_{38}	4.50D–01
X_{17}	2.57D+01	X_{28}	9.95D+00	X_{39}	4.14D–01
X_{18}	7.78D+01	X_{29}	2.67D+01	X_{46}	7.20D–02
X_{19}	3.08D+00	X_{30}	8.00D+02	X_{47}	1.00D–01
X_{20}	1.96D+01	X_{31}	1.00D–01	X_{48}	1.80D–01
X_{21}	2.58D+02	X_{32}	1.00D+00		
X_{22}	7.40D+01	X_{33}	7.40D+01		
X_{23}	1.00D–01	X_{34}	2.36D–01		
X_{24}	8.24D+00	X_{35}	4.60D–01		

[a] 単位は $mM\ min^{-1}$. ただし，$X_{20}, X_{22}, X_{23}, X_{25}, X_{27}, X_{30}, X_{31}, X_{32}, X_{33}$ については min^{-1}.
[b] D–01は倍精度数値の 10^{-1} を意味する．数値はすべて3桁目を四捨五入．

第7章 TCAサイクルの解析   117

表 7.3 物質収支式

$$dX_1/dt = (v_{71} + v_{13,1} + v_{10,6}) - (v_{12} + v_{17}) = V_1 - V_{-1}$$
$$dX_2/dt = (v_{12} + v_{72}) - (v_{27} + v_{29}) = V_2 - V_{-2}$$
$$dX_3/dt = (v_{53} + v_{50,3}) - (v_{29}) = V_3 - V_{-3}$$
$$dX_4/dt = (v_{94}) - (v_{4,10}) = V_4 - V_{-4}$$
$$dX_5/dt = (v_{85} + v_{13,5}) - (v_{53} + v_{58}) = V_5 - V_{-5}$$
$$dX_6/dt = (v_{10,6} + v_{11,6} + v_{50,6}) - (v_{58} + v_{6,10} + v_{6,11}) = V_6 - V_{-6}$$
$$dX_7/dt = (v_{17} + v_{27} + v_{50,7}) - (v_{71} + v_{72} + v_{10,6}) = V_7 - V_{-7}$$
$$dX_8/dt = (v_{58} + v_{50,8}) - (v_{85}) = V_8 - V_{-8}$$
$$dX_9/dt = (v_{29}) - (v_{94}) = V_9 - V_{-9}$$
$$dX_{10}/dt = (v_{58} + v_{4,10} + v_{6,10}) - (v_{10,6} + v_{10,11}) = V_{10} - V_{-10}$$
$$dX_{11}/dt = (v_{6,11} + v_{10,11} + v_{50,11}) - (v_{11,6} + v_{11,12}) = V_{11} - V_{-11}$$
$$dX_{12}/dt = (v_{11,12} + v_{50,12}) - (v_{12,13}) = V_{12} - V_{-12}$$
$$dX_{13}/dt = (v_{12,13}) - (v_{13,1} + v_{13,5}) = V_{13} - V_{-13}$$

目的のシステムをいったん数学モデルで記述した後は数学的に正しい処理を行わなければならないのは当然である．細胞内の代謝物濃度を精度よく測定することが困難であるからといって数値計算をいい加減にやるのは論外である[39]．いつでも数学モデルに収められたシステムの特性を忠実に抽出するよう努めるべきである．たとえば，$dX_i/dt=0$ の関係を満足する定常状態での代謝物濃度を，表7.3 の微分方程式を数値積分することにより求めるのは避けた方がよい．なぜなら，代謝反応システムを構成する微分方程式は堅くなりがちであり，この特性が一部の代謝物濃度をゆっくり変化させてしまうこととなり，その結果システムが定常状態に達したと見誤ってしまうからである．当然ではあるが，このときの代謝物濃度は定常状態値ではない．特に，微分方程式の数が 10 を超えると微分方程式が堅くなる傾向が現れやすい．実際，表 7.3 の微分方程式はかなり堅い(後で計算値を示して検討する)．このような場合，代謝反応システムの微分方程式から$dX_i/dt = 0$ の関係を満足する代謝物濃度を求める際には，ニュートン−ラフソン法のような信頼性の高い代数方程式解法を用いるべきである．表7.3の微分方程式へ本法を適用することにより決定した定常状態における代謝物濃度と正味流束の値を表 7.5 に示す．

表7.4 ミカエリス-メンテン型式

$v_{12} = X_{30}X_1$ $\quad\quad v_{17} = X_{33}X_1 \quad\quad v_{27} = X_{22}X_2$

$v_{29} = X_{24}X_2X_3 / [0.00700\, X_3 + 0.0100\, X_2(1 + X_{47}/0.110) + X_2X_3]$

$v_{4,10} = X_{26}X_4X_{46} / [0.340\, X_4 + 0.130\, X_{46}(1 + X_{48}/0.020) + X_4X_{46}]$

$v_{53} = X_{21}X_5X_{46}X_{47} / [0.110\, X_5X_{47} + 0.010\, X_5X_{46} + 0.140\, X_{46}X_{47}$
$\quad\quad + X_5X_{46}X_{47} + 0.140 \times 1.70\, X_3X_{48}/0.020 + 0.110\, X_5X_{47}X_{48}/0.050$
$\quad\quad + 0.010\, X_3X_5X_{46}/0.020 + 0.140 \times 1.70\, X_3X_5X_{48}/(0.180 \times 0.020)]$

$v_{58} = -X_{29}(X_8X_{10} - X_5X_6/9.50) / [0.190\, X_8 + 0.430\, X_{10} + X_8X_{10}$
$\quad\quad + 15.0\, X_5/9.50 + 0.870\, X_6/9.50 + X_5X_6/9.50$
$\quad\quad + 15.0\, X_5X_8/(0.430 \times 9.50) + 0.430\, X_6X_{10}/15.0]$

$v_{6,10} = X_{14}X_6X_{46} / [0.200\, X_6 + 2.00\, X_{46}(1 + X_{48}/0.025) + X_6X_{46}]$

$v_{6,11} = X_{27}X_6 \quad v_{71} = X_{31}X_7 \quad v_{72} = X_{23}X_7 \quad v_{85} = X_{20}X_8 \quad v_{94} = X_{25}X_9$

$v_{10,6} = X_{28}(X_7X_{10} - X_1X_6/9.50) / [0.330\, X_7 + 0.460\, X_{10} + X_7X_{10}$
$\quad\quad + 9.40\, X_1/9.50 + 0.100\, X_6/9.50 + X_1X_6/9.50$
$\quad\quad + 9.40\, X_1X_7/(0.460 \times 9.50) + 0.460\, X_6X_{10}/9.40]$

$v_{10,11} = X_{15}X_{10}X_{46}X_{47} / [0.070\, X_{10}X_{47} + 0.00200\, X_{10}X_{46} + 1.00\, X_{46}X_{47}$
$\quad\quad + X_{10}X_{46}X_{47} + 1.00 \times 1.50\, X_{11}X_{48}/1.00 + 0.070\, X_{10}X_{47}X_{48}/0.0180$
$\quad\quad + 0.00200\, X_{11}X_{10}X_{46}/1.00 + 1.00 \times 1.50\, X_{11}X_{10}X_{48}/(0.750 \times 1.00)]$

$v_{10,11} = X_{15}X_{10}X_{46}X_{47} / [0.070\, X_{10}X_{47} + 0.00200\, X_{10}X_{46} + 1.00\, X_{46}X_{47}$
$\quad\quad + X_{10}X_{46}X_{47} + 1.00 \times 1.50\, X_{11}X_{48}/1.00 + 0.070\, X_{10}X_{47}X_{48}/0.0180$
$\quad\quad + 0.00200\, X_{11}X_{10}X_{46}/1.00 + 1.00 \times 1.50\, X_{11}X_{10}X_{48}/(0.750 \times 1.00)]$

$v_{11,6} = X_{32}X_{11} \quad\quad v_{11,12} = X_{16}(X_{11} - X_{12}/10.0)/(0.100 + X_{11} + X_{12}/10.0)$

$v_{12,13} = X_{17}(X_{12} - X_{13}/10.0)/(0.100 + X_{12} + X_{13}/10.0)$

$v_{13,1} = X_{18}(X_{46}X_{13} - X_{48}X_1/1.00)/[0.310 \times 1.33 + 1.33\, X_{46}$
$\quad\quad + 0.100\, X_{13} + X_{46}X_{13} + 0.270\, X_{48}/1.00 + 0.0400\, X_1/1.00$
$\quad\quad + X_{48}X_1/1.00 + 0.270\, X_{46}X_{48}/(1.00 \times 0.310) + 0.100\, X_{13}X_1/0.270 + X_{46}X_{13}X_{48}/0.0400$
$\quad\quad + X_{13}X_{48}X_1/(1.00 \times 3.30) + X_{46}X_{13}X_1/0.170 + X_{46}X_{48}X_1/(0.310 \times 1.00)$
$\quad\quad + 0.310\, X_{46}X_{13}X_{48}X_1/(0.310 \times 0.270 \times 0.0400)]$

$v_{13,5} = X_{19}X_7X_{13}/[(0.370 + X_{13})(X_7 + 0.100)] \quad v_{50,7} = X_{34} \quad\quad v_{50,3} = X_{35}$

$v_{50,11} = X_{36} \quad\quad v_{50,12} = X_{37} \quad\quad v_{50,8} = X_{38} \quad\quad v_{50,6} = X_{39}$

第7章 TCAサイクルの解析

表7.5 定常状態における代謝物濃度と正味流束の値

従属変数	代謝物	濃度(mM)	流束(mM min^{-1})
X_1	オキサロ酢酸1	2.50D−03	2.19D+00
X_2	オキサロ酢酸2	2.50D−03	2.19D+00
X_3	アセチル-CoA	5.93D−02	2.00D+00
X_4	イソクエン酸	1.00D−02	2.00D+00
X_5	ピルビン酸	2.91D−01	2.04D+00
X_6	グルタミン酸	6.03D+00	1.45D+00
X_7	アスパラギン酸	1.85D+00	6.06D−01
X_8	アラニン	4.83D+00	9.47D−01
X_9	クエン酸1	2.50D−02	2.00D+00
X_{10}	2-オキソグルタル酸	1.00D−02	2.65D+00
X_{11}	コハク酸	8.01D−01	3.57D+00
X_{12}	フマル酸	4.00D−02	2.85D+00
X_{13}	マレイン酸	2.20D−01	2.85D+00

定常状態値が得られたので，つぎに M-M システム型式から S-システム型式への変換を行うことになる．たとえば，コハク酸プール X_{11} からコハク酸を除去する2つの酵素反応のミカエリス-メンテン型反応速度式からなる正味流束

$$V_{-11} = X_{32}X_{11} + X_{16}(X_{11} - 0.100\,X_{12})/(0.100 + X_{11} + 0.100\,X_{12}) \tag{7.1}$$

は，X_{11}=0.801，X_{12}=0.0400，X_{16}=3.15，X_{32}=1.00 を使うことにより

$$V_{-11} = 1.54\,X_{11}^{0.317}X_{12}^{-0.00733}X_{16}^{0.776}X_{32}^{0.224} \tag{7.2}$$

のようなべき乗則式へ変換される．ここで，(7.2)式中の各パラメーターはつぎのように決定された．

$$\begin{aligned}
h_{11,11} &= (\partial V_{-11}/\partial X_{11})^{*}(X_{11}/V_{-11})^{*} = 0.317 \\
h_{11,12} &= (\partial V_{-11}/\partial X_{12})^{*}(X_{12}/V_{-11})^{*} = -0.00733 \\
h_{11,16} &= (\partial V_{-11}/\partial X_{16})^{*}(X_{16}/V_{-11})^{*} = 0.776 \\
h_{11,32} &= (\partial V_{-11}/\partial X_{32})^{*}(X_{32}/V_{-11})^{*} = 0.224 \\
\beta_{11} &= [V_{-11}/(X_{11}^{h_{11,11}}X_{12}^{h_{11,12}}X_{16}^{h_{11,16}}X_{32}^{h_{11,32}})]^{*} = 1.54
\end{aligned} \tag{7.3}$$

式中の添字 * は，その値が定常状態値を使って計算されたことを意味する．こ

の操作をすべての式で行うと，表7.6に示すようなべき乗則式からなる正味流束の式が得られ，その結果S-システム型方程式への変換が完了する．

7.4 局所的安定性[10]

A-W モデルは，表 7.5 に示すような定常状態値を持つ．また，表 7.7 に示すように，定常状態での 13 個の固有値の実部はすべて負である．これより，本 TCA

表7.6 S-システム型の流束式

$V_1 = 0.825\ X_1^{-0.0380} X_6^{-0.0204} X_7^{0.106} X_{10}^{0.114} X_{13}^{0.700} X_{18}^{0.807} X_{28}^{0.108} X_{31}^{0.0848} X_{46}^{0.599} X_{48}^{-0.181}$

$V_{-1} = 1.34\ X_1 X_{30}^{0.915} X_{33}^{0.0847}$

$V_2 = 1.34\ X_1^{0.915} X_7^{0.0848} X_{23}^{0.0848} X_{30}^{0.915}$

$V_{-2} = 17.1\ X_2^{0.706} X_3^{0.0716} X_{22}^{0.0848} X_{24}^{0.915} X_{47}^{-0.0341}$

$V_3 = 0.0653\ X_3^{-0.730} X_5^{0.281} X_{21}^{0.770} X_{35}^{0.230} X_{46}^{0.761} X_{47}^{0.731} X_{48}^{-0.754}$

$V_{-3} = 16.2\ X_2^{0.679} X_3^{0.0782} X_{24} X_{47}^{-0.0372}$

$V_4 = X_9\ X_{25}$ $V_{-4} = 0.152\ X_4^{0.958} X_{26} X_{46}^{0.0348} X_{48}^{-0.862}$

$V_5 = 1.87\ X_7^{0.0274} X_8^{0.465} X_{13}^{0.336} X_{19}^{0.535} X_{20}^{0.465}$

$V_{-5} = 0.0192\ X_3^{-0.717} X_5^{0.413} X_6^{0.306} X_8^{-0.290} X_{10}^{-0.0883} X_{21}^{0.756} X_{29}^{0.244} X_{46}^{0.748} X_{47}^{0.718} X_{48}^{-0.741}$

$V_6 = 2.97\ X_1^{-0.0184} X_6^{-0.0307} X_7^{0.0323} X_{10}^{0.172} X_{11}^{0.552} X_{28}^{0.163} X_{32}^{0.552} X_{39}^{0.285}$

$V_{-6} = 0.327\ X_5^{0.193} X_6^{1.027} X_8^{-0.408} X_{10}^{-0.124} X_{14}^{0.104} X_{27}^{0.554} X_{29}^{0.342} X_{46}^{0.0443} X_{48}^{-0.0381}$

$V_7 = 2.98\ X_1^{0.305} X_2^{0.306} X_{22}^{0.306} X_{33}^{0.305} X_{34}^{0.389}$

$V_{-7} = 3.86\ X_1^{-0.0441} X_6^{-0.0734} X_7^{0.688} X_{10}^{0.411} X_{23}^{0.306} X_{28}^{0.389} X_{31}^{0.306}$

$V_8 = 0.122\ X_5^{0.295} X_6^{0.658} X_8^{-0.625} X_{10}^{-0.190} X_{29}^{0.525} X_{38}^{0.475}$ $V_{-8} = X_8\ X_{20}$

$V_9 = 16.2\ X_2^{0.679} X_3^{0.0782} X_{24} X_{47}^{-0.0372}$ $V_{-9} = X_9 X_{25}$

$V_{10} = 0.156\ X_4^{0.724} X_5^{0.106} X_6^{0.0259} X_8^{-0.223} X_{10}^{-0.0679} X_{14}^{0.0568} X_{26}^{0.756} X_{29}^{0.188} X_{46}^{0.0506} X_{48}^{-0.672}$

$V_{-10} = 0.805\ X_1^{-0.0101} X_6^{-0.0168} X_7^{0.0177} X_{10}^{0.990} X_{11}^{-0.879} X_{15}^{0.0891} X_{28}^{0.0882} X_{46}^{0.879} X_{47}^{0.879} X_{48}^{-0.881}$

$V_{11} = 1.50\ X_6^{0.225} X_{10}^{0.663} X_{11}^{-0.651} X_{15}^{0.674} X_{27}^{0.225} X_{36}^{0.101} X_{46}^{0.653} X_{47}^{0.651} X_{48}^{-0.653}$

$V_{-11} = 1.54\ X_{11}^{0.317} X_{12}^{-0.00733} X_{16}^{0.776} X_{32}^{0.224}$

$V_{12} = 1.00\ X_{11}^{0.117} X_{12}^{-0.00918} X_{16}^{0.972} X_{37}^{0.0280}$ $V_{-12} = 8.21\ X_{12}^{1.98} X_{13}^{-1.36} X_{17}$

$V_{13} = 8.21\ X_{12}^{1.98} X_{13}^{-1.36} X_{17}$

$V_{-13} = 0.942\ X_1^{-0.0197} X_7^{0.0196} X_{13}^{0.775} X_{18}^{0.618} X_{19}^{0.382} X_{46}^{0.458} X_{48}^{-0.139}$

第7章 TCAサイクルの解析

表 7.7 TCA サイクルモデルの S–システム型式に対する固有値

−3.15D−03	−6.70D+01
−2.70D−02	−1.60D+02
−2.11D−01	−2.41D+02 +4.27D+01 i
−1.14D+00	−2.41D+02 −4.27D+01 i
−1.65D+00	−6.26D+02
−9.14D+00	−9.06D+02
−2.68D+01	

単位はmin^{-1}である.

サイクルモデルは本定常状態において局所的に安定であり，代謝物濃度が変動した場合でもそれが小さければ，システムはこの定常状態へ帰着すると推測できる．一方，固有値の実部の絶対値の最大値9.06D+02と最小値3.15D−03の比は2.88D+05 である．このことは，本システムが堅い微分方程式で構成されていることを示唆する．

7.5 システム感度[10]

システムの感度解析は，与えられたモデルの品質を評価する際に大変重要である．任意のパラメーターのわずかな変動に対してその影響はシステム全体に伝播し，最終的にはすべての従属変数が影響を受けるようになる．質のよいモデルでは，この変動は大きく増幅されず感度は小さくなる．パラメーター感度が比較的小さければ，そのモデルは堅固であり，質が高いと判定することができる．すなわち，頑強性が高いとみなされる．

速度定数感度は，速度定数の無限小百分率変動に対する従属変数の変化率である．従属変数が代謝物濃度である場合，

$$S(X_i, \beta_j) = (\partial X_i / \partial \beta_j)(\beta_j / X_i) = \partial(\ln X_i)/\partial(\ln \beta_j) \tag{7.4}$$

$$S(X_i, \alpha_j) = (\partial X_i / \partial \alpha_j)(\alpha_j / X_i) = \partial(\ln X_i)/\partial(\ln \alpha_j) \tag{7.5}$$

と書かれ，正味流束の場合,

$$S(V_i, \beta_j) = (\partial V_i / \partial \beta_j)(\beta_j / V_i) = \partial(\ln V_i)/\partial(\ln \beta_j) \tag{7.6}$$

$$S(V_i, \alpha_j) = (\partial V_i / \partial \alpha_j)(\alpha_j / V_i) = \partial(\ln V_i)/\partial(\ln \alpha_j) \tag{7.7}$$

と書かれる．図7.2に正味流束の速度定数感度の3次元立体図を示す．また，その上には各速度定数と各正味流束に対する感度の和(2次元投影図)を示す．ここで，各棒の黒塗りの部分は正の感度，斜線部分は負の感度についての和を表す．ピルビン酸X_5，アラニンX_8，2-オキソグルタル酸X_{10}を通る正味流束の感度が異常に高い．このことは2次元投影図からよくわかる．たとえば，速度定数α_2の増加により，プールX_8を通しての流束がその増加の92倍の大きさで減少する．図7.3は代謝物濃度に対する速度定数感度の3次元立体図と2次元投影図である．この場合には，ピルビン酸濃度X_5，アセチル-CoA濃度X_3の感度が異常に高い．たとえば，速度定数α_1の減少により，X_5がその減少の764倍の大きさで増加する．これより，本TCAサイクルモデルにはピルビン酸代謝に関わる箇所になんらかの問題があることがわかる．

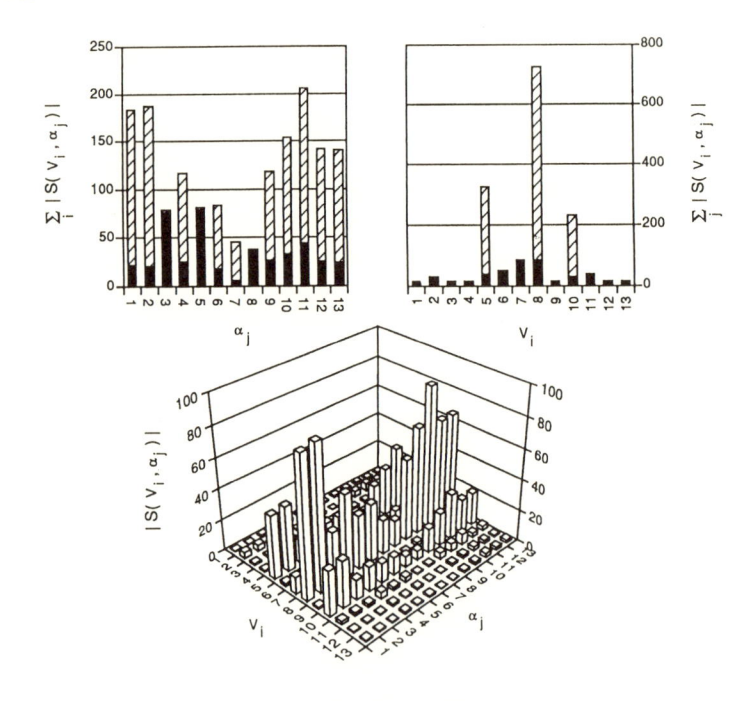

図7.2 正味流束に対する速度定数感度

第7章 TCAサイクルの解析

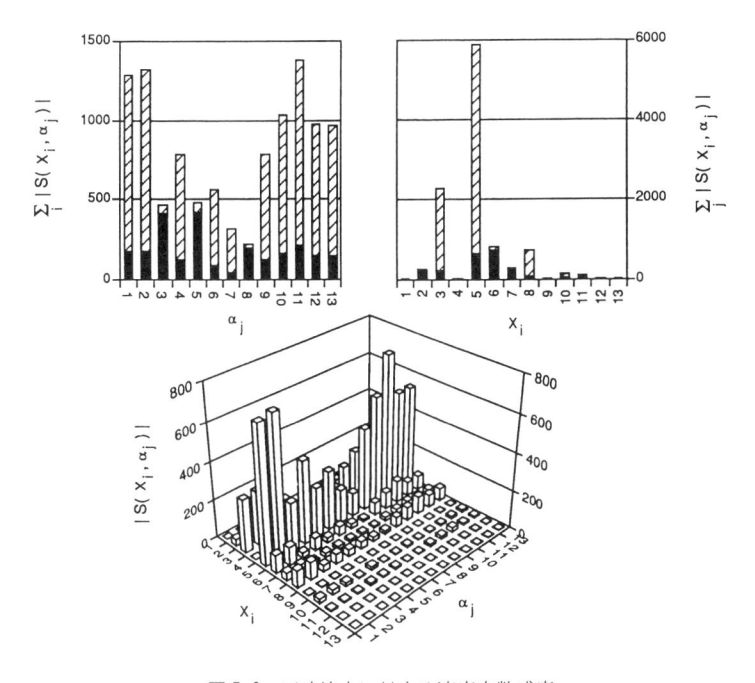

図 7.3　正味流束に対する速度定数感度

反応次数感度は，反応次数の無限小百分率変化に対する従属変数の百分率変化を表す．従属変数が代謝物濃度である場合，

$$S(X_i, h_{jk}) = (\partial X_i / \partial h_{jk})(h_{jk} / X_i) = \partial(\ln X_i) / \partial(\ln h_{jk}) \tag{7.8}$$

$$S(X_i, g_{jk}) = (\partial X_i / \partial g_{jk})(g_{jk} / X_i) = \partial(\ln X_i) / \partial(\ln g_{jk}) \tag{7.9}$$

となり，正味流束である場合，

$$S(V_i, h_{jk}) = (\partial V_i / \partial h_{jk})(h_{jk} / V_i) = \partial(\ln V_i) / \partial(\ln h_{jk}) \tag{7.10}$$

$$S(V_i, g_{jk}) = (\partial V_i / \partial g_{jk})(g_{jk} / V_i) = \partial(\ln V_i) / \partial(\ln g_{jk}) \tag{7.11}$$

となる．反応次数感度についてはパラメーター数が多い（gが76個，hが69個）ため，そのすべてを表示するのは得策でない．ゆえに，感度値が大きな反応次数38個について，正味流束に対する反応次数感度の3次元立体図とその2次元投

影図を図7.4に示した.イソクエン酸X_4,コハク酸X_{11},リンゴ酸X_{13}を合成する反応とオキザロ酢酸X_1を分解する反応が,この図に与えられた反応次数の過半数を占める.また,ピルビン酸代謝に関係するアラニンX_8,ピルビン酸X_5, 2-オキソグルタル酸X_{10}を通る流束への影響が大きい.たとえば,全部で1885個の反応次数感度のうち, 66個は100倍, 320個が10倍, 706個が1倍, 584個が1/10倍,残りの209個が1/100倍かそれ以下の大きさであった.代謝物濃度に対する反応次数感度の3次元立体図とその2次元投影図を図7.5に示す.これより,図に示した反応次数のすべてがピルビン酸濃度X_5へ,またいくつかはアセチル–CoA濃度X_3へ大きな影響を与えていることがわかる.全部で1885の反応次数感度のうち, 45個が1000倍, 238個が100倍, 479個が10倍, 593個が1倍, 368個が1/10倍,残りの593個が1/100倍かそれ以下の大きさであった.極端な例を挙げるなら,$h_{10,15}$の変化に対するピルビン酸濃度の応答は4689倍大であった.

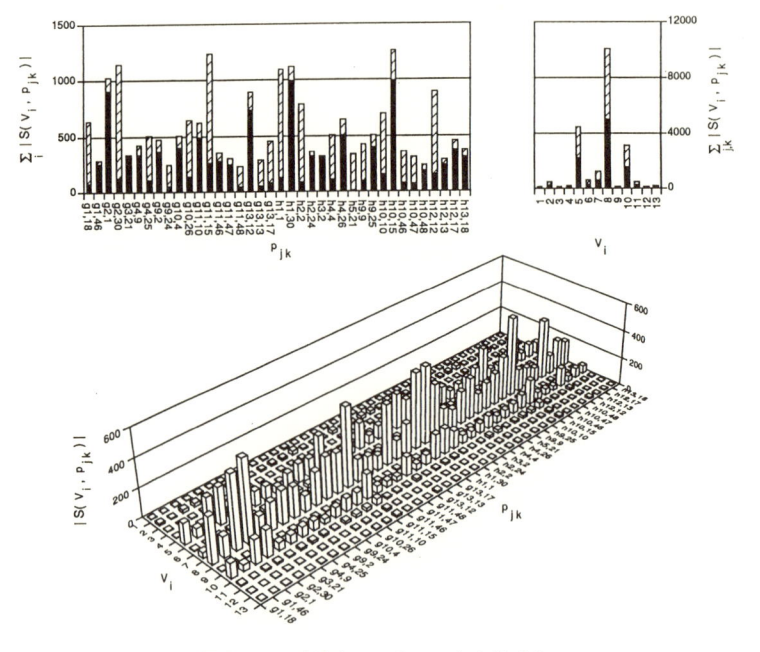

図7.4 正味流束に対する反応次数感度

第7章 TCAサイクルの解析

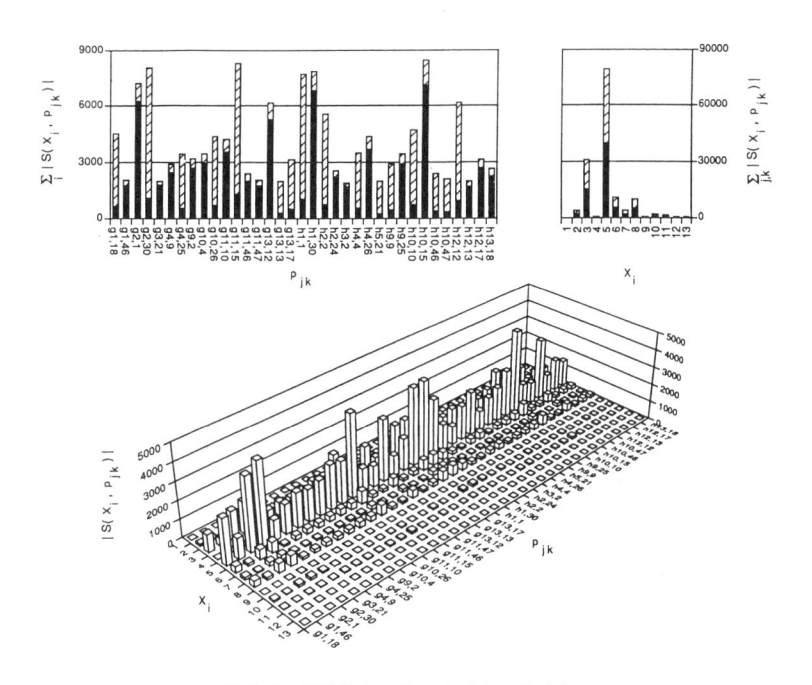

図7.5 正味流束に対する反応次数感度

以上の結果から，本TCAサイクルモデルは頑強性に乏しいことが明らかである．速度定数感度，反応次数感度ともこれらの値が1.0以上であれば高感度であり，1.0以下であれば低感度であると判定するならば，本TCAサイクルモデルはこの判定基準を大きく上回る感度値を持つ．とくに，ピルビン酸に関わる箇所の感度が共通して異常に高い．このことは，本モデル中のパラメーターがわずかに変動したとき，代謝物濃度や流束が著しく変化してしまうことを意味する．しかし，実際の代謝反応システムはこのように振る舞うことはないので，本モデルにはピルビン酸に関わる箇所になんらかの問題があると推測される．

以上のようなパラメーター感度の計算は，M–Mシステム型式のままでも原理的に可能である．しかし，この場合，感度に対して解析的に解くことができないため，55個の各パラメーターを繰り返し変化させて定常状態での物質収支式を代数方程式として解き，感度の値を求めなければならない．したがって，効率が

悪い．MCAにおいても同様である．一方，BSTでは，物質収支式をいったんS-システム型方程式へ変換してしまえば，感度に対する解析解を使ってその計算値を簡単に得ることができる．M-Mシステム型微分方程式のS-システム型微分方程式への変換は定常状態を基準点としており，そのまわりでは確かに近似であるが，基準点において両式は完全に一致する．したがって，速度定数感度，反応次数感度とも計算を定常状態に限定する限り，得られた計算値は数値計算で生じる桁落ち誤差を除けば理論的に正しい値である．

7.6　正味流束および代謝物濃度に対する対数ゲイン[11]

定常状態対数ゲインは，独立変数の無限小百分率変動に対する従属変数の変化率を表す．従属変数が代謝物濃度である場合，

$$L(X_i, X_j) = (\partial X_i / \partial X_j)(X_j / X_i) = \partial (\ln X_i) / \partial (\ln X_j)$$
$$= \partial y_i / \partial y_j = L_{ij} \qquad (i = 1, \cdots, n; j = n+1, \cdots, n+m) \qquad (7.12)$$

と表され，正味流束の場合，

$$L(V_i, X_j) = (\partial V_i / \partial X_j)(X_j / V_i) = \partial (\ln V_i) / \partial (\ln X_j)$$
$$(i = 1, \cdots, n; j = n+1, \cdots, n+m) \qquad (7.13)$$

と表される．速度定数感度，反応次数感度の場合と同様に，対数ゲインの絶対値が1.0以上のとき，モデル中の該当する箇所は高感度であり，1.0より小さいとき低感度であると判定することにする．対数ゲインの値が正のとき，独立変数の増加に対する従属変数の変化は増加の方向，負のときは減少の方向になる．

図7.6に正味流束の対数ゲインの3次元立体図とその2次元投影図を示す．この図にはつぎの6つの特徴がある．

1) ほとんどの独立変数の変化による影響を受けていない5個の流束（V_3, V_4, V_9, V_{12}, V_{13}）がある．
2) 右側の2次元投影図から明らかなように，アラニンX_8，ピルビン酸X_5, 2-オキソグルタル酸X_{10}のプールを通る流束が独立変数変化により大きな影響を受けている．
3) 左側の2次元投影図から明らかなように，最も大きな影響を及ぼしている独

第7章 TCAサイクルの解析

立変数は，リンゴ酸酵素 X_{19}，リンゴ酸デヒドロゲナーゼX_{18}，NAD X_{46}，タンパク質のグルタミン酸への異化代謝に関わる酵素X_{39}である．これらの酵素はピルビン酸の代謝と密接に関係している．

4) 2つ酵素アコニターゼ X_{25}とイソクエン酸 デヒドロゲナーゼ X_{26}はモデル中の流束へまったく影響を及ぼしていない．

5) 図からは直接わからないが，流束ごとに酵素濃度X_{14}~X_{39}の対数ゲインの和を求めると，これらの値は1.0になる．

6) 独立変数X_{46}~X_{48}はシステムへ大きな影響を与える．

図7.7に示す代謝物濃度の対数ゲインの3次元立体図とその2次元投影図においても同様に，つぎのような6つの特徴が見られる．

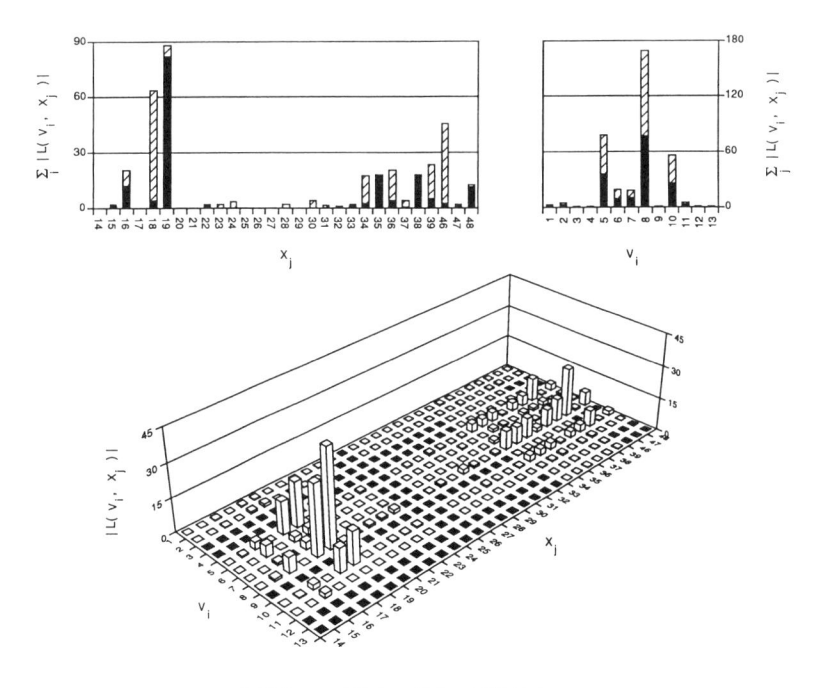

図7.6 正味流束に対する対数ゲイン

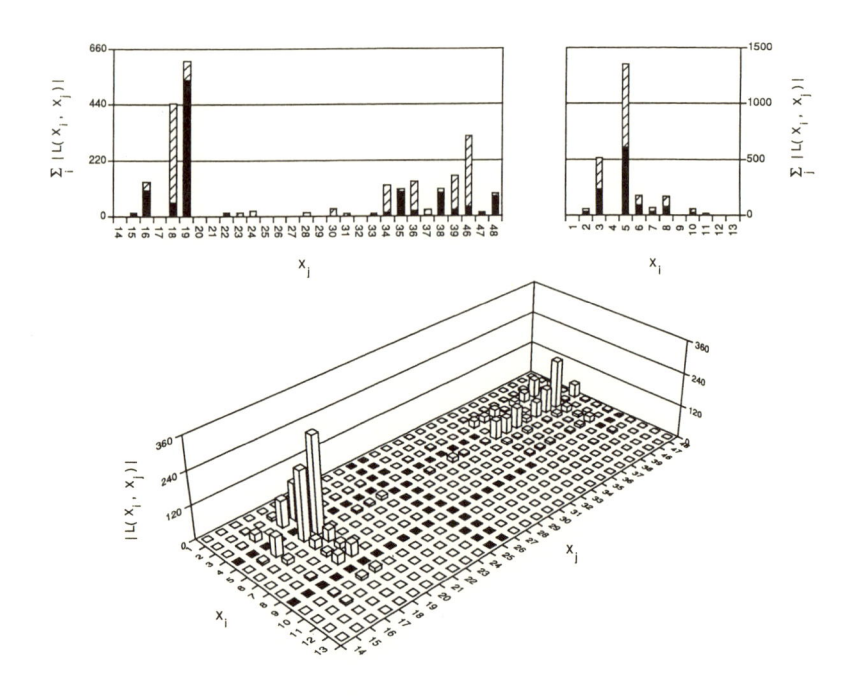

図7.7 代謝物濃度に対する対数ゲイン

1) ほとんどの酵素濃度の変化による影響を受けていない 2 個の代謝物濃度(イソクエン酸濃度X_4とクエン酸濃度X_9)がある.
2) ピルビン酸濃度X_5とアセチル–CoA濃度X_3が独立変数変動により大きな影響を受けている.
3) 最も大きな影響を及ぼしている独立変数は，ピルビン酸の代謝と密接に関係しているリンゴ酸酵素濃度X_{19}, リンゴ酸デヒドロゲナーゼ濃度X_{18}, NAD濃度X_{46}である.
4) 2 つ酵素アコニターゼX_{25}とイソクエン酸デヒドロゲナーゼX_{26}は，代謝物濃度へまったく影響を及ぼさない.
5) 図からは直接わからないが，流束ごとに酵素濃度X_{14}〜X_{39}の対数ゲインの和を求めると，これらの値は 0 になる.

6) 独立変数X_{46}~X_{48}はシステムへ大きな影響を与える．

7.7 代謝物濃度の時間変化[11]

表7.7に示したように固有値の実部はすべて負であることから，本TCAサイクルモデルは表7.5に示す定常状態値の近傍において局所的に安定である．これらの値は，$-9.06D+02$ ~ $-3.15D-03$ という広い範囲にあることから，本モデルでは代謝物濃度の時間変化速度が大きく異なると推測される．すなわち，本数学モデルは，一部の代謝物濃度が迅速に変化して擬定常状態へ接近し，また一部の代謝物濃度が非常にゆっくりと変化する，いわゆる堅い微分方程式から構成されている．

図7.8は，フマル酸濃度X_{12}を$t=0$でわずかに増やしたときの代謝物濃度の時間変化を示したものである．フマル酸はリンゴ酸 X_{13} へ迅速に転化され，これは続いてオキザロ酢酸 X_1 へ転化される．オキザロ酢酸の蓄積により，クエン酸 X_9，イソクエン酸 X_4，2-オキソグルタル酸 X_{10}，コハク酸 X_{11} が順次生成されて行く．オキザロ酢酸の蓄積はまたアスパラギン酸トランスアミナーゼを阻害し，これは2-オキソグルタル酸X_{10}の蓄積に寄与する．

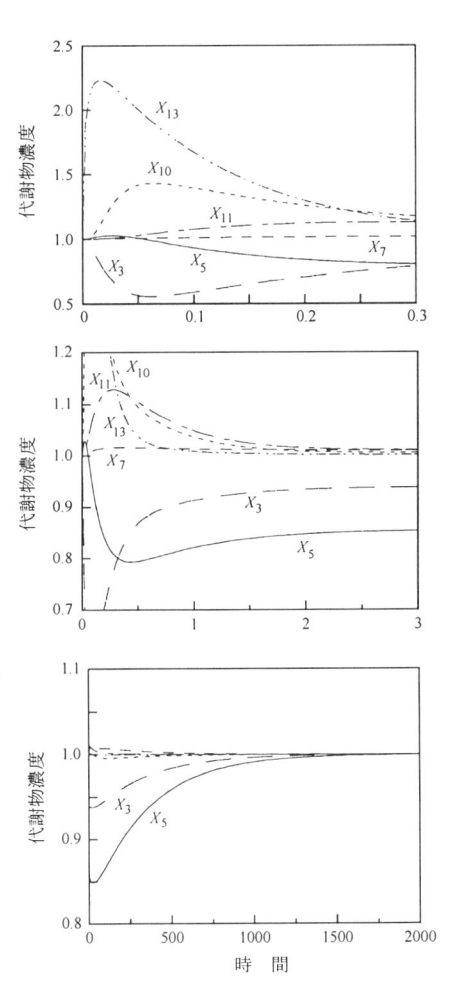

図7.8 $t=0$ でのフマル酸濃度X_{12}の変動に対する代謝物濃度の時間変化

クエン酸X_9の迅速な生成によりアセチル–CoA X_3が欠乏し，これがピルビン酸デカルボキシラーゼの阻害を緩和するようになる．その結果，ピルビン酸濃度X_5が低下する．約3分後，ほとんどの代謝物が定常状態値の1%以内で分布するようになる．しかしながら，この時点でも，アセチル–CoA濃度X_3は約6%，ピルビン酸濃度X_5は約15%だけ欠如した状態で留まっている．この擬定常状態は約50分維持されるが，これらの濃度はつぎの1500分を費やして真の定常状態値へ到達する．固有値の一つが–3.15D–03の値であることから，約1300分の応答時間の存在が示唆される．これは上述のような図7.8で見られた計算結果に一致する．

7.8 個々の流束に対する対数ゲイン[12]

これまで検討してきた対数ゲインは正味流束に対するものであった．これは各代謝物プールでの流入，流出流束への独立変数の影響を包括して考察するのに不可欠な特性値である．一方，正味の流束ではなく，個々の流束への独立変数の影響を明らかにすることも大変重要である．たとえば，ある代謝物プールへ流入する流束が複数存在する場合，その中で最も大きな流束を持つ主流，あるいは他のものに比べて重要でない支流を特定することもシステムの特性を理解するのに重要な作業である．そこで，つぎに個々の流束の対数ゲインを考察する．TCAサイクルモデルの物質収支式(表7.3)を表7.8のように書き改める．これらの式では表記を効率よく行うため，代謝物X_iのプールに流入する個々の流束v_{ji}を改めて$v_{i,k}$と記述した．添字はこの流束がX_iを合成するk番目の反応であることを意味する．同様に，代謝物X_iのプールから流出する個々の流束v_{ij}を$v_{-i,k}$と記述した．添字はこの流束がX_iを転化するk番目の反応であることを意味する．S–システム型式への変換の場合と同様に，表7.4に示すミカエリス–メンテン型式を個々にべき乗則式へ変換する．たとえば，X_{11}のプールからコハク酸を転化する2つの反応に対して，ミカエリス–メンテン型式は

$$v_{-11,1} = X_{32} X_{11} \tag{7.14}$$

$$v_{-11,2} = X_{16}(X_{11} - 0.100\, X_{12})/(0.100 + X_{11} + 0.100\, X_{12}) \tag{7.15}$$

のように与えられている．ここで，$v_{-11,1}$と$v_{-11,2}$はそれぞれ1番目と2番目の反

第7章 TCAサイクルの解析

表 7.8 物質収支式

$$dX_1/dt = (v_{71} + v_{13,1} + v_{10,6}) - (v_{12} + v_{17}) = (V_{1,1} + V_{1,2} + V_{1,3}) - (V_{-1,1} + V_{-1,2})$$
$$dX_2/dt = (v_{12} + v_{72}) - (v_{27} + v_{29}) = (V_{2,1} + V_{2,2}) - (V_{-2,1} + V_{-2,2})$$
$$dX_3/dt = (v_{53} + v_{50,3}) - (v_{29}) = (V_{3,1} + V_{3,2}) - (V_{-3,1})$$
$$dX_4/dt = (v_{94}) - (v_{4,10}) = (V_{4,1}) - (V_{-4,1})$$
$$dX_5/dt = (v_{85} + v_{13,5}) - (v_{53} + v_{58}) = (V_{5,1} + V_{5,2}) - (V_{-5,1} + V_{-5,2})$$
$$dX_6/dt = (v_{10,6} + v_{11,6} + v_{50,6}) - (v_{58} + v_{6,10} + v_{6,11}) = (V_{6,1} + V_{6,2} + V_{6,3}) - (V_{-6,1} + V_{-6,2} + V_{-6,3})$$
$$dX_7/dt = (v_{17} + v_{27} + v_{50,7}) - (v_{71} + v_{72} + v_{10,6}) = (V_{7,1} + V_{7,2} + V_{7,3}) - (V_{-7,1} + V_{-7,2} + V_{-7,3})$$
$$dX_8/dt = (v_{58} + v_{50,8}) - (v_{85}) = (V_{8,1} + V_{8,2}) - (V_{-8,1})$$
$$dX_9/dt = (v_{29}) - (v_{94}) = (V_{9,1}) - (V_{-9,1})$$
$$dX_{10}/dt = (v_{58} + v_{4,10} + v_{6,10}) - (v_{10,6} + v_{10,11}) = (V_{10,1} + V_{10,2} + V_{10,3}) - (V_{-10,1} + V_{-10,2})$$
$$dX_{11}/dt = (v_{6,11} + v_{10,11} + v_{50,11}) - (v_{11,6} + v_{11,12}) = (V_{11,1} + V_{11,2} + V_{11,3}) - (V_{-11,1} + V_{-11,2})$$
$$dX_{12}/dt = (v_{11,12} + v_{50,12}) - (v_{12,13}) = (V_{12,1} + V_{12,2}) - (V_{-12,1})$$
$$dX_{13}/dt = (v_{12,13}) - (v_{13,1} + v_{13,5}) = (V_{13,1}) - (V_{-13,1} + V_{-13,2})$$

応によるX_{11}の消失速度を表す. X_{11}, X_{12}, X_{16}, X_{32}の定常状態値はそれぞれ 0.801, 0.0400, 3.15, 1.00 であることから, (7.14), (7.15)式はつぎのようになる.

$$v_{-11,1} = X_{32}X_{11} \tag{7.16}$$

$$v_{-11,2} = 0.878\, X_{16}X_{11}^{0.120}X_{12}^{-0.00944} \tag{7.17}$$

(7.14)式はすでにべき乗則式であるので, (7.16)式はまったく同じ形で与えられている. 一方, (7.15)式から(7.17)式への変換には次式の関係を用いた.

$$\begin{aligned}
h_{11,11,2} &= (\partial v_{-11,2}/\partial X_{11})^*(X_{11}/v_{-11,2})^* = 0.120 \\
h_{11,12,2} &= (\partial v_{-11,2}/\partial X_{12})^*(X_{12}/v_{-11,2})^* = 0.00944 \\
h_{11,16,2} &= (\partial v_{-11,2}/\partial X_{16})^*(X_{16}/v_{-11,2})^* = 1.00 \\
\beta_{11,2} &= [v_{-11,2}/(X_{11}^{h_{11,11,2}} X_{12}^{h_{11,12,2}} X_{16}^{h_{11,16,2}})]^* = 0.878
\end{aligned} \tag{7.18}$$

このような GMA-システム型式中の反応次数は, 前述の S-システム型式中の反応次数とつぎのように関係づけられる.

$$h_{11,11} = (v_{-11,1}/V_{-11})\, h_{11,11,1} + (v_{-11,2}/V_{-11})\, h_{11,11,2}$$
$$0.317 = (0.801/3.58)\, (1) + (2.78/3.58)\, (0.120)$$

$$h_{11,12} = (v_{-11,1}/V_{-11})\,h_{11,12,1} + (v_{-11,2}/V_{-11})\,h_{11,12,2}$$
$$0.00733 = (0.801/3.58)\,(0) + (2.78/3.58)\,(-0.00944)$$

$$h_{11,16} = (v_{-11,1}/V_{-11})\,h_{11,16,1} + (v_{-11,2}/V_{-11})\,h_{11,16,2}$$
$$0.776 = (0.801/3.58)\,(0) + (2.78/3.58)\,(1) \qquad (7.19)$$

$$h_{11,32} = (v_{-11,1}/V_{-11})\,h_{11,32,1} + (v_{-11,2}/V_{-11})\,h_{11,32,2}$$
$$0.224 = (0.801/3.58)\,(1) + (2.78/3.58)\,(0)$$

以上の方法で変換したべき乗則式を表 7.9 に示す。

個々の流束に対する対数ゲインは，代謝物濃度に対する対数ゲインと GMA-システム型式に含まれる反応次数を使うことにより，つぎのように計算される．

$$L(v_{i,k}, X_j) = (\partial v_{i,k}/\partial X_j)(X_j/v_{i,k}) = \partial(\ln v_{i,k})/\partial(\ln X_j)$$
$$= \sum_{r=1}^{n} g_{irk}\,L(X_r, X_j) \qquad (i=1,\cdots,n; k=1,\cdots n; j=n+1,\cdots n+m) \qquad (7.20)$$

図 7.9 に個々の流束の対数ゲインの 3 次元プロットとその 2 次元投影図を示す．

表 7.9 個々の流束に対するべき乗則式

$v_{1,1} = v_{-7,1} = X_7\,X_{31}$ $\qquad v_{1,2} = v_{-13,1} = 0.334\,X_1^{-0.0319} X_{13}^{0.867} X_{18} X_{43}^{0.742} X_{45}^{-0.224}$

$v_{1,3} = v_{6,1} = v_{-7,3} = v_{-10,1} = 1.94\,X_1^{-0.113} X_6^{-0.189} X_7^{0.199} X_{10}^{1.06} X_{28}$ $\qquad v_{2,1} = v_{-1,1} = X_1 X_{30}$

$v_{2,2} = v_{-7,2} = X_7\,X_{23}$ $\qquad v_{3,1} = v_{-5,1} = 0.0144\,X_3^{-0.949} X_5^{0.365} X_{21} X_{43}^{0.989} X_{44}^{0.949} X_{45}^{-0.980}$

$v_{3,2} = X_{35}$ $\qquad v_{4,1} = v_{-9,1} = X_9\,X_{25}$ $\qquad v_{5,1} = v_{-8,1} = X_8 X_{20}$

$v_{5,2} = v_{-13,2} = 0.886\,X_7^{0.0512} X_{13}^{0.627} X_{19}$ $\qquad v_{6,2} = v_{-11,1} = X_{11} X_{32}$

$v_{6,3} = X_{39}$ $\qquad v_{7,1} = v_{-1,2} = X_1\,X_{33}$ $\qquad v_{7,2} = v_{-2,1} = X_2\,X_{22}$ $\qquad v_{7,3} = X_{34}$

$v_{8,1} = v_{10,1} = v_{-5,2} = v_{-6,1} = 0.00482\,X_5^{0.563} X_6^{1.25} X_8^{-1.19} X_{10}^{-0.362} X_{29}$ $\qquad v_{8,2} = X_{38}$

$v_{9,1} = v_{-2,2} = v_{-3,1} = 16.2\,X_2^{0.679} X_3^{0.0782} X_{24} X_{44}^{-0.0372}$

$v_{10,2} = v_{-4,1} = 0.152\,X_4^{0.958} X_{26} X_{43}^{0.0348} X_{45}^{-0.862}$

$v_{10,3} = v_{-6,2} = 0.119\,X_6^{0.419} X_{14} X_{43}^{0.427} X_{45}^{-0.368}$ $\qquad v_{11,1} = v_{-6,3} = X_6 X_{27}$

$v_{11,2} = v_{-10,2} = 0.531\,X_{10}^{0.984} X_{11}^{-0.965} X_{15} X_{43}^{0.968} X_{44}^{0.965} X_{45}^{-0.968}$ $\qquad v_{11,3} = X_{36}$

$v_{12,1} = v_{-11,2} = 0.877\,X_{11}^{0.120} X_{12}^{-0.00944} X_{16}$ $\qquad v_{12,2} = X_{37}$

$v_{13,1} = v_{-12,1} = 8.21\,X_{12}^{1.98} X_{13}^{-1.36} X_{17}$

第7章　TCAサイクルの解析

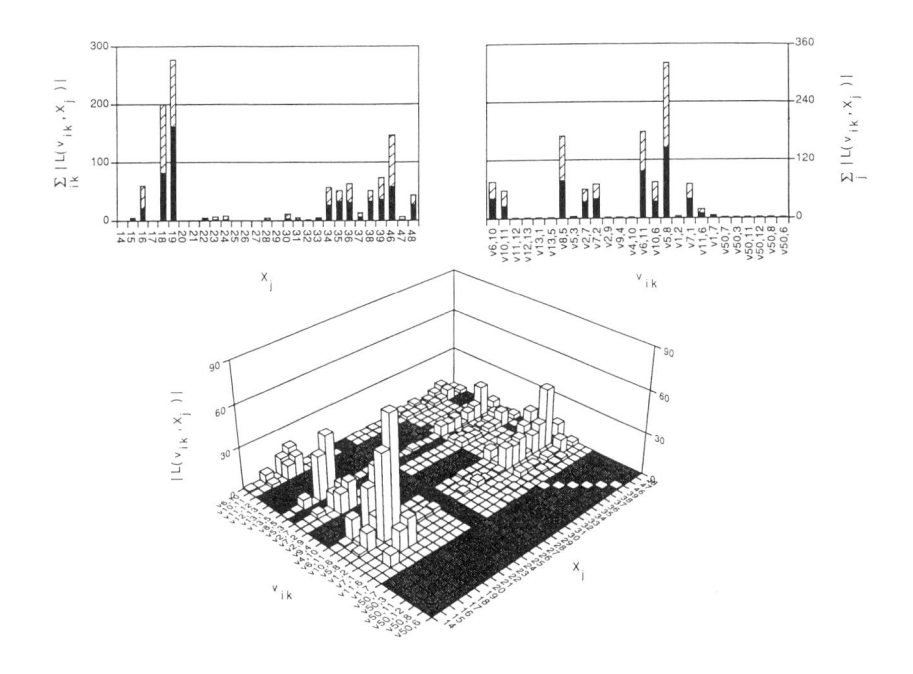

図7.9　個々の流束に対する対数ゲイン

これにはつぎのような7つの重要な特徴がある.
1) ほとんどの独立変数の変化に対して影響を受けない14個の流束がある ($v_{11,12}, v_{12,13}, v_{13,1}, v_{13,5}, v_{5,3}, v_{2,9}, v_{9,4}, v_{4,10}, v_{50,7}, v_{50,3}, v_{50,11}, v_{50,12}, v_{50,8}, v_{50,6}$；図では黒く塗られている).
2) 独立変数の変化により大きく影響を受ける流束は $v_{5,8}, v_{6,11}, v_{8,5}$ である.
3) 流束へ著しく大きな影響を与える独立変数は，ピルビン酸代謝と密接に関係しているリンゴ酸酵素濃度 X_{19}, リンゴ酸デヒドロゲナーゼ濃度 X_{18}, NAD濃度 X_{46} である．たとえば，X_{19} の無限小増加により，$v_{5,8}$ はその変動の83倍も増加する．また，X_{18} の無限小増加に対して，同流束はその変動の60倍も増加する.
4) 2つの独立変数 X_{25}, X_{26} は流束に対してなんら影響を及ぼさない.

5) 図から直接わからないが, 酵素濃度 X_{14}～X_{39} の変動に対する対数ゲインの和は 1～264 の範囲の値を取る. このことは影響の総和が 1 よりも大きな値を取り得ることを示す.
6) 酵素濃度以外の独立変数 X_{46}～X_{48} がシステムの挙動へ強い影響を与える.
7) タンパク質からの流束は, その反応に関わる酵素活性が変動する場合を除き, 影響を受けない. これは, これらの反応を不可逆と仮定しているからである.

以上の個々の流束に対する対数ゲインの特徴は, 正味流束に対する対数ゲインのものと基本的に同じである.

7.9 TCA サイクルモデルの評価

著者らがシステム解析を行う前に, 上述の TCA サイクルモデルはすでに MCA により解析されていた[32-34]. そのシステム感度(代謝係数)が現実的であると思われる程に小さな値であったことから, 本モデルには物理的に矛盾がないとして, システムの特性が論じられた. しかしながら, 著者らが BST に基づき行った感度解析の結果によると, 本モデルにはピルビン酸プール周辺の流束に異常が認められた. この違いはどうして生じたのであろうか.

この原因を明らかにするため, 著者らは表7.3の連立微分方程式を数値的に解き, 代謝物濃度の変化がほぼ停止したときを定常状態とみなすことにより, 論文と同じ方法をトレースした. 各独立変数を±2%変化させて微分方程式を解いたところ, 論文に記述されているように10分以降すべての代謝物濃度の時間変化が小さくなった. そこで, これらの濃度値を使って対数ゲイン(MCA では制御係数と呼ばれる)を計算し, これらの計算値が論文に与えられている値とみごとに一致することを確認した. BST 解析で得られる定常状態特性値はすべて理論的に正しい値である. これより, 対数ゲインの計算値が一致しない原因は, 論文の著者らが時間変化の過程で見出された10分後の代謝物濃度を定常状態値とみなし, これらを感度計算に用いたことによることが明らかとなった. この誤った計算で得られた対数ゲイン値には正負の符号が逆転したものがあった. 任意の独立変数の変動に対して対数ゲインが正の値を取るならば, 従属変数は新し

第7章 TCAサイクルの解析 135

い定常状態において増加し，負の値を取るならば減少することを意味する．したがって，符号の逆転はシステムの特性を大きく見誤らせてしまうことになる．

そのTCAサイクルの論文には大きな2つの誤りがある．一つめはA–Wモデルの構造上の問題である．著者らの解析結果によると，TCAサイクル内のほとんどの流束が独立変数の変動による影響を受けない．しかし，論文の結果では，ほとんどの流束が影響を受けた．二つめは，論文において定常状態を見いだすのに用いられた方法にある．一般に代謝反応システムは堅い連立微分方程式から構成されることが多い．事実，固有値の実部の絶対値(表 7.7)のうちで最大値と最小値の比は，2.88D+05と異常に大きい．このような場合，ダイナミックシミュレーションを行うと，代謝物濃度がある一定時間経過後にほとんど変化しなくなることがある．論文の著者らはこのときシステムが定常状態に達したと見誤ってしまったのである．不幸なことに，間違って得られた感度解析の結果がまともに見えるものであったことから，論文の著者らはこの計算結果を正しいと判断してTCAサイクルの無駄な考察を行うことになってしまった．

7.10　修正TCAサイクルモデル[13]

図7.1のA–Wモデルは生物学的に大きな矛盾を含んでいる．酵素活性のわずかな変動に対して，代謝物濃度や流束がその変動の100倍以上の大きさの影響を受けることは考えにくい．もし，代謝反応システムがそのように高感度であるならば，その生物は周囲の環境変化に対応できず生存が困難となるであろう．しかしながら，A–Wモデルが長い年月をかけて構築された過程を考えるならば，これを無下に捨てるのはもったいない．そこで以下では，A–Wモデルに必要最小限の修正を加え，より現実的なモデルへ修正することを試みる．

A–Wモデルはアラニン，グルタミン酸，アスパラギン酸のプールに関係する流束に問題がある．この問題はタンパク質のアミノ酸への異化代謝が不可逆となっていることに関係がありそうである．そこで，タンパク質からの中間代謝物合成に対する不可逆反応を，流束の値を変えることなくアミノ酸再利用プロセスを導入することにより可逆反応となるように修正した(図 7.10)．たとえば，タンパク質からアスパラギン酸への流束を，それのもとの値の2倍 (X_{34}=0.472)

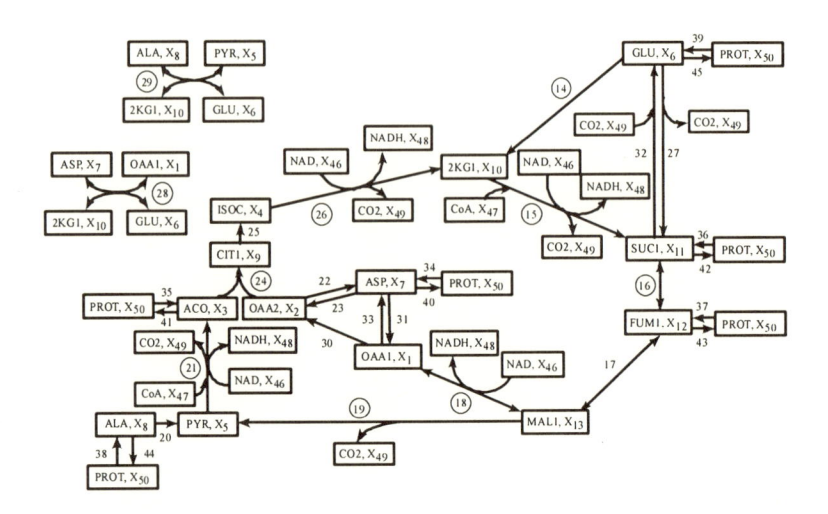

図 7.10 *Dictyostelium discoideum* の修正 TCA サイクルモデル

X_1; オキザロ酢酸 1, X_2; オキザロ酢酸 2, X_3; アセチル-CoA, X_4; イソクエン酸, X_5; ピルビン酸, X_6; グルタミン酸, X_7; アスパラギン酸, X_8; アラニン, X_9; クエン酸 1, X_{10}; 2-オキソグルタル酸, X_{11}; コハク酸, X_{12}; フマル酸, X_{13}; リンゴ酸, $X_{14} \sim X_{39}$; 酵素濃度, $X_{46} \sim X_{48}$; 補酵素濃度, X_{49}; 二酸化炭素プール, X_{50}; タンパク質プール.

とし，定常状態においてアスパラギン酸再利用が1次反応により$X_{40} \times X_7 = 0.236$の速度で進むと仮定した．このようにすると，アスパラギン酸濃度はA-Wモデルの値と同じ値を取る．このときの再利用反応の速度定数は$X_{40} = 0.236/1.85 = 0.128$となり，タンパク質からアスパラギン酸への流束は元の値0.236と同じになる．これと同じ手順で，A-Wモデル中のタンパク質の異化代謝反応をすべて可逆反応に修正した．この修正A-Wモデルに対する物質収支式を表 7.10 に，また独立変数の値を表 7.11 に示す．これらの値および代謝物濃度の定常状態値を使い，ミカエリス-メンテン型速度式を含む物質収支式をS-システム型方程式へ変換した．その結果得られたべき乗則型流束式を表 7.12 に示す．

第 7 章 TCA サイクルの解析

表 7.10 物質収支式

$dX_1/dt = (v_{71} + v_{13,1} + v_{10,6}) - (v_{12} + v_{17}) = V_1 - V_{-1}$

$dX_2/dt = (v_{12} + v_{72}) - (v_{27} + v_{29}) = V_2 - V_{-2}$

$dX_3/dt = (v_{53} + v_{50,3}) - (v_{29} + v_{3,50}) = V_3 - V_{-3}$

$dX_4/dt = (v_{94}) - (v_{4,10}) = V_4 - V_{-4}$

$dX_5/dt = (v_{85} + v_{13,5}) - (v_{53} + v_{58}) = V_5 - V_{-5}$

$dX_6/dt = (v_{10,6} + v_{11,6} + v_{50,6}) - (v_{58} + v_{6,10} + v_{6,11} + v_{6,50}) = V_6 - V_{-6}$

$dX_7/dt = (v_{17} + v_{27} + v_{50,7}) - (v_{71} + v_{72} + v_{10,5} + v_{7,50}) = V_7 - V_{-7}$

$dX_8/dt = (v_{58} + v_{50,8}) - (v_{85} + v_{8,50}) = V_8 - V_{-8}$

$dX_9/dt = (v_{29}) - (v_{94}) = V_9 - V_{-9}$

$dX_{10}/dt = (v_{58} + v_{4,10} + v_{6,10}) - (v_{10,6} + v_{10,11}) = V_{10} - V_{-10}$

$dX_{11}/dt = (v_{6,11} + v_{10,11} + v_{50,11}) - (v_{11,6} + v_{11,12} + v_{11,50}) = V_{11} - V_{-11}$

$dX_{12}/dt = (v_{11,12} + v_{50,12}) - (v_{12,13} + v_{12,50}) = V_{12} - V_{-12}$

$dX_{13}/dt = (v_{12,13}) - (v_{13,1} + v_{13,5}) = V_{13} - V_{-13}$

表 7.11 修正 TCA サイクルモデルに関わる酵素

反応	記号	濃度	反応	記号	濃度
グルタミン酸 デヒドロゲナーゼ	X_{14}	9.77D–01	Oaa1 → Oaa2	X_{30}	8.00D+02
2-オキソグルタル酸			Asp → Oaa1	X_{31}	1.00D–01
デヒドロゲナーゼ 複合体	X_{15}	7.61D+03	Suc → Glu	X_{32}	1.00D+00
コハク酸 デヒドロゲナーゼ	X_{16}	3.15D+00	Oaa1 → Asp	X_{33}	7.40D+01
フマル酸 ヒドラターゼ	X_{17}	2.57D+01	Prot → Asp	X_{34}	1.06D+00
リンゴ酸 デヒドロゲナーゼ	X_{18}	7.78D+01	Prot → AcCoA	X_{35}	2.07D+00
リンゴ酸酵素	X_{19}	3.08D+00	Prot → Suc	X_{36}	1.62D+00
Ala → Pyr	X_{20}	1.96D–01	Prot → Fum	X_{37}	3.60D–01
ピルビン酸 デヒドロゲナーゼ複合体	X_{21}	2.58D+02	Prot → Ala	X_{38}	2.03D+00
Oaa2 → Asp	X_{22}	7.40D+01	Prot → Glu	X_{39}	1.86D+00
Asp → Oaa2	X_{23}	1.00D–01	Asp → Prot	X_{40}	4.46D–00
クエン酸 シンターゼ	X_{24}	8.24D+00	AcCoA → Prot	X_{41}	2.72D+01
アコニターゼ	X_{25}	8.00D+01	Suc → Prot	X_{42}	1.57D+00
イソクエン酸 デヒドロゲナーゼ	X_{26}	2.71D+02	Fum → Prot	X_{43}	7.00D+00
Glu → Suc	X_{27}	1.33D–01	Ala → Prot	X_{44}	3.26D–01
アスパラギン酸 トランスアミナーゼ	X_{28}	9.95D+00	Glu → Prot	X_{45}	2.41D–01
アラニン トランスアミナーゼ	X_{29}	2.67D+01	NAD	X_{46}	7.20D–02
			CoA	X_{47}	1.00D–01
			NADH	X_{48}	1.80D–01

表7.12 S-システム型の流束式

$$V_1 = 0.825\, X_1^{-0.0380}\, X_6^{-0.0204}\, X_7^{0.106}\, X_{10}^{0.114}\, X_{13}^{0.700}\, X_{18}^{0.807}\, X_{28}^{0.108}\, X_{31}^{0.0848}\, X_{46}^{0.599}\, X_{48}^{-0.181}$$

$$V_{-1} = 1.34\, X_1\, X_{30}^{0.915}\, X_{33}^{0.0847}$$

$$V_2 = 1.34\, X_1^{0.915}\, X_7^{0.0848}\, X_{23}^{0.0848}\, X_{30}^{0.915}$$

$$V_{-2} = 17.1\, X_2^{0.706}\, X_3^{0.0716}\, X_{22}^{0.0848}\, X_{24}^{0.915}\, X_{47}^{-0.0341}$$

$$V_3 = 0.136\, X_3^{-0.594}\, X_5^{0.228}\, X_{21}^{0.626}\, X_{35}^{0.374}\, X_{46}^{0.619}\, X_{47}^{0.594}\, X_{48}^{-0.613}$$

$$V_{-3} = 15.6\, X_2^{0.552}\, X_3^{0.251}\, X_{24}^{0.813}\, X_{41}^{0.187}\, X_{47}^{-3.03}$$

$$V_4 = X_9\, X_{25} \qquad V_{-4} = 0.152\, X_4^{0.958}\, X_{26}\, X_{46}^{0.0348}\, X_{48}^{-0.862}$$

$$V_5 = 1.87\, X_7^{0.0274}\, X_8^{0.465}\, X_{13}^{0.336}\, X_{19}^{0.535}\, X_{20}^{0.465}$$

$$V_{-5} = 0.0192\, X_3^{-0.717}\, X_5^{0.413}\, X_6^{0.306}\, X_9^{-0.290}\, X_{10}^{-0.0883}\, X_{21}^{0.756}\, X_{29}^{0.244}\, X_{46}^{0.748}\, X_{47}^{0.718}\, X_{48}^{-0.741}$$

$$V_6 = 2.91\, X_1^{-1.43}\, X_6^{-2.39}\, X_7^{2.51}\, X_{10}^{0.134}\, X_{28}^{0.429}\, X_{32}^{0.126}\, X_{39}^{0.429}\,{}^{0.444}$$

$$V_{-6} = 0.712\, X_5^{0.150}\, X_6^{1.02}\, X_8^{-0.317}\, X_{10}^{-0.0964}\, X_{14}^{0.0806}\, X_{27}^{0.431}\, X_{29}^{0.266}\, X_{45}^{0.222}\, X_{46}^{0.0345}\, X_{48}^{-0.0296}$$

$$V_7 = 2.69\, X_1^{0.220}\, X_2^{0.220}\, X_{22}^{0.220}\, X_{33}^{0.220}\, X_{34}^{0.560}$$

$$V_{-7} = 4.78\, X_1^{-0.0317}\, X_6^{-0.0529}\, X_7^{0.776}\, X_{10}^{0.296}\, X_{23}^{0.220}\, X_{28}^{0.280}\, X_{31}^{0.220}\, X_{40}^{0.280}$$

$$V_8 = 0.288\, X_5^{0.200}\, X_6^{0.446}\, X_8^{-0.423}\, X_{10}^{-0.129}\, X_{29}^{0.356}\, X_{38}^{0.644}$$

$$V_{-8} = 1.87\, X_8\, X_{20}^{0.678}\, X_{44}^{0.322}$$

$$V_9 = 16.2\, X_2^{0.679}\, X_3^{0.0782}\, X_{24}\, X_{47}^{-0.0372} \qquad V_{-9} = X_9\, X_{25}$$

$$V_{10} = 0.156\, X_4^{0.724}\, X_5^{0.106}\, X_6^{0.0259}\, X_8^{-0.223}\, X_{10}^{-0.0679}\, X_{11}^{0.0568}\, X_{26}^{0.756}\, X_{29}^{0.188}\, X_{46}^{0.0506}\, X_{48}^{-0.672}$$

$$V_{-10} = 0.805\, X_1^{-0.0101}\, X_6^{-0.0168}\, X_7^{0.0177}\, X_{10}^{0.990}\, X_{11}^{-0.879}\, X_{15}^{0.911}\, X_{28}^{0.0891}\, X_{46}^{0.882}\, X_{47}^{0.879}\, X_{48}^{-0.881}$$

$$V_{11} = 1.73\, X_6^{0.204}\, X_{10}^{0.603}\, X_{11}^{-0.591}\, X_{15}^{0.613}\, X_{27}^{0.204}\, X_{36}^{0.183}\, X_{46}^{0.593}\, X_{47}^{0.591}\, X_{48}^{-0.593}$$

$$V_{-11} = 2.01\, X_{11}^{0.380}\, X_{12}^{-0.00666}\, X_{16}^{0.705}\, X_{32}^{0.204}\, X_{42}^{0.0915}$$

$$V_{12} = 1.09\, X_{11}^{0.113}\, X_{12}^{-0.00893}\, X_{16}^{0.945}\, X_{37}^{0.0545}$$

$$V_{-12} = 8.78\, X_{12}^{1.95}\, X_{13}^{-1.32}\, X_{17}^{0.973}\, X_{43}^{0.0273}$$

$$V_{13} = 8.21\, X_{12}^{1.98}\, X_{13}^{-1.36}\, X_{17}$$

$$V_{-13} = 0.942\, X_1^{-0.0197}\, X_7^{0.0196}\, X_{13}^{0.775}\, X_{18}^{0.618}\, X_{19}^{0.382}\, X_{46}^{0.458}\, X_{48}^{-0.139}$$

修正A–Wモデルに対しても同様に感度解析が可能である．まず，正味流束に対する速度定数感度の計算結果を図7.11に示す．ここでは26個の速度定数のうち $\alpha_i(i=1,\cdots,13)$ に対する結果だけを示している．$\beta_i(i=1,\cdots,13)$ については値の符号を変えればよい．イソクエン酸 (X_4), 2-オキソグルタル酸 (X_{10}), クエン酸 (X_9) のプールを通る流束が大きな感度値を持つ．速度定数のほぼすべてがこれら3つの流束へ影響を及ぼしている．A–Wモデルの計算結果に比べて感度の値は著しく小さくなっており，全体的に同レベルの大きさの値として分布する．たとえば，A–Wモデルにおける最大の速度定数感度は92であったが，修正A–W

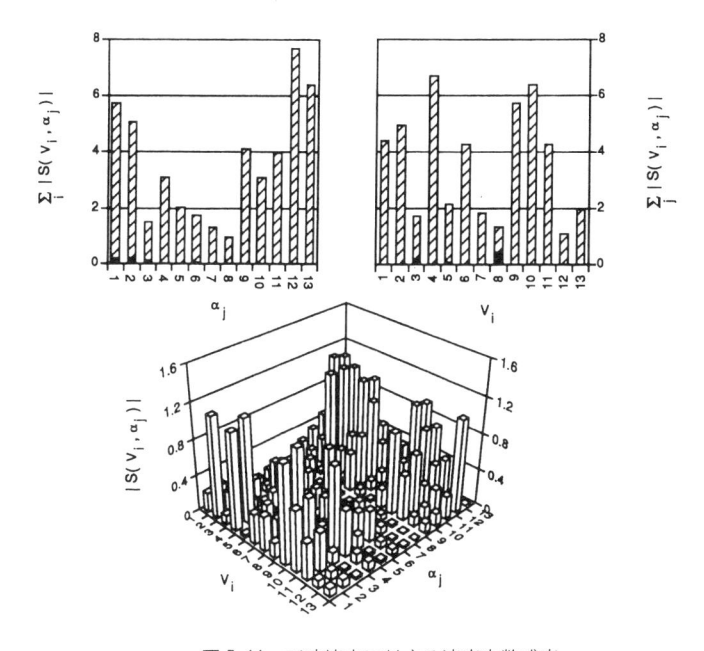

図 7.11 正味流束に対する速度定数感度

モデルでは 1.21 であり，76 倍も小さくなっている．感度の大半は 1 よりも小さな値を持つ．

つぎに，代謝物濃度に対する対数ゲインの計算結果を図 7.12 に示す．この結果は，A–W モデルのものと比較してつぎのような 6 つの特徴を持つ．

1) A–Wモデルでは酵素活性の影響をほとんど受けなかったイソクエン酸X_4，クエン酸X_9が，修正A–Wモデルではほとんどの独立変数によって影響を受けるようになっている．

2) アコニターゼX_{25}とイソクエン酸デヒドロゲナーゼX_{26}の濃度がそれら自体の基質の分を除き，代謝物濃度へ影響を与えない．

3) 代謝物濃度へ大きな影響を及ぼしているものは，コハク酸デヒドロゲナーゼ濃度X_{16}，リンゴ酸酵素濃度X_{19}，NAD濃度X_{46}，リンゴ酸デヒドロゲナーゼ濃度X_{18}である．

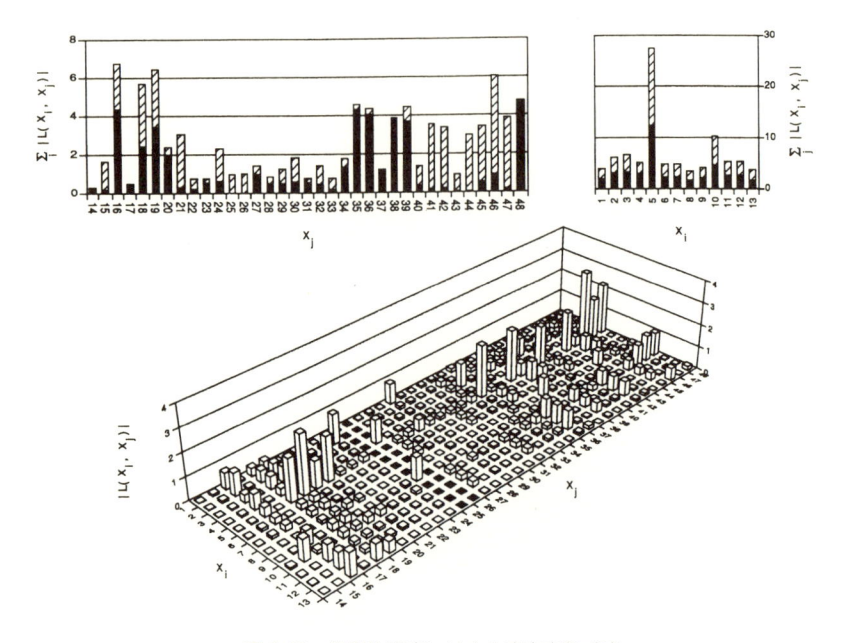

図 7.12 代謝物濃度に対する速度定数感度

4) ピルビン酸濃度X_5とアセチル–CoA濃度X_3が独立変数の変化により大きな影響を受ける.
5) 酵素濃度以外の独立変数X_{46}~X_{48}がシステムの特性に大きな影響を与える.
6) 修正A–Wモデルで新たに設定されたタンパク質の分解とアミノ酸の再利用を表す独立変数(X_{34}~X_{45})の対数ゲインは大きな値の範疇に入る.

　修正A–Wモデルの速度定数感度,反応次数感度,対数ゲインの計算値はA–Wモデルのものに比べて著しく減少した.修正 A–W モデルがより現実的な TCAサイクルモデルに近づいたと言えよう.BSTは解析の手順が系統的であり,間違いを起こしにくい.また,いったんべき乗則式へ変換してしまうと,ソフトウエアにパラメーターをセットし,計算を開始することにより,一瞬のうちに感度計算を完了する.これらの計算値は理論的に正しい値であり,その大きさと符号を検討することでシステムの特徴を正しく評価できる.

表 7.13 は，モデルの修正前後における固有値を比較したものである．修正モデルの固有値の実部もすべて負であることから，本モデルが定常状態において局所的に安定であることがわかる．また，実部の絶対値のうちで最大値 9.06D+02 と最小値 3.38D−01 の比は 2.68D+03 であり，修正前の値の比 2.88D+05 に比べて明らかに小さい．これより，修正モデルでは微分方程式系の堅さが大きく緩和されていることがわかる．実際に修正モデルにおいてX_{12}をわずかに増加させて代謝物濃度の時間変化を観察したところ，代謝物濃度は修正前のモデルよりも 10 分以内にそれぞれの定常状態値へ漸近することがわかった．漸近時間が短くなったことは，固有値の実部の絶対値の中の最小値 3.38D−01 の逆数が 2.96 min であることからも理解できる．

7.11 その他のモデル

BST解析の結果，大きな問題があるとして指摘されたもう一つの数学モデルは，ヒト赤血球内代謝反応モデル[35-38]である．本システムは 33 個の従属変数と

表 7.13 TCA サイクルモデルの修正前後における固有値

修正前	修正後
−3.15D-03	−3.38D-01
−2.70D-02	−4.41D-01
−2.11D-01	−6.54D-01
−1.14D+00	−1.94D+00
−1.65D+00	−3.21D+00
−9.14D+00	−9.98D+00
−2.68D+01	−5.28D+01
−6.70D+01	−6.70D+01
−1.60D+02	−1.67D+02
−2.41D+02+4.27D+01i	−2.41D+02+4.26D+01i
−2.41D+02−4.27D+01i	−2.41D+02−4.26D+01i
−6.26D+02	−6.26D+02
−9.06D+02	−9.06D+02

単位はmin^{-1}である．

39個の独立変数からなり,前述のTCAサイクルモデルよりも大きなシステムである.その解析結果は数編の分厚い論文として掲載されており,本研究に著者らが費やした労力や時間は相当なものであったであろう.導かれた結果も生物学的に理にかなった形でまとめられているため,本論文は多くの研究者により引用されている.Ni & Savageau[40]はBSTによりトレース計算を行い,本モデルがその定常状態において不安定であり,頑強性に乏しいことを見出した.彼らはまたその改良モデルも提案している.

　システムが大きくなると解析の途中で様々なミスを犯す可能性が高くなる.もちろんミスを犯すかどうかは基本的には研究者の解析能力に大きく依存するのであるが,その一方で研究者が使用する解析法の質にも大きく関係する.赤血球内代謝反応モデルの論文の著者らの間違いは解析法の質の低さから生じているものと考えられる.BSTはその解析手順が系統的であるから,大規模システムの解析に適しているばかりでなく,過去に報告された数学モデルの解析結果が正しいかどうかをスキャニングする方法としても有用である.

第 8 章
BST の数値計算への応用

8.1 BST の数値計算応用の実際

　BST では，ネットワークシステムにおける従属変数同士の相互作用，あるいは従属変数への独立変数やパラメーターの影響を，究極的に一般化した S−システム型および GMA−システム型のべき乗則式を使って解析を行う．これらの式の一般性により，すなわち多くの非線形式を含む微分方程式をこれらの式へリキャスティングできることから，BSTは有用なつぎの2つの数値計算法を生み出す．

　まず，テーラー級数法による初期値問題の超高精度数値解法である．本法では，GMA−システム型またはS−システム型のべき乗則式へキャスティングした連立常微分方程式を，これらに対して導かれたテーラー級数解[14, 17]を使って解く．本法の大きな特長は，様々な形の非線形式に迅速に対応できること，得られる数値解が超高精度であることにある．それゆえ，高精度で解かなければ意味がない微分方程式系(たとえば，代謝反応システムで問題となっている堅い微分方程式[9-13]，天体軌道計算のための運動方程式[41]など)への直接的適用はもちろんのこと，いくつかの数値計算技術を駆使して解を得なければならない微分方程式系(たとえば，2点境界値問題[43, 44])への適用が考えられる．

　つぎに，代数方程式の高速数値解法である．代数方程式解法としてもっとも有名な方法はニュートン−ラフソン法である[26]．本法は理論が平易であり，プログラミングも容易であることから，世界中の研究者に利用されている．しかしながら，初期値が解から離れていると収束性が低下するという欠点を持つ．本法の解への収束は相対誤差の 2 乗の速度で進む．たとえば，1 回目の試行で得られた解の相対誤差が 10^{-2} であったとするなら，2 回目の試行での解の相対誤差は 10^{-4}，3 回目の試行でのそれは 10^{-8} というように迅速に精度の向上が起こる．相対誤差の指数の絶対値はその数値解の有効桁数(数値解の先頭からの数値が厳密

解のそれと一致する桁数)をおおまかに表しているので，この場合には1回，2回，3回，…と試行が増えるごとに，数値解の精度がおよそ2桁，4桁，8桁，…と向上していく．ただし，倍精度実数計算の場合，その精度は最大で10^{-15}〜10^{-16}程度であり，計算精度の向上に限界があることを銘記されたい．第4章で述べたように，BSTでは，与えられた微分方程式を定常状態値を使ってS–システム型方程式へ変換した後，$dX_i/dt = 0$とおいた式の対数を取ることにより線形行列式を得る．いま，本式を解いて得られる定常状態値(従属変数値)を解の推定値と見なし，次回の試行での修正値として使うならば，代数方程式解法のアルゴリズムが完成する．後述するように，この解の推定は対数空間で行われるため，本法の収束速度は初期値の解までの距離に依存せず，常に相対誤差の2乗となる．本書では，この代数方程式解法をS–システム解法と呼ぶ．本章では，以上述べた 2 つの数値計算法について詳述する．

8.2　2点境界値問題の解法

(1) 2点境界値問題とはなにか

　2点境界値問題は，2つの境界を挟む領域内で起こる様々な現象を記述する2階の常微分方程式である[45, 46]．その解は，両境界で与えられた条件(2個の境界条件)を満足するように求められなければならない．2点境界値問題は多くの分野で表れる．たとえば，多孔性担体の外表面から中心までの区間で反応物質の拡散と同時に進行する固体触媒反応や酵素反応に対するモデル，反応流体の不均一混合特性を考慮した化学反応器に対する混合拡散モデル，飛翔するロケットの燃料最小の軟着陸軌道を求める問題，ロボット行動の最適制御問題，地下水の流動モデルなどがある．

　現在，本問題の解法として直交選点法[42]が最も汎用されている．これは，本法が実用的に意味を持つパラメーター条件の範囲内で満足できる精度の計算値を与えることや，計算の安定性において優れていることなどによる．しかしながら，直交選点法では解が片方の境界からもう一方の境界に向かって急激に小さくなる分布を持つ場合，その解の精度維持に限界がある．これは直交選点法の解法アルゴリズム中に行列演算が含まれ，その過程で桁落ちが生じるためである．直交選点法による数値解の精度は実用的には十分に満足できるものである

が，いかなる計算条件下でも数値解に少なくとも3桁の精度を望む場合，行列演算を含まない別法の使用が必要になる．

(2) 射撃法のアルゴリズムとテーラー級数法導入の意義

　行列演算を行わずに2点境界値問題を解く方法に射撃法がある．本法では，まず片方の境界Aでの解を仮定し，これを初期値として2点境界値問題の2階の微分方程式を境界Aから境界Bに向かって数値的に解き，境界Bでの暫定解を得る．これをその境界で与えられている境界条件と比較し，一致しなければ境界Aでの解を境界Bでの解に基づき推算し，再びこの推算値を初期値として数値積分を行う．この一連の操作を，境界Bでの計算値がそこでの境界条件と一致するまで繰り返し，最終的に解を得る．

　境界Bでの暫定解から境界Aでの修正解を求めるには，境界Bでの境界条件を代数方程式として設定し，これを適当な代数方程式解法で解いてその根を求める．射撃法による数値解の精度が，微分方程式を数値積分する際に用いる初期値問題解法の計算精度に依存することはいうまでもない．したがって，この数値積分において，その解がコンピューターの有効数字に匹敵する精度で得られるテーラー級数法を用いれば，2点境界値問題の解は飛躍的に向上すると予測できる．

　著者ら[47, 48]は，先に固定化酵素反応に対する2点境界値問題を一般化し，これに対してテーラー級数解の一連の式を直接的に導いた．そして，これらの式を使い，桁落ちが生じにくい適切な刻み幅を推算しながら数値積分を行い，様々なパラメーター条件での数値解を求めた．驚いたことに，これらの解は，通常15桁程度，担体中心の無次元濃度が担表面濃度の値である$1.0 \sim 10^{-300}$程度まで減少しても13桁程度の精度を持っていた．計算にはパーソナルコンピューター上で動作するCコンパイラを用いたが，得られた計算値の精度は明らかにこれが取り扱うことのできる数字の下限値10^{-308}による制約を受けていた．すなわち，このテーラー級数法は，コンピューターが提供する精度に応じた超高精度数値解を与える．なお，本法において1つのパラメーター条件で解を得るのに要した時間は1秒以内であった．

　上述したように，多くの分野に様々な2点境界値問題が存在し，これらはそれぞれに異なる形の微分方程式と境界条件を持つ．したがって，従来の方法では2

点境界値問題ごとに計算プログラムの大幅な変更を余儀なくされる．上述のテーラー級数法の場合でも，与えられた微分方程式ごとに多くの労力と時間を費やしてテーラー級数解を導き，計算プログラムを大幅に変更しなければならない．確実に信頼できる解を得ることができたとしても汎用的でなければ，その手法の有用性は半減してしまう．ある程度の数学的知識を持っていれば誰にでも2点境界値問題を解くことができる数値計算法をどうにかして確立できないであろうか．

2点境界値問題は2階の常微分方程式である．これもリキャスティングによりべき乗則式へと変換可能である．そこで，2階の常微分方程式をリキャスティングにより GMA–システム型式へ変換し，この式を GMA–システム型式のテーラー級数解を使って解くならば，絶対的に信頼できる超高精度解をリキャスティングの知識だけで簡単に得ることができるであろう．以下では，この方法を固定化酵素反応モデルへ適用した場合の計算手順を述べるとともに，計算値の精度がいかに高いかを示す．

(3) 適用例[20]

基質を溶かした水溶液中へ，酵素が均一に固定化された多孔性担体粒子を投入し，この液をある一定速度で撹拌しながら酵素反応を行うものとする．液本体中の基質は，担体粒子近傍に生じる液の混合がほとんど行われていない境膜内を，濃度差を推進力として担体表面まで拡散した後，引き続き担体内を拡散して酵素による触媒作用を受けて生成物へと転換される．本反応過程は，つぎのような2点境界値問題として記述される．

$$\frac{d^2 y}{dx^2} + \frac{G-1}{x}\frac{dy}{dx} = \phi^2 \frac{y}{1+\beta_b y} \tag{8.1}$$

$$x=0 \text{ で} \quad \left.\frac{dy}{dx}\right|_{x=0} = 0 \tag{8.2}$$

$$x=1 \text{ で} \quad \left.\frac{dy}{dx}\right|_{x=1} = B_i(1-y|_{x=1}), \tag{8.3}$$

ここで，y は液本体での基質濃度を基準とする無次元基質濃度，x は担体の中心に原点を持つ無次元座標，G は形状係数 (平板，円柱，球状粒子に対してそれぞれ1，

2, 3の値を取る), ϕはシーレモジュラス (Thiele modulus), β_bはミカエリス定数を基準とする無次元基質濃度, B_iはビオ数(Biot number)である. (8.1)式の左辺は基質の拡散項, 右辺は反応速度項である. また, (8.1)式は酵素反応がミカエリス‒メンテン型機構で進行することを前提としている.

ここでは, (8.1)式を対数座標上のテーラー級数解(第5章を参照)により解くことにする. 理解を容易にするため, (5.5)式を再度つぎに書く.

$$Y_i(t+\varDelta_i) = Y_i(t) + \sum_{m=1}^{M} \frac{\tilde{Y}_i^{(m)}(t)}{m}\varDelta_i^m$$
$$= Y_i(t) + \sum_{m=1}^{M} \frac{\tilde{y}_i^{(m)}(t)}{m} \qquad (i=1,2,\cdots,N) \tag{5.5}$$

射撃法を適用するため, まず担体中心での無次元基質濃度γを

$$y\big|_{x=0} = \gamma \tag{8.4}$$

と仮定する. これを初期値として, (8.1)式(後述のリキャスティングされたGMA‒システム型方程式)をテーラー級数法により担体表面まで数値積分し, $y\big|_{x=1}$と$(dy/dx)\big|_{x=1}$の値を求める. これらの値を用いて担体表面での境界条件(8.3)式から導かれる次のような関数$f(\gamma)$の値を計算する.

$$f(\gamma) = \frac{dy}{dx}\bigg|_{x=1} - B_i(1-y\big|_{x=1}) \tag{8.5}$$

このとき, γが真の値であれば$f(\gamma)=0$となる. しかし, γは暫定的に仮定した値であるため, おそらくそのようにはならない. それゆえ, $f(\gamma)=0$の関係を満たすようなγをニュートン‒ラフソン法により求める. この収束計算を実行するには$f(\gamma)$のγによる微分値が必要である. この値を得る目的で, (8.1), (8.4)式をγで微分し, つぎのような2点境界値問題を新たに設定する.

$$\frac{d^2 y^\circ}{dx^2} + \frac{G-1}{x}\frac{dy^\circ}{dx} = \phi^2 \frac{y^\circ}{(1+\beta_b y)^2} \tag{8.6}$$

$$y^\circ\big|_{x=0} = 1.0 \tag{8.7}$$

ここで, 添字$^\circ$は$d/d\gamma$を表す. (8.1)式と並行して(8.6)式もテーラー級数法により解き, $y^\circ\big|_{x=1}$と$(dy^\circ/dx)\big|_{x=1}$の値を求める. これらを, (8.5)式をγで微分した式

$$f^\circ(\gamma) = \left(\frac{dy^\circ}{dx} + B_i y^\circ\right)\bigg|_{x=1} \tag{8.8}$$

へ代入し，$f°(\gamma)$ の値を求め，次式より $\Delta\gamma$ を計算する．

$$\Delta\gamma = f(\gamma)/f°(\gamma) \tag{8.9}$$

もし相対誤差が $\varepsilon(=10^{-9})$ 以下であるなら，すなわち

$$\left|\frac{\gamma_{(k+1)} - \gamma_{(k)}}{\gamma_{(k)}}\right| = \left|\frac{\Delta\gamma}{\gamma_{(k)}}\right| < \varepsilon \tag{8.10}$$

であるなら計算をもう一回繰り返して終了し，相対誤差が ε より大きいなら

$$\gamma_{(k+1)} = \gamma_{(k)} - \Delta\gamma \tag{8.11}$$

として γ の値を新たに求め，(8.10)式が満足されるまで計算を繰り返す．この収束判定は，ニュートン–ラフソン法が相対誤差の2乗で収束することを前提としている．計算条件が厳しくなると(たとえば ϕ が極端に大きくなると)，予期できない桁落ち誤差が生じるようになる．このような場合，ε の値を 10^{-14} 程度におき，この値よりも相対誤差が小さくなったとき計算を終了してやればよい．

さらに，(8.1), (8.6)式をテーラー級数法により解くため，これらの式をリキャスティングによりGMA型方程式へ変換しなければならない．そこで

$$y \to X_1, \quad 1+\beta_b y \to X_2, \frac{dy}{dx} \to X_3, \quad y° \to X_4, \quad \frac{dy°}{dx} \to X_5, \quad x \to t \to X_6$$

とおき，リキャスティングするとつぎの式を得る．

$$X_1^{(1)} = X_3 \tag{8.12}$$

$$X_2^{(1)} = \beta_b X_3 \tag{8.13}$$

$$X_3^{(1)} = \phi^2 X_1 X_2^{-1} - (G-1)X_3 X_6^{-1} \tag{8.14}$$

$$X_4^{(1)} = X_5 \tag{8.15}$$

$$X_5^{(1)} = \phi^2 X_4 X_2^{-2} - (G-1)X_5 X_6^{-1} \tag{8.16}$$

$$X_6^{(1)} = 1.0 \tag{8.17}$$

以上の式に対して初期値はつぎのように与えられる．

$$\begin{aligned}&X_1|_{t=0} = \gamma, \quad X_2|_{t=0} = 1+\beta_b\gamma \\ &X_3|_{t=0} = 0, \quad X_4|_{t=0} = 1 \\ &X_5|_{t=0} = 0, \quad X_6|_{t=0} = 0\end{aligned} \tag{8.18}$$

第 8 章 BST の数値計算への応用

さらに, (8.5), (8.8)式についてもX_iで表すとつぎのようになる.

$$f(\gamma) = X_3|_{t=1} - B_1(1-X_1|_{t=1}) \tag{8.19}$$

$$f^\circ(\gamma) = (X_5 + B_1 X_4)|_{t=1} \tag{8.20}$$

(8.14)式中の右辺第2項の分子, 分母の値は, $G=2, 3$において$t=0$のときゼロであり, 不定形になる. そこで, $t=0$, すなわち$x \to 0$におけるこれらの項の極限値を求めておく必要がある. ロピタルの定理を(8.14)式へ適用し,

$$(G-1)\lim_{t \to 0}\frac{X_3}{X_6} = (G-1)\lim_{x \to 0}\frac{dy/dx}{x} = (G-1)\lim_{x \to 0}\frac{d^2y}{dx^2} \quad (G=2, 3) \tag{8.21}$$

を得る. これを(8.1)式へ適用すると

$$\lim_{x \to 0}\frac{d^2y}{dx^2} + (G-1)\lim_{x \to 0}\frac{d^2y}{dx^2} = \phi^2 \lim_{x \to 0}\frac{y}{1+\beta_b y} \tag{8.22}$$

となり, これより

$$(G-1)\lim_{t \to 0}\frac{X_3}{X_7} = (G-1)\lim_{x \to 0}\frac{d^2y}{dx^2} = \frac{(G-1)}{G}\frac{\phi^2 y}{1+\beta_b y} = \frac{(G-1)}{G}\phi^2 X_1 X_2^{-1} \tag{8.23}$$

を得る. すなわち, (8.14)式の右辺第2項は, $G=2, 3$において$t=0$のとき(8.23)式を使って計算しなければならない. 同様に, (8.16)式の右辺第2項の分子, 分母も$G=2, 3$において$t=0$のときゼロであり, 不定形となる. ロピタルの定理を適用し,

$$(G-1)\lim_{t \to 0}\frac{X_5}{X_6} = (G-1)\lim_{x \to 0}\frac{dy^\circ/dx}{x} = (G-1)\lim_{x \to 0}\frac{d^2y^\circ}{dx^2} \quad (G=2, 3) \tag{8.24}$$

を得る. これを(8.6)式へ適用すると

$$\lim_{x \to 0}\frac{d^2y^\circ}{dx^2} + (G-1)\lim_{x \to 0}\frac{d^2y^\circ}{dx^2} = \phi^2 \lim_{x \to 0}\frac{y^\circ}{(1+\beta_b y)^2} \tag{8.25}$$

となり, これより

$$\begin{aligned}(G-1)\lim_{t \to 0}\frac{X_5}{X_6} &= (G-1)\lim_{x \to 0}\frac{d^2y^\circ}{dx^2} \\ &= \frac{(G-1)}{G}\phi^2 \frac{y^\circ}{(1+\beta_b y)^2} = \frac{(G-1)}{G}\phi^2 X_2^{-2} X_4\end{aligned} \tag{8.26}$$

を得る. すなわち, (8.16)式の右辺第2項は, $G=2, 3$において$t=0$のとき(8.26)式を使

って計算しなければならない．以上の式に基づき計算した数値解の代表的な例を表8.1に示す．これより，広範囲のϕの値に対して，計算値がコンピューターの有効数字と同程度で求められていることが明らかである．

以上の一連の計算法にしたがって計算プログラムを作成すれば，ユーザーは与えられた微分方程式をリキャスティングして得られるGMA-システム型式中のパラメーターをこのプログラムへデータとして与え，計算を実行することにより，様々な形の2点境界値問題の解を超高精度で得ることができる．実用的には100程度までのϕに対する計算が可能であれば十分であると考えられる．しかし，この値を100以上にセットするとアンダーフローエラーが生じた．これは本計算を対数座標上のテーラー級数解を使用して行ったため，ゼロの値をある微小有限値で置き換えざるを得なかったことによる．(8.1)式から直接導かれるテーラー級数解を使うと，$\phi=700$までの計算が可能である(このときの担体中心濃度γは1.8672×10^{-301}の値になる)．また，デカルト座標上のテーラー級数解を用いると，ゼロの値を正確に0とセットできるため，(8.1)式から直接導かれるテーラー級数解を使う場合と同様に広範囲の計算が可能になる．

表8.1 テーラー級数法による固定化酵素反応モデルの担体中心濃度に対する数値解と解析解の比較(1次反応の場合；$G=3, B_i=\infty$)

ϕ	γ(数値解)	γ(解析解)	相対誤差
2	5.514411295435678D−01	5.514411295435664D−01	−2.6D−15
5	6.738252915194542D−02	6.738259152945430D−02	2.1D−16
10	9.079985971212199D−04	9.079985971212215D−04	1.8D−15
20	8.244614489754203D−08	8.244614489754230D−08	3.4D−15
30	5.614573781304086D−12	5.614573781304104D−12	3.3D−15
40	3.398683404233266D−16	3.398683404233271D−16	1.5D−15
50	1.928749847963913D−20	1.928749847963918D−20	2.7D−15
100	7.440151952041643D−42	7.440151952041671D−42	3.9D−15

第 8 章　BST の数値計算への応用

8.3　S-システム解法

(1)　解法アルゴリズム

いま，未知数 $X_1, X_2, \cdots, X_n$ を持つ n 個の代数方程式

$$\begin{align}
f_1(X_1, X_2, \cdots, X_n) &= 0 \\
f_2(X_1, X_2, \cdots, X_n) &= 0 \\
&\vdots \\
f_n(X_1, X_2, \cdots, X_n) &= 0
\end{align} \tag{8.27}$$

を考える．このような代数方程式の解法には，収束が確実に行われること，収束速度が大であること，利用しやすいことなどが要求される．ニュートン-ラフソン法(N-R 法)は，この要求をすべて満たしてくれるため，現在最も広く用いられている．ただし，初期値が解から遠く離れたところに設定されると，最初はだらだらと解へ接近し，十分近い距離まで到達したところから相対誤差の 2 乗の速度で収束し始める．一方，S-システム解法は N-R 法に比べてアルゴリズムが複雑であるが，収束が対数空間で行われるため，初期値が解から遠く離れたところにおかれても，この距離にほとんど影響を受けることなく常に相対誤差の 2 乗の速度で収束する．以下では，この特性を簡単な例で示す．

　S-システム解法には 2 つの大きな欠点がある．その 1 つは，(8.27)式で与えられた各式が複数の項から構成され，かつこれらの項の中に必ず一つは正か負の値を取るものがなければ適用できないことである．その 2 つは，計算が対数空間で行われるため，負の根を探すことができないことである(アルゴリズムを工夫すれば，可能になるかもしれない)．とりあえず本法の適用を可能とするため，各代数方程式が複数の項から構成され，かつこれらの項中に必ず一つは正か負の値を取るものがあると仮定して話を進める．いま，各式中の正の項の組を V_i，負の項の組を V_{-i} と表し，つぎのようにグループ分けする．

$$V_i(X_1, X_2, \ldots, X_n) - V_{-i}(X_1, X_2, \ldots, X_n) = 0 \quad (i = 1, \ldots, n) \tag{8.28}$$

上式は S-システム型方程式の時間微分項を削除した式である．これらを解析的につぎのような形へ変換する．

$$\alpha_i \prod_{j=1}^{n} X_j^{g_{ij}} = \beta_i \prod_{j=1}^{n} X_j^{h_{ij}} \qquad (i=1,\ldots,n) \tag{8.29}$$

この変換は

$$g_{ij} = \left(\frac{\partial V_i}{\partial X_j}\right)\frac{X_j}{V_i} \qquad h_{ij} = \left(\frac{\partial V_{-i}}{\partial X_j}\right)\frac{X_j}{V_{-i}}$$

$$\alpha_i = \frac{V_i}{\prod_{j=1}^{n} X_j^{g_{ij}}} \qquad \beta_i = \frac{V_{-i}}{\prod_{j=1}^{n} X_j^{h_{ij}}} \tag{8.30}$$

の関係を用いて行われるが，この段階では(8.30)式中のX_iに数値を代入せず，代数式の形を保ったままとする．(8.29)式の両辺の対数を取り，つぎのように変形する．

$$\begin{bmatrix} \ln X_{1(1)} \\ \ln X_{2(1)} \\ \vdots \\ \ln X_{n(1)} \end{bmatrix} = \begin{bmatrix} g_{11}-h_{11} & g_{12}-h_{12} & \cdots & g_{1n}-h_{1n} \\ g_{21}-h_{21} & g_{22}-h_{22} & \cdots & g_{2n}-h_{2n} \\ \vdots & \vdots & \ddots & \vdots \\ g_{n1}-h_{n1} & g_{n2}-h_{n2} & \cdots & g_{nn}-h_{nn} \end{bmatrix}^{-1} \begin{bmatrix} \ln(\beta_1/\alpha_1) \\ \ln(\beta_2/\alpha_2) \\ \vdots \\ \ln(\beta_n/\alpha_n) \end{bmatrix}$$

$$= \begin{bmatrix} f_1(X_{1(0)}, X_{2(0)}, \cdots, X_{n(0)}) \\ f_2(X_{1(0)}, X_{2(0)}, \cdots, X_{n(0)}) \\ \vdots \\ f_n(X_{1(0)}, X_{2(0)}, \cdots, X_{n(0)}) \end{bmatrix} \tag{8.31}$$

これがS-システム解法の基本式となる．まず，未知数$X_1, X_2, \cdots, X_n$に対して初期値$X_{1(0)}, X_{2(0)}, \cdots, X_{n(0)}$を与える．つぎに，これらを(8.30)式へ代入し，$\alpha_i, \beta_i, g_{ij}, h_{ij}$の値を計算する．さらに，これらの値を(8.31)式へ適用し，$X_{1(1)}, X_{2(1)}, \cdots, X_{n(1)}$を求める．これらの計算を各値の相対誤差が十分小さくなるまで繰り返すと，最終的に求める解となる．

(2) S-システム解法の特性[16]

S-システム解法の特性を明らかにするため，つぎのような未知数が1個の簡単な式を用いて検討する．

$$f(X) = X^n + X - 1 \tag{8.32}$$

図8.1に$n=2, 5, 10$に対する$f(X)$の関数の形状を示す．nの値が大きいほど，曲

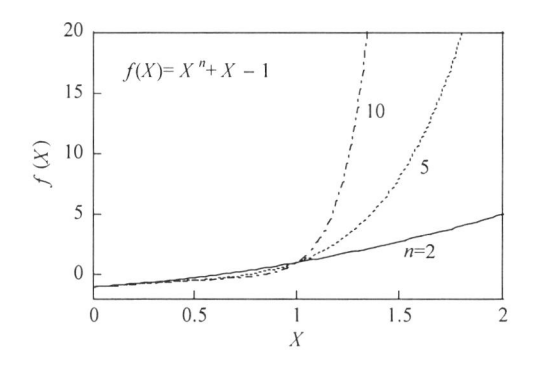

第8章 BSTの数値計算への応用

図 8.1 (8.32)式の関数の形状

線は$f(X)=1$の近傍で迅速に立ち上がる.(8.32)式の真の解は$n=2, 5, 10$に対して,それぞれ$0.6180, 0.7549, 0.8351$である.S-システム解法を(8.32)式へ適用する場合,

$$f(X) = \underbrace{X^n + X}_{V_1} - \underbrace{1}_{V_{-1}} \tag{8.33}$$

のようにおけばよい.

N-R法とS-システム解法の収束性を比較するため,Xの値を$1 \sim 10^5$の範囲で変化させて検討した.結果を図 8.2, 8.3 に示す.これらよりつぎのことがわかる.N-R法の収束回数は,真の解からの距離の対数値に直線的に比例して増加する.また,同じ初期値において,収束回数はnの大きさに比例して増える.しかしながらS-システム解法では,収束回数がXの初期値とはほぼ独立している.このことはS-システム解法がより大きな収束半径を持つことを意味する.

著者ら[49)]はS-システム解法を固定化酵素反応の真の速度パラメーター(最大反応速度V_mとミカエリス定数K_m)を実測値から決定するために利用した.N-R法では初期値を真の解のごく近傍におかないと収束しなかったのに対し,S-システム解法では一組の初期値だけで,システムパラメーターが実際に取り得る値の全範囲において真の解への収束が可能であった.真の解の近傍で関数値が無限に増大するような場合,N-R法では推算値がその関数の特性に引きずられてオーバーフロー誤差が生じやすい.一方,S-システム解法では,1回目の推算

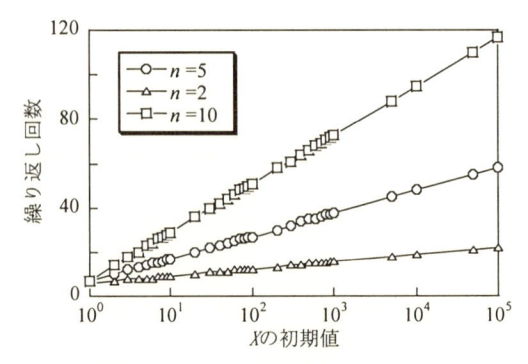

図 8.2 N-R 法の収束回数と初期値の関係

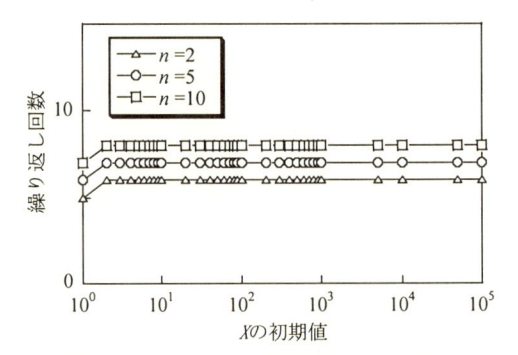

図 8.3 S-システム法の収束回数と初期値の関係

値が解のごく近傍に見いだされるため,その後は解へ向かって順調に収束しやすい.たとえば,真の解が 1.0 であり,初期値を 10000 に設定して収束計算を行う場合,デカルト座標上では初期値から真の解まで遙かに遠い道程であるが,対数座標上ではわずかに ln10000=9.2 の距離である.このことが S-システム解法において 1 回目の推算値が解のごく近傍に見いだされ,その後も順調に解への収束が行われる理由である.

演習問題

問 1 図E.1 は，遺伝子情報に基づく核酸からのメッセンジャーRNA合成(転写反応)，メッセンジャーRNAに基づくアミノ酸からの酵素合成(翻訳反応)，そして酵素に基づく基質からの生成物(または誘導物質)合成(酵素触媒反応)からなるカスケード反応のモデル[50]である．各物質を変数として割り当てた後，S-システム型微分物質収支式を設定せよ．(2章の例題)

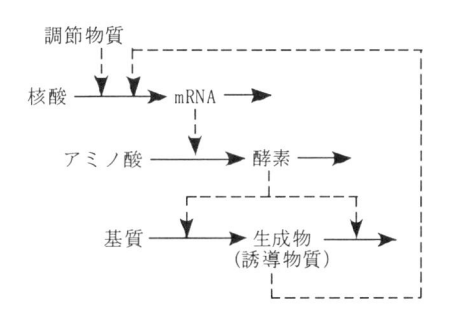

図 E.1 転写，翻訳，酵素触媒反応からなるカスケード

解答) 図E.2に示すように，代謝マップ上の各物質に記号を割り当てる．ここで，$X_1 \sim X_3$を従属変数，X_0, $X_4 \sim X_6$を独立変数である．X_1プールへの流入流束にはX_0, X_3, X_4が，流出流束にはX_1のみが関わっている．また，X_2プールへの流入流束にはX_1, X_5が，流出流束にはX_2のみが関わっている．さらに，X_3プールへの流入流束にはX_2, X_6が，流出流束にはX_2, X_3が関わっている．したがって，本システムに対するS–システム型方程式はつぎのように与えられる．

$$\dot{X}_1 = \alpha_1 X_0^{g_{10}} X_3^{g_{13}} X_4^{g_{14}} - \beta_1 X_1^{h_{11}} = V_1 - V_{-1}$$
$$\dot{X}_2 = \alpha_2 X_1^{g_{21}} X_5^{g_{25}} - \beta_2 X_2^{h_{22}} = V_2 - V_{-2} \quad\quad (E.1)$$
$$\dot{X}_3 = \alpha_3 X_2^{g_{32}} X_6^{g_{36}} - \beta_3 X_2^{h_{32}} X_3^{h_{33}} = V_3 - V_{-3}$$

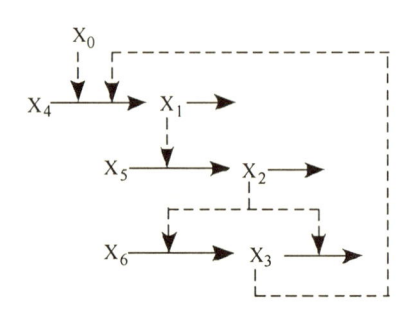

図 E. 2　転写，翻訳，酵素触媒反応からなるカスケードへの記号の割り当て

問 2　図E.3 は，解糖系に含まれる代謝経路の一部を抜き出したものである[22]．各物質を変数として割り当てた後，S-システム型微分物質収支式を設定せよ．(2章の例題)

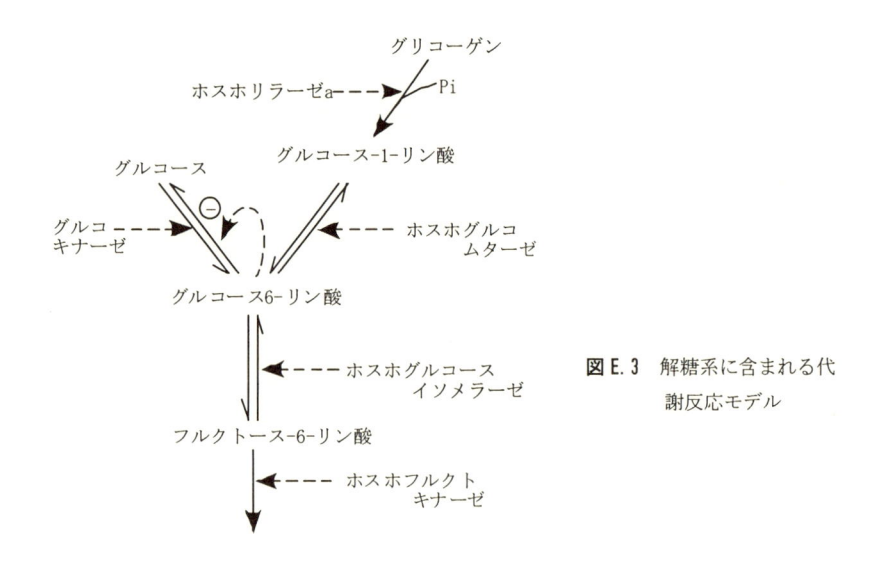

図 E. 3　解糖系に含まれる代謝反応モデル

演習問題

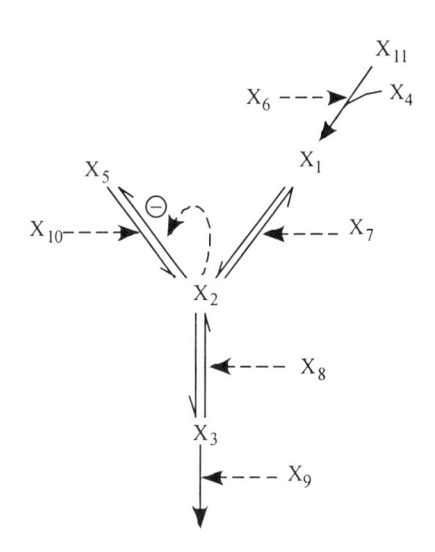

図 E.4 解糖系に含まれる代謝反応モデルへの変数設定

解答） 図E.4に示すように，代謝マップ上の各物質に記号を割り当てる．ここで，$X_1 \sim X_3$ を従属変数，$X_4 \sim X_{11}$ を独立変数とする．X_1 プールへの流入流束には X_4, X_6, X_{11} が，流出流束には X_1, X_2, X_7 が関わっている．また，X_2 プールへの流入流束には X_1, X_2, X_5, X_7, X_{10} が，流出流束には，X_2, X_3, X_8 が関わっている．さらに，X_3 プールへの流入流束には X_2, X_3, X_8 が，流出流束には X_3, X_9 が関わっている．したがって，本システムに対するS-システム型方程式はつぎのように与えられる．

$$\dot{X}_1 = \alpha_1 X_4^{g_{14}} X_6^{g_{16}} X_{11}^{g_{1,11}} - \beta_1 X_1^{h_{11}} X_2^{h_{12}} X_7^{h_{17}} = V_1 - V_{-1}$$
$$\dot{X}_2 = \alpha_2 X_1^{g_{21}} X_2^{g_{22}} X_5^{g_{25}} X_7^{g_{27}} X_{10}^{g_{2,10}} - \beta_2 X_2^{h_{22}} X_3^{h_{23}} X_8^{h_{28}} = V_2 - V_{-2} \quad\quad (E.2)$$
$$\dot{X}_3 = \alpha_3 X_2^{g_{32}} X_3^{g_{33}} X_8^{g_{38}} - \beta_3 X_3^{h_{33}} X_9^{h_{39}} = V_3 - V_{-3}$$

問 3 非線形の反応速度式をテーラー展開し，2 階微分以降の項を無視すると，その反応速度式はべき乗則型式となることを示せ．(2 章の例題)

解答） 代謝物濃度である従属変数 $X_i (i=1,\cdots,n)$ と，酵素濃度，補酵素濃度，ミ

カエリス定数などである独立変数 $X_i (i = n+1, \cdots, n+m)$ からなる反応速度式 $v_i = v_i(X_1, X_2, \cdots, X_n; X_{n+1}, \cdots, X_{n+m}, t)$ の対数を取り，これを操作点 X_{i0} でテーラー展開すると次式を得る．

$$\ln v_i(X_1, \cdots, X_n; X_{n+1}, \cdots, X_{n+m}, t) = \ln v_i(X_{10}, \cdots, X_{n0}; X_{n+1}, \cdots, X_{n+m}, t) +$$
$$+ \sum_{j=1}^{n+m} \frac{\partial \left[\ln v_i(X_{10}, \cdots, X_{n0}; X_{n+1}, \cdots, X_{n+m}, t)\right]}{\partial \left[\ln X_j\right]} (\ln X_j - \ln X_{j0}) + \cdots$$

いま，2次微分項以降を無視すると上式はつぎのようになる．

$$\begin{aligned}
\ln v_i &= \ln v_{i0} + \sum_{j=1}^{n+m} g_{ij} (\ln X_j - \ln X_{j0}) \\
&= \ln v_{i0} + \sum_{j=1}^{n+m} \ln X_{j0}^{-g_{ij}} + \sum_{j=1}^{n+m} \ln X_j^{g_{ij}} \\
&= \ln(v_{i0} \prod_{j=1}^{n+m} X_{j0}^{-g_{ij}}) + \ln(\prod_{j=1}^{n+m} X_j^{g_{ij}}) \\
&= \ln \alpha_i + \ln(\prod_{j=1}^{n+m} X_j^{g_{ij}}) \\
&= \ln(\alpha_i \prod_{j=1}^{n+m} X_j^{g_{ij}})
\end{aligned}$$

したがって

$$v_i = \alpha_i \prod_{j=1}^{n+m} X_j^{g_{ij}}$$

となる．

問 4 流通式撹拌槽型発酵槽(培地を含む反応液が連続的に供給され，その一方で発酵槽中の液が連続的に引き抜かれている反応槽)で起こる微生物菌体の増殖は，つぎのような微分物質収支式で表される[51]．(3章の例題)

$$\dot{X} = \mu_m S X / (S + K_S) - DX$$
$$\dot{S} = D(S_{in} - S) - Y^{-1} \mu_m S X / (S + K_S)$$
(E.3)

$t=0$ で $X=X_0, S=S_0$

ここで，X は発酵槽内の菌体濃度，S は発酵槽内の基質濃度，S_{in} は供給液中の基

質濃度, D は希釈率, μ_m は最大比増殖速度, K_S は飽和定数, Y は菌体収率である．これらを S-システム型微分物質収支式へリキャスティングせよ．

解答） いま，式中に含まれる変数およびパラメーターを
  $X_1=X, X_2=S, X_3=S+K_\mathrm{S}, X_4=S_\mathrm{in}-S$, $\alpha_1=\mu_\mathrm{m}, \beta_1=D, \beta_2=Y^{-1}\mu_\mathrm{m}$
と置くと，上式は

$$\dot{X}_1 = \alpha_1 X_1 X_2/(X_2+K_\mathrm{S}) - \beta_1 X_1$$
$$\dot{X}_2 = \beta_1 X_4 - \beta_2 X_1 X_2/(X_2+K_\mathrm{S})$$
(E.4)

となる．これらの式に含まれる分数の分母を $X_3=X_2+K_\mathrm{S}$ と置き，これを t で微分すると $\dot{X}_3 = \dot{X}_2$ を得る．また，$X_4=S_\mathrm{in}-X_2$ を t で微分すると，$\dot{X}_4 = -\dot{X}_2$ を得る．したがって，最終的な変換式はつぎのようになる．

$$\dot{X}_1 = \alpha_1 X_1 X_2 X_3^{-1} - \beta_1 X_1$$
$$\dot{X}_2 = \beta_1 X_4 - \beta_2 X_1 X_2 X_3^{-1}$$
$$\dot{X}_3 = \beta_1 X_4 - \beta_2 X_1 X_2 X_3^{-1}$$
$$\dot{X}_4 = \beta_2 X_1 X_2 X_3^{-1} - \beta_1 X_4$$
(E.5)

$t=0$ で $X_1=X_0, X_2=S_0, X_3=S_0+K_\mathrm{S}, X_4=S_\mathrm{in}-S_0$

問 5 反応液をリサイクルしている流通式撹拌槽型反応器で不可逆的に起こる非等温 1 次反応の無次元濃度 Z_1 と無次元絶対温度 Z_2 の時間変化は，つぎのような微分物質収支式で表される[52]．(3 章の例題)

$$\dot{Z}_1 = -Z_1 + A(1-Z_1)\exp[cZ_2/(c+Z_2)]$$
$$\dot{Z}_2 = -Z_2 + B(1-Z_1)\exp[cZ_2/(c+Z_2)] - b(Z_2-a)$$
(E.6)

$t=0$ で $Z_1=Z_{10}$, $Z_2=Z_{20}$

これらを S-システム型微分物質収支式へリキャスティングせよ[53]．

解答） Z_1, Z_2 は物理的な意味においてゼロの値を取る可能性があるので，これら

がいつでも正の値を取るようにするため，次式を設定する．

$$X_1 = Z_1 + 1$$
$$X_2 = Z_2 + 1 \tag{E.7}$$

これにより，元式はつぎのように変換される．

$$\begin{aligned}
\dot{X}_1 &= 1 + 2A\exp[c(X_2-2)/(c-2+X_2)] - X_1 \\
&\quad - AX_1\exp[c(X_2-2)/(c-2+X_2)] \\
\dot{X}_2 &= C + 2B\exp[c(X_2-2)/(c-2+X_2)] - (1+b)X_2 \\
&\quad - BX_1\exp[c(X_2-2)/(c-2+X_2)]
\end{aligned} \tag{E.8}$$

ここで，$C = ab + 2(1+b)$ と置いた．つぎに，上式に共通に含まれる指数関数の項を新たな変数として定義する．

$$X_3 = \exp[c(X_2-2)/(c-2+X_2)] \tag{E.9}$$

この値は常に正の値を取る．結果として，微分方程式はつぎのように書き改められる．

$$\begin{aligned}
\dot{X}_1 &= 1 + 2AX_3 - X_1 - AX_1X_3 \\
\dot{X}_2 &= C + 2BX_3 - (1+b)X_2 - BX_1X_3 \\
\dot{X}_3 &= CX_3[(c-2+X_2)/c]^{-2} + 2BX_3^2[(c-2+X_2)/c]^{-2} \\
&\quad - (1+b)X_2X_3[(c-2+X_2)/c]^{-2} - BX_1X_3^2[(c-2+X_2)/c]^{-2}
\end{aligned} \tag{E.10}$$

さらに，もう一つの変数をつぎのように定義する．

$$X_4 = (c - 2 + X_2)/c \tag{E.11}$$

この値もまた常に正の値を取る．この変数を使って上の微分方程式を変換すると，最終的につぎのような GMA-システム型式を得る．

$$\begin{aligned}
\dot{X}_1 &= 1 + 2AX_3 - X_1 - AX_1X_3 \\
\dot{X}_2 &= C + 2BX_3 - (1+b)X_2 - BX_1X_3 \\
\dot{X}_3 &= CX_3X_4^{-2} + 2BX_3^2X_4^{-2} \\
&\quad - (1+b)X_2X_3X_4^{-2} - BX_1X_3^2X_4^{-2} \\
\dot{X}_4 &= C/c + (2B/c)X_3 - [(1+b)/c]X_2 - (B/c)X_1X_3
\end{aligned} \tag{E.12}$$

これらの式はいずれも 4 つの項からなる．(E.12)式をS-システム型式とするには，さらに変換操作が必要である．いま，$X_1 \sim X_4$ の変数がそれぞれ 2 つの新たな

変数の積に等しくなるように次式を定義する．

$$X_1 = X_5 X_6$$
$$X_2 = X_7 X_8 \quad \quad \quad \text{(E.13)}$$
$$X_3 = X_9 X_{10}$$
$$X_4 = X_{11} X_{12}$$

これらを t で微分すると次式となる．

$$\dot{X}_1 = \dot{X}_5 X_6 + X_5 \dot{X}_6$$
$$\dot{X}_2 = \dot{X}_7 X_8 + X_7 \dot{X}_8 \quad \quad \quad \text{(E.14)}$$
$$\dot{X}_3 = \dot{X}_9 X_{10} + X_9 \dot{X}_{10}$$
$$\dot{X}_4 = \dot{X}_{11} X_{12} + X_{11} \dot{X}_{12}$$

つぎに，(E.14)式の導関数を(E.12)式中の該当する項へ割り付ける．たとえば，(E.14)式の最初の式を(E.12)式の最初の式へ適用するとつぎのようになる．

$$\begin{aligned}
\dot{X}_5 X_6 + X_5 \dot{X}_6 &= 1 + 2AX_3 - X_1 A X_1 X_3 \\
&= 1 + 2A X_9 X_{10} - X_5 X_6 - A X_5 X_6 X_9 X_{10} \\
&= (1 - X_5 X_6) + (2A X_9 X_{10} - A X_5 X_6 X_9 X_{10})
\end{aligned} \quad \text{(E.15)}$$

ここで左辺と右辺の第 1 項同士を

$$\dot{X}_5 X_6 = 1 - X_5 X_6$$

とおき，

$$\dot{X}_5 = X_6^{-1} - X_5 \quad \quad \quad \text{(E.16)}$$

を得る．また，第 2 項同士を

$$X_5 \dot{X}_6 = 2A X_9 X_{10} - A X_5 X_6 X_9 X_{10}$$

とおき，

$$\dot{X}_6 = 2A X_5^{-1} X_9 X_{10} - A X_6 X_9 X_{10} \quad \quad \quad \text{(E.17)}$$

を得る．同様にその他の微分方程式を操作し，得られた式において指数の順序を $5 \to 1, 6 \to 2, \cdots, 12 \to 8, 1 \to 9, \cdots, 4 \to 12$ のように変える．結果としてつぎのような S–システム型方程式を得る．

$$\dot{X}_1 = X_2^{-1} - X_1$$
$$\dot{X}_2 = 2AX_1^{-1}X_5X_6 - AX_2X_5X_6$$
$$\dot{X}_3 = CX_4^{-1} - (1+b)X_3$$
$$\dot{X}_4 = 2BX_3^{-1}X_5X_6 - BX_1X_2X_3^{-1}X_5X_6$$
$$\dot{X}_5 = CX_5X_7^{-2}X_8^{-2} - (1+b)X_3X_4X_5X_7^{-2}X_8^{-2}$$
$$\dot{X}_6 = 2BX_5X_6^2X_7^{-2}X_8^{-2} - BX_1X_2X_5X_6^2X_7^{-2}X_8^{-2}$$
$$\dot{X}_7 = (C/c)X_8^{-1} - [(1+b)/c]X_3X_4X_8^{-1}$$
$$\dot{X}_8 = (2B/c)X_5X_6X_7^{-1} - (B/c)X_1X_2X_5X_6X_7^{-1}$$
(E.18)

初期条件はつぎのように与えられる.

$t=0$ で $X_1 = 1, X_2 = Z_{10}+1, X_3 = 1, X_4 = Z_{20}+1, X_5 = 1,$
$X_6 = \exp[cZ_{20}/(c+Z_{20})], X_7 = 1, X_8 = (c+Z_{20})/c$ (E.19)

なお, $X_9 \sim X_{12}$ に対する微分方程式とこれらの変数はこの変換の過程で自動的に削除されることを注意されたい.

以上のように,様々な形で与えられる微分物質収支式をべき乗則型式へリキャスティングすると,最初に GMA-システム型,つぎに S-システム型式へ変換される.

問 6 図E.5 の代謝マップ[22]に基づき,S-システム型微分物質収支式を設定せよ.ここで,X_1, X_2 は従属変数,X_3, X_4 は独立変数とする.また,定常状態における代謝物濃度と対数ゲインを求めよ.(4章の例題)

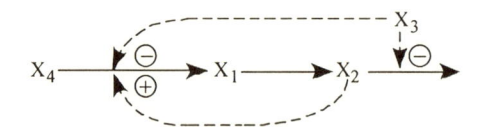

図 E.5 阻害および活性化される直線状代謝経路

解答) この場合，従属変数であるX_1, X_2についての物質収支を考えればよい．X_1プールへの流入流束にはX_2, X_3, X_4が，流出流束にはX_1のみが関わっている．また，X_2プールへの流入流束にはX_1のみが，流出流束へはX_2, X_3が関わっている．したがって，本システムに対するS-システム型式はつぎのように与えられる．

$$\begin{aligned}\dot{X}_1 &= \alpha_1 X_2^{g_{12}} X_3^{g_{13}} X_4^{g_{14}} - \beta_1 X_1^{h_{11}} \\ \dot{X}_2 &= \beta_1 X_1^{h_{11}} - \beta_2 X_2^{h_{22}} X_3^{h_{23}}\end{aligned} \tag{E.20}$$

定常状態において(E.20)式はつぎのようになる．

$$\begin{aligned}X_1^{-h_{11}} X_2^{g_{12}} X_3^{g_{13}} X_4^{g_{14}} &= \beta_1/\alpha_1 \\ X_1^{h_{11}} X_2^{-h_{22}} X_3^{-h_{23}} &= \beta_2/\beta_1\end{aligned} \tag{E.21}$$

両辺の対数を取ると次式を得る．

$$\begin{aligned}-h_{11}y_1 + g_{12}y_2 + g_{13}y_3 + g_{14}y_4 &= b_1 \\ h_{11}y_1 - h_{22}y_2 - h_{23}y_3 \quad\quad\quad &= b_2\end{aligned} \tag{E.22}$$

ここで，$y_i = \ln X_i (i=1,\cdots,4)$，$b_1 = \ln(\beta_1/\alpha_1)$，$b_2 = \ln(\beta_2/\beta_1)$とした．いま，従属変数と独立変数を区別して(E.22)式を行列で表すとつぎのようなる．

$$\begin{bmatrix} -h_{11} & g_{12} \\ h_{11} & -h_{22} \end{bmatrix} \begin{bmatrix} y_1 \\ y_2 \end{bmatrix} + \begin{bmatrix} g_{13} & g_{14} \\ -h_{23} & 0 \end{bmatrix} \begin{bmatrix} y_3 \\ y_4 \end{bmatrix} = \begin{bmatrix} b_1 \\ b_2 \end{bmatrix} \tag{E.23}$$

ここで左辺の第1項は従属変数行列，第2項は独立変数行列である．これを従属変数に対して解くと次式のようになる．

$$\begin{bmatrix} y_1 \\ y_2 \end{bmatrix} = -\begin{bmatrix} -h_{11} & g_{12} \\ h_{11} & -h_{22} \end{bmatrix}^{-1} \begin{bmatrix} g_{13} & g_{14} \\ -h_{23} & 0 \end{bmatrix} \begin{bmatrix} y_3 \\ y_4 \end{bmatrix} + \begin{bmatrix} -h_{11} & g_{12} \\ h_{11} & -h_{22} \end{bmatrix}^{-1} \begin{bmatrix} b_1 \\ b_2 \end{bmatrix} \tag{E.24}$$

上式に含まれる逆行列は

$$\begin{bmatrix} -h_{11} & g_{12} \\ h_{11} & -h_{22} \end{bmatrix}^{-1} = \frac{-1}{h_{11}(h_{22}-g_{12})} \begin{bmatrix} h_{22} & g_{12} \\ h_{11} & h_{11} \end{bmatrix} \tag{E.25}$$

となる(補足を参照)ので，(E.25)式を(E.24)式へ適用すると次式を得る

$$\begin{aligned}\begin{bmatrix} y_1 \\ y_2 \end{bmatrix} &= \frac{1}{h_{11}(h_{22}-g_{12})} \begin{bmatrix} h_{22} & g_{12} \\ h_{11} & h_{11} \end{bmatrix} \begin{bmatrix} g_{13} & g_{14} \\ -h_{23} & 0 \end{bmatrix} \begin{bmatrix} y_3 \\ y_4 \end{bmatrix} - \frac{1}{h_{11}(h_{22}-g_{12})} \begin{bmatrix} h_{22} & g_{12} \\ h_{11} & h_{11} \end{bmatrix} \begin{bmatrix} b_1 \\ b_2 \end{bmatrix} \\ &= \frac{1}{h_{11}(h_{22}-g_{12})} \begin{bmatrix} h_{22}g_{13} - g_{12}h_{23} & h_{22}g_{14} \\ h_{11}g_{13} - h_{11}h_{23} & h_{11}g_{14} \end{bmatrix} \begin{bmatrix} y_3 \\ y_4 \end{bmatrix} - \frac{1}{h_{11}(h_{22}-g_{12})} \begin{bmatrix} h_{22} & g_{12} \\ h_{11} & h_{11} \end{bmatrix} \begin{bmatrix} b_1 \\ b_2 \end{bmatrix}\end{aligned} \tag{E.26}$$

したがって，代謝物濃度の対数値は

$$y_1 = \frac{(h_{22}g_{13} - g_{12}h_{23})y_3 + h_{22}g_{14}y_4}{h_{11}(h_{22} - g_{12})} - \frac{h_{22}b_1 + g_{12}b_2}{h_{11}(h_{22} - g_{12})} = \ln X_1 \tag{E.27}$$

$$y_2 = \frac{(g_{13} - h_{23})y_3 + g_{14}y_4 - (b_1 + b_2)}{h_{22} - g_{12}} = \ln X_2 \tag{E.28}$$

と与えられる．これより，定常状態における代謝物濃度は，$X_1 = e^{y_1}$，$X_2 = e^{y_2}$ として求められる．

一方，対数ゲインは独立変数の無限小百分率変化に対する従属変数の百分率応答なので，本システムでは L_{13}, L_{14}, L_{23}, L_{24} の4個がある．これらは(E.27), (E.28)式を y_1, y_2 で偏微分することにより，以下のように与えられる．

$$\begin{aligned}
L_{13} &= \left(\frac{\partial y_1}{\partial y_3}\right)^* = \left(\frac{\partial X_1}{\partial X_3}\right)^* \left(\frac{X_3^*}{X_1^*}\right) = \frac{h_{22}g_{13} - g_{12}h_{23}}{h_{11}(h_{22} - g_{12})} \\
L_{14} &= \left(\frac{\partial y_1}{\partial y_4}\right)^* = \left(\frac{\partial X_1}{\partial X_4}\right)^* \left(\frac{X_4^*}{X_1^*}\right) = \frac{h_{22}g_{14}}{h_{11}(h_{22} - g_{12})} \\
L_{23} &= \left(\frac{\partial y_2}{\partial y_3}\right)^* = \left(\frac{\partial X_2}{\partial X_3}\right)^* \left(\frac{X_3^*}{X_2^*}\right) = \frac{g_{13} - h_{23}}{h_{22} - g_{12}} \\
L_{24} &= \left(\frac{\partial y_2}{\partial y_4}\right)^* = \left(\frac{\partial X_2}{\partial X_4}\right)^* \left(\frac{X_4^*}{X_2^*}\right) = \frac{g_{14}}{h_{22} - g_{12}}
\end{aligned} \tag{E.29}$$

問7 図E.6の代謝マップ[22]に基づき，S-システム型微分物質収支式を設定せよ．ここで，$X_1 \sim X_3$ は従属変数，X_4, X_5 は独立変数である．また，定常状態における代謝物濃度と対数ゲインを求めよ．(4章の例題)

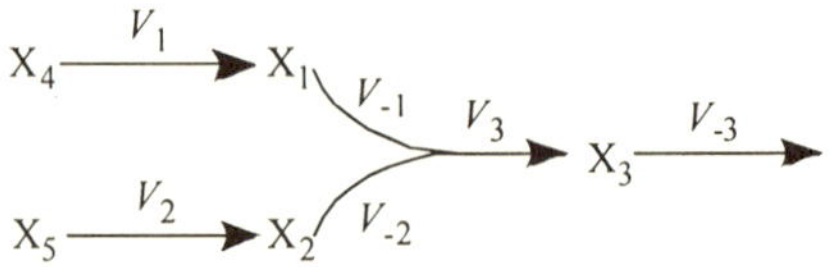

図E.6 入力のある2分子反応からなる代謝経路

解答） この場合，従属変数である$X_1 \sim X_3$についての物質収支を考えればよい．X_1プールへの流入流束にはX_4のみが，流出流束にはX_1, X_2が関わっている．また，X_2プールへの流入流束にはX_2のみが，流出流束にはX_1, X_2が関わっている．さらに，X_3プールへの流入流束にはX_1, X_2が，流出流束にはX_3のみが関わっている．したがって，本システムに対するS–システム型式はつぎのように与えられる．

$$\dot{X}_1 = \alpha_1 X_4^{g_{14}} - \beta_1 X_1^{h_{11}} X_2^{h_{12}} = V_1 - V_{-1}$$
$$\dot{X}_2 = \alpha_2 X_5^{g_{25}} - \beta_2 X_1^{h_{21}} X_2^{h_{22}} = V_2 - V_{-2} \tag{E.30}$$
$$\dot{X}_3 = \alpha_3 X_1^{g_{31}} X_2^{g_{32}} - \beta_3 X_3^{h_{33}} = V_3 - V_{-3}$$

これらの式には束縛条件が存在する．すなわち，定常状態においてX_3の生成流束はX_1とX_2が反応する際のそれぞれの流束と等しくなければならない．したがって，$V_3 = V_{-1} + V_{-2}$の関係から

$$\alpha_3 X_1^{g_{31}} X_2^{g_{32}} = \beta_1 X_1^{h_{11}} X_2^{h_{12}} + \beta_2 X_1^{h_{21}} X_2^{h_{22}} \tag{E.31}$$

となる．これより，本式に含まれる反応次数の間につぎの関係を見いだす．

$$g_{31} = \left(\frac{\partial V_3}{\partial X_1}\right)\left(\frac{X_1}{V_3}\right) = (h_{11}\beta_1 X_1^{h_{11}-1} X_2^{h_{12}} + h_{21}\beta_2 X_1^{h_{21}-1} X_2^{h_{22}})\left(\frac{X_1}{V_3}\right)$$
$$= \frac{h_{11}\beta_1 X_1^{h_{11}} X_2^{h_{12}} + h_{21}\beta_2 X_1^{h_{21}} X_2^{h_{22}}}{\beta_1 X_1^{h_{11}} X_2^{h_{12}} + \beta_2 X_1^{h_{21}} X_2^{h_{22}}} = \frac{h_{11}V_{-1} + h_{21}V_{-2}}{V_{-1} + V_{-2}}$$

$$g_{32} = \left(\frac{\partial V_3}{\partial X_2}\right)\left(\frac{X_2}{V_3}\right) = (h_{12}\beta_1 X_1^{h_{11}} X_2^{h_{12}-1} + h_{22}\beta_2 X_1^{h_{21}} X_2^{h_{22}-1})\left(\frac{X_2}{V_3}\right) \tag{E.32}$$
$$= \frac{h_{12}\beta_1 X_1^{h_{11}} X_2^{h_{12}} + h_{22}\beta_2 X_1^{h_{21}} X_2^{h_{22}}}{\beta_1 X_1^{h_{11}} X_2^{h_{12}} + \beta_2 X_1^{h_{21}} X_2^{h_{22}}} = \frac{h_{12}V_{-1} + h_{22}V_{-2}}{V_{-1} + V_{-2}}$$

$$\alpha_3 = \frac{V_3}{X_1^{g_{31}} X_2^{g_{32}}} = \frac{\beta_1 X_1^{h_{11}} X_2^{h_{12}} + \beta_2 X_1^{h_{21}} X_2^{h_{22}}}{X_1^{g_{31}} X_2^{g_{32}}} = \frac{V_{-1} + V_{-2}}{X_1^{g_{31}} X_2^{g_{32}}}$$

一方，定常状態において(E.30)式はつぎのようになる．

$$X_1^{-h_{11}} X_2^{-h_{12}} X_4^{g_{14}} = \beta_1/\alpha_1$$
$$X_1^{-h_{21}} X_2^{-h_{22}} X_5^{g_{25}} = \beta_2/\alpha_2 \tag{E.33}$$
$$X_1^{g_{31}} X_2^{g_{32}} X_3^{-h_{33}} = \beta_3/\alpha_3$$

両辺の対数を取ると次式を得る.

$$
\begin{aligned}
-h_{11}y_1 - h_{12}y_2 \quad\quad\quad\quad + g_{14}y_4 \quad\quad\quad &= b_1 \\
-h_{21}y_1 - h_{22}y_2 \quad\quad\quad\quad\quad\quad + g_{25}y_5 &= b_2 \\
g_{31}y_1 + g_{32}y_2 - h_{33}y_3 \quad\quad\quad\quad &= b_3
\end{aligned}
\tag{E.34}
$$

ここで, $y_i = \ln X_i (i=1,\cdots,3)$, $b_i = \ln(\beta_i/\alpha_i)(i=1,\cdots,3)$ と置いた. いま, 従属変数と独立変数を区別して(E.32)式を行列で表すとつぎのようなる.

$$
\begin{bmatrix} -h_{11} & -h_{12} & 0 \\ -h_{21} & -h_{22} & 0 \\ g_{31} & g_{32} & -h_{33} \end{bmatrix} \begin{bmatrix} y_1 \\ y_2 \\ y_3 \end{bmatrix} + \begin{bmatrix} g_{14} & 0 \\ 0 & g_{25} \\ 0 & 0 \end{bmatrix} \begin{bmatrix} y_4 \\ y_5 \end{bmatrix} = \begin{bmatrix} b_1 \\ b_2 \\ b_3 \end{bmatrix}
\tag{E.35}
$$

ここで左辺の第1項は従属変数行列, 第2項は独立変数行列である. これを従属変数に対して解くと次式を得る.

$$
\begin{bmatrix} y_1 \\ y_2 \\ y_3 \end{bmatrix} = - \begin{bmatrix} -h_{11} & -h_{12} & 0 \\ -h_{21} & -h_{22} & 0 \\ g_{31} & g_{32} & -h_{33} \end{bmatrix}^{-1} \begin{bmatrix} g_{14} & 0 \\ 0 & g_{25} \\ 0 & 0 \end{bmatrix} \begin{bmatrix} y_4 \\ y_5 \end{bmatrix} + \begin{bmatrix} -h_{11} & -h_{12} & 0 \\ -h_{21} & -h_{22} & 0 \\ g_{31} & g_{32} & -h_{33} \end{bmatrix}^{-1} \begin{bmatrix} b_1 \\ b_2 \\ b_3 \end{bmatrix}
\tag{E.36}
$$

上式に含まれる逆行列は, 補足で記述した3次の行列に対する逆行列の式から容易に求められる(各自で求められたい). これを簡単に

$$
\begin{bmatrix} -h_{11} & -h_{12} & 0 \\ -h_{21} & -h_{22} & 0 \\ g_{31} & g_{32} & -h_{33} \end{bmatrix}^{-1} = \begin{bmatrix} m_{11} & m_{12} & m_{13} \\ m_{21} & m_{22} & m_{23} \\ m_{31} & m_{32} & m_{33} \end{bmatrix}
\tag{E.37}
$$

と書くと, (E.34)式は

$$
\begin{bmatrix} y_1 \\ y_2 \\ y_3 \end{bmatrix} = - \begin{bmatrix} m_{11}g_{14} & m_{12}g_{25} \\ m_{21}g_{14} & m_{22}g_{25} \\ m_{31}g_{14} & m_{32}g_{25} \end{bmatrix} \begin{bmatrix} y_4 \\ y_5 \end{bmatrix} + \begin{bmatrix} m_{11}b_1 + m_{12}b_2 + m_{13}b_3 \\ m_{21}b_1 + m_{22}b_2 + m_{23}b_3 \\ m_{31}b_1 + m_{32}b_2 + m_{33}b_3 \end{bmatrix}
\tag{E.38}
$$

となり, これより代謝物濃度の対数値は

$$
\begin{aligned}
y_1 &= -(m_{11}g_{14}y_4 + m_{12}g_{25}y_5) + m_{11}b_1 + m_{12}b_2 + m_{13}b_3 \\
y_2 &= -(m_{21}g_{14}y_4 + m_{22}g_{25}y_5) + m_{21}b_1 + m_{22}b_2 + m_{23}b_3 \\
y_3 &= -(m_{31}g_{14}y_4 + m_{32}g_{25}y_5) + m_{31}b_1 + m_{32}b_2 + m_{33}b_3
\end{aligned}
\tag{E.39}
$$

と与えられる．これより，定常状態における代謝物濃度は，$X_i = e^{y_i}$ $(i=1,\cdots,3)$ として求められる．さらに，対数ゲインは(E.36)式の右辺第 2 項から以下のように与えられる．

$$\begin{bmatrix} L_{14} & L_{15} \\ L_{24} & L_{25} \\ L_{34} & L_{35} \end{bmatrix} = \begin{bmatrix} \partial y_1/\partial y_4 & \partial y_1/\partial y_5 \\ \partial y_2/\partial y_4 & \partial y_2/\partial y_5 \\ \partial y_3/\partial y_4 & \partial y_3/\partial y_5 \end{bmatrix} = -\begin{bmatrix} m_{11}\,g_{14} & m_{12}\,g_{25} \\ m_{21}\,g_{14} & m_{22}\,g_{25} \\ m_{31}\,g_{14} & m_{32}\,g_{25} \end{bmatrix} \tag{E.40}$$

問 8 図 E.7 の代謝マップに対して，つぎのような M–M システム型微分物質収支式が与えられている．これらを定常状態において S–システム型微分方程式へ変換設定し，各代謝物濃度(従属変数)に対する定常状態値および対数ゲインを求めよ．また，固有値を求め，本システムの安定性を判定せよ．(4 章の例題)

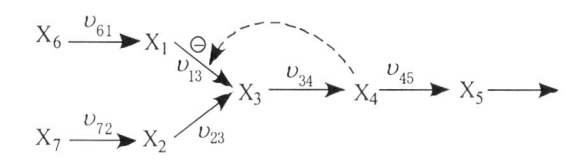

図 E.7 フィードバック阻害を持つ代謝経路

$$\dot{X}_1 = v_{61} - v_{13} = 0.5X_6 - \frac{X_1}{X_1 + 0.1(1 + X_4/2)}$$

$$\dot{X}_2 = v_{72} - v_{23} = 0.5X_7 - 0.5X_2^{0.5}$$

$$\dot{X}_3 = (v_{13} + v_{23}) - v_{34} = \left(\frac{X_1}{X_1 + 0.1(1 + X_4/2)} + 0.5X_2^{0.5}\right) - \frac{1.5X_3}{X_3 + 0.5}$$

$$\dot{X}_4 = v_{34} - v_{45} = \frac{1.5X_3}{X_3 + 0.5} - 2X_4 \tag{E.41}$$

$$X_6 = 1, X_7 = 1 \quad (\text{一定})$$

解答） 定常状態解析の手順をわかりやすく説明するために，最初に代数的に定常状態値および対数ゲインを求めることにする．図 E.7 の各変数の関係から，(E.41)式がつぎのような S-システム型方程式へ変換されることが明らかである．

$$\begin{aligned}
\dot{X}_1 &= \alpha_1 X_6^{g_{16}} - \beta_1 X_1^{h_1} X_4^{h_4} = V_1 - V_{-1} \\
\dot{X}_2 &= \alpha_2 X_7^{g_{27}} - \beta_2 X_2^{h_{22}} = V_2 - V_{-2} \\
\dot{X}_3 &= \alpha_3 X_1^{g_{31}} X_2^{g_{32}} X_4^{g_{34}} - \beta_3 X_3^{h_{33}} = V_3 - V_{-3} \\
\dot{X}_4 &= \beta_3 X_3^{h_{33}} - \beta_4 X_4^{h_{44}} = V_4 - V_{-4}
\end{aligned} \tag{E.42}$$

(E.42)式は定常状態において次式を与える．

$$\begin{aligned}
X_1^{-h_1} X_4^{-h_4} X_6^{g_{16}} &= \beta_1/\alpha_1 \\
X_2^{-h_{22}} X_7^{g_{27}} &= \beta_2/\alpha_2 \\
X_1^{g_{31}} X_2^{g_{32}} X_3^{-h_{33}} X_4^{g_{34}} &= \beta_3/\alpha_3 \\
X_3^{h_{33}} X_4^{-h_{44}} &= \beta_4/\beta_3
\end{aligned} \tag{E.43}$$

両辺の対数を取ると次式となる．

$$\begin{aligned}
-h_{11}y_1 - h_{14}y_4 + g_{16}y_6 &= b_1 \\
-h_{22}y_2 + g_{27}y_7 &= b_2 \\
g_{31}y_1 + g_{32}y_2 - h_{33}y_3 + g_{34}y_4 &= b_3 \\
h_{33}y_3 - h_{44}y_4 &= b_4
\end{aligned} \tag{E.44}$$

ここで $y_i = \ln X_i$ $(i=1,\cdots,7)$，$b_i = \ln(\beta_i/\alpha_i)$ $(i=1,\cdots,3)$，$b_4 = \ln(\beta_4/\beta_3)$ とおいた．
(E.44)式を行列で表すと次式となる．

$$\begin{bmatrix} -h_{11} & 0 & 0 & -h_{14} \\ 0 & -h_{22} & 0 & 0 \\ g_{31} & g_{32} & -h_{33} & g_{34} \\ 0 & 0 & h_{33} & -h_{44} \end{bmatrix} \begin{bmatrix} y_1 \\ y_2 \\ y_3 \\ y_4 \end{bmatrix} + \begin{bmatrix} g_{16} & 0 \\ 0 & g_{27} \\ 0 & 0 \\ 0 & 0 \end{bmatrix} \begin{bmatrix} y_6 \\ y_7 \end{bmatrix} = \begin{bmatrix} b_1 \\ b_2 \\ b_3 \\ b_4 \end{bmatrix} \tag{E.45}$$

上式は次式のように書くことができる．

$$[\mathbf{A}]_d\, \mathbf{y}]_d + [\mathbf{A}]_i\, \mathbf{y}]_i = \mathbf{b} \tag{E.46}$$

これより次式を得る．

$$\mathbf{y}]_d = -[\mathbf{A}]_d^{-1}[\mathbf{A}]_i\, \mathbf{y}]_i + [\mathbf{A}]_d^{-1}\, \mathbf{b} = [\mathbf{L}]\, \mathbf{y}]_i + [\mathbf{M}]\, \mathbf{b} \tag{E.47}$$

演習問題　　　　　　　　　　　　　　　169

ここで，$[\mathbf{M}]=[\mathbf{A}]_d^{-1}$, $[\mathbf{L}]=-[\mathbf{A}]_d^{-1}[\mathbf{A}]_i$ とおいた．従属変数行列 $[\mathbf{A}]_d$ に対する逆行列 $[\mathbf{M}]$ は，補足で述べている方法によりつぎのように求められる．

$$[\mathbf{M}]=[\mathbf{A}]_d^{-1}=\frac{1}{|\mathbf{A}_d|}\begin{bmatrix}A_{11} & A_{12} & A_{13} & A_{14}\\ A_{21} & A_{22} & A_{23} & A_{24}\\ A_{31} & A_{32} & A_{33} & A_{34}\\ A_{41} & A_{42} & A_{43} & A_{44}\end{bmatrix} \tag{E.48}$$

ここで，行列式の値はつぎのように与えられる．

$$\begin{aligned}|\mathbf{A}_d|&=\begin{vmatrix}-h_{11} & 0 & 0 & -h_{14}\\ 0 & -h_{22} & 0 & 0\\ g_{31} & g_{32} & -h_{33} & g_{34}\\ 0 & 0 & h_{33} & -h_{44}\end{vmatrix}\\ &=-h_{11}\begin{vmatrix}-h_{22} & 0 & 0\\ g_{32} & -h_{33} & g_{34}\\ 0 & h_{33} & -h_{44}\end{vmatrix}+g_{31}\begin{vmatrix}0 & 0 & -h_{14}\\ -h_{22} & 0 & 0\\ 0 & h_{33} & -h_{44}\end{vmatrix}\\ &=-h_{11}(-h_{22}h_{33}h_{44}+h_{22}h_{33}g_{34})+g_{31}h_{22}h_{33}h_{14}\\ &=h_{22}h_{33}\{h_{11}(h_{44}-g_{34})+g_{31}h_{14}\}\end{aligned} \tag{E.49}$$

また，各余因数 A_{ji} はつぎのように与えられる．

$$A_{11}=\begin{vmatrix}-h_{22} & 0 & 0\\ g_{32} & -h_{33} & g_{34}\\ 0 & h_{33} & -h_{44}\end{vmatrix}=h_{22}h_{33}(g_{34}-h_{44})$$

$$A_{12}=-\begin{vmatrix}0 & 0 & -h_{14}\\ g_{32} & -h_{33} & g_{34}\\ 0 & h_{33} & -h_{44}\end{vmatrix}=g_{32}h_{14}h_{33},\quad A_{13}=\begin{vmatrix}0 & 0 & -h_{14}\\ -h_{22} & 0 & 0\\ 0 & h_{33} & -h_{44}\end{vmatrix}=h_{14}h_{22}h_{33}$$

$$A_{14}=-\begin{vmatrix}0 & 0 & -h_{14}\\ -h_{22} & 0 & 0\\ g_{32} & -h_{33} & g_{34}\end{vmatrix}=h_{22}h_{33}h_{14},\quad A_{21}=-\begin{vmatrix}0 & 0 & 0\\ g_{31} & -h_{33} & g_{34}\\ 0 & h_{33} & -h_{44}\end{vmatrix}=0$$

$$A_{22} = \begin{vmatrix} -h_{11} & 0 & -h_{14} \\ g_{31} & -h_{33} & g_{34} \\ 0 & h_{33} & -h_{44} \end{vmatrix} = h_{33}\{h_{11}(g_{34}-h_{44})-g_{31}h_{14}\}$$

$$A_{23} = -\begin{vmatrix} -h_{11} & 0 & -h_{14} \\ 0 & 0 & 0 \\ 0 & h_{33} & -h_{44} \end{vmatrix} = 0, \quad A_{24} = \begin{vmatrix} -h_{11} & 0 & -h_{14} \\ 0 & 0 & 0 \\ g_{31} & -h_{33} & g_{34} \end{vmatrix} = 0$$

$$A_{31} = \begin{vmatrix} 0 & -h_{22} & 0 \\ g_{31} & g_{32} & g_{34} \\ 0 & 0 & -h_{44} \end{vmatrix} = -g_{31}h_{22}h_{44}, \quad A_{32} = -\begin{vmatrix} -h_{11} & 0 & -h_{14} \\ g_{31} & g_{32} & g_{34} \\ 0 & 0 & -h_{44} \end{vmatrix} = -h_{11}g_{32}h_{44}$$

$$A_{33} = \begin{vmatrix} -h_{11} & 0 & -h_{14} \\ 0 & -g_{22} & 0 \\ 0 & 0 & -h_{44} \end{vmatrix} = -h_{11}h_{22}h_{44}$$

$$A_{34} = -\begin{vmatrix} -h_{11} & 0 & -h_{14} \\ 0 & -h_{22} & 0 \\ g_{31} & g_{32} & g_{34} \end{vmatrix} = h_{22}(g_{31}h_{14}-h_{11}g_{34})$$

$$A_{41} = -\begin{vmatrix} 0 & -h_{22} & 0 \\ g_{31} & g_{32} & -h_{33} \\ 0 & 0 & h_{33} \end{vmatrix} = -g_{31}h_{22}h_{33}, \quad A_{42} = \begin{vmatrix} -h_{11} & 0 & 0 \\ g_{31} & g_{32} & -h_{33} \\ 0 & 0 & h_{33} \end{vmatrix} = -h_{11}g_{32}h_{33}$$

$$A_{43} = -\begin{vmatrix} -h_{11} & 0 & 0 \\ 0 & -h_{22} & 0 \\ 0 & 0 & h_{33} \end{vmatrix} = -h_{11}h_{22}h_{33}, \quad A_{44} = \begin{vmatrix} -h_{11} & 0 & 0 \\ 0 & -h_{22} & 0 \\ g_{31} & g_{32} & -h_{33} \end{vmatrix} = -h_{11}h_{22}h_{33}$$

ゼロの余因数を考慮して(E.48)式を書き直すと次式となる.

$$[\mathbf{M}] = [\mathbf{A}]_d^{-1} = \frac{1}{|\mathbf{A}_d|} \begin{bmatrix} A_{11} & A_{12} & A_{13} & A_{14} \\ 0 & A_{22} & 0 & 0 \\ A_{31} & A_{32} & A_{33} & A_{34} \\ A_{41} & A_{42} & A_{43} & A_{44} \end{bmatrix} \quad (\text{E.50})$$

また，$[\mathbf{L}] = -[\mathbf{A}]_d^{-1}[\mathbf{A}]_i$ の関係から，代謝物濃度の対数ゲイン行列はつぎのように与えられる．

$$[\mathbf{L}] = \begin{bmatrix} L_{16} & L_{17} \\ L_{26} & L_{27} \\ L_{36} & L_{37} \\ L_{46} & L_{47} \end{bmatrix} = -\frac{1}{|\mathbf{A}_d|} \begin{bmatrix} A_{11} & A_{12} & A_{13} & A_{14} \\ 0 & A_{22} & 0 & 0 \\ A_{31} & A_{32} & A_{33} & A_{34} \\ A_{41} & A_{42} & A_{43} & A_{44} \end{bmatrix} \begin{bmatrix} g_{16} & 0 \\ 0 & g_{27} \\ 0 & 0 \\ 0 & 0 \end{bmatrix}$$

$$= -\frac{1}{|\mathbf{A}_d|} \begin{bmatrix} A_{11}g_{16} & A_{12}g_{27} \\ 0 & A_{22}g_{27} \\ A_{31}g_{16} & A_{32}g_{27} \\ A_{41}g_{16} & A_{42}g_{27} \end{bmatrix} \quad \text{(E.51)}$$

一方，正味流束の対数ゲインは

$$L(V_i, X_j) = g_{ij} + \sum_{k=1}^{n} g_{ik} L_{kj} \quad (i=1,\cdots,4; j=6,7) \quad \text{(E.52)}$$

の関係を使って求めると，つぎのようになる．

$$L(V_1, X_6) = g_{16} + g_{11}L_{16} + g_{12}L_{26} + g_{13}L_{36} + g_{14}L_{46}$$
$$= g_{16} - \frac{1}{|\mathbf{A}_d|}(g_{11}g_{16}A_{11} + g_{13}g_{16}A_{31} + g_{14}g_{16}A_{41})$$

$$L(V_1, X_7) = g_{17} + g_{11}L_{17} + g_{12}L_{27} + g_{13}L_{37} + g_{14}L_{47}$$
$$= g_{17} - \frac{1}{|\mathbf{A}_d|}(g_{11}g_{27}A_{12} + g_{12}g_{27}A_{22} + g_{13}g_{27}A_{32} + g_{14}g_{27}A_{42})$$

$$L(V_2, X_6) = g_{26} + g_{21}L_{16} + g_{22}L_{26} + g_{23}L_{36} + g_{24}L_{46}$$
$$= g_{26} - \frac{1}{|\mathbf{A}_d|}(g_{21}g_{16}A_{11} + g_{23}g_{16}A_{31} + g_{24}g_{16}A_{41})$$

$$L(V_2, X_7) = g_{27} + g_{21}L_{17} + g_{22}L_{27} + g_{23}L_{37} + g_{24}L_{47}$$
$$= g_{27} - \frac{1}{|\mathbf{A}_d|}(g_{21}g_{27}A_{12} + g_{22}g_{27}A_{22} + g_{23}g_{27}A_{32} + g_{24}g_{27}A_{42})$$

$$L(V_3, X_6) = g_{36} + g_{31}L_{16} + g_{32}L_{26} + g_{33}L_{36} + g_{34}L_{46}$$
$$= g_{36} - \frac{1}{|\mathbf{A}_d|}(g_{31}g_{16}A_{11} + g_{33}g_{16}A_{31} + g_{34}g_{16}A_{41})$$

$$L(V_3, X_7) = g_{37} + g_{31}L_{17} + g_{32}L_{27} + g_{33}L_{37} + g_{24}L_{47}$$
$$= g_{37} - \frac{1}{|\mathbf{A}_d|}(g_{31}g_{27}A_{12} + g_{32}g_{27}A_{22} + g_{33}g_{27}A_{32} + g_{34}g_{27}A_{42})$$

$$L(V_4, X_6) = g_{46} + g_{41}L_{16} + g_{42}L_{26} + g_{43}L_{36} + g_{44}L_{46}$$
$$= g_{46} - \frac{1}{|\mathbf{A}_d|}(g_{41}g_{16}A_{11} + g_{43}g_{16}A_{31} + g_{44}g_{16}A_{41})$$

$$L(V_4, X_7) = g_{47} + g_{41}L_{17} + g_{42}L_{27} + g_{43}L_{37} + g_{44}L_{47}$$
$$= g_{47} - \frac{1}{|\mathbf{A}_d|}(g_{41}g_{27}A_{12} + g_{42}g_{27}A_{22} + g_{43}g_{27}A_{32} + g_{44}g_{27}A_{42})$$

個々の酵素反応に対する流束も同様に(4.31)式から求められる.

以上のように,BSTによれば,システムが小さい場合,具体的な数値や反応速度式がなくても文字式の形で定常状態における代謝物濃度や対数ゲインの式を導き,各パラメーターの関わり方を検討することができる.たとえば,(E.51)式においてL_{26}はゼロである.これは,X_6が変化してもX_2はまったく影響を受けないことを意味している.一方,これと対称的な位置関係にありX_1とX_7の関係を表す対数ゲインL_{17}はゼロでない.したがって,X_1はX_7の影響を受けることになる.この違いが生じる理由を理論的に考えてみよう.いま,L_{17}の式は,(E.49),(E.51)式から

$$L_{17} = -\frac{A_{12}g_{27}}{|\mathbf{A}_d|} = -\frac{g_{32}h_{14}h_{33}g_{27}}{h_{22}h_{33}\{h_{11}(h_{44} - g_{34}) + g_{31}h_{14}\}} \tag{E.53}$$

と与えられる.本式には,v_{72}の式においてX_7に掛かる反応次数g_{27}が含まれており,これによりX_7がX_1に影響を与えることを確信する.また,X_4に掛かるh_{14},h_{44}が含まれていることから,X_1はX_4の影響を受けることも明らかである.図E.7を検討すれば,X_1がX_7の影響を受ける理由が,X_7の変化によりX_4が影響を受け,続いてX_4がv_{13}をフィードバック阻害し,結果としてX_1が影響を受けるようにな

ると説明できる．(E.53)式はこのことを定量的に説明する．

　つぎに，数値を使って同様な解析を行うことにしよう．本問題で与えられている M–M システム型の微分物質収支式を S-システム型方程式へ変換するには，定常状態における代謝物濃度が必要である．これらは，M–M システム型式を $dX_i/dt = 0$ とおくことにより得られる代数方程式を，たとえばニュートン-ラフソン法により解くことで求められる．4個の代謝物に対する定常状態濃度および定常状態流束は，それぞれつぎのようになる．

　$X_1=0.125, X_2=1.00, X_3=1.00, X_4=0.50$

　$V_1=0.50, V_2=0.50, V_3=1.00, V_4=1.00$

これらの値を用いて M–M システム型式を S–システム型方程式へ変換するとつぎのようになる．

$$\begin{aligned}
\dot{X}_1 &= 0.5X_6 - 1.31951X_1^{0.5}X_4^{-0.1} = V_1 - V_{-1} \\
\dot{X}_2 &= 0.5X_7 - 0.5X_2^{0.5} = V_2 - V_{-2} \\
\dot{X}_3 &= 1.62450X_1^{0.25}X_2^{0.25}X_4^{-0.05} - X_3^{0.33333} = V_3 - V_{-3} \\
\dot{X}_4 &= X_3^{0.33333} - 2.0X_4 = V_4 - V_{-4}
\end{aligned} \quad (E.54)$$

本式中の速度定数および反応次数の値を，上で導いた式へ代入することにより対数ゲインの値を得ることができる．しかしながら，実際には BST に基づき作成されたソフト(たとえば，本書の終わりで述べる PLAS)を用いて計算することになる．その計算値はつぎのように与えられる．

$$[\mathbf{L}(\mathbf{X},\mathbf{X})] = \begin{bmatrix} L_{16} & L_{17} \\ L_{26} & L_{27} \\ L_{36} & L_{37} \\ L_{46} & L_{47} \end{bmatrix} = \begin{bmatrix} 2.10 & 0.10 \\ 0.00 & 2.00 \\ 1.50 & 1.50 \\ 0.50 & 0.50 \end{bmatrix}$$

$$[\mathbf{L}(\mathbf{V},\mathbf{X})] = \begin{bmatrix} L(V_1,X_6) & L(V_1,X_7) \\ L(V_2,X_6) & L(V_2,X_7) \\ L(V_3,X_6) & L(V_3,X_7) \\ L(V_4,X_6) & L(V_4,X_7) \end{bmatrix} = \begin{bmatrix} 1.00 & 0.00 \\ 0.00 & 1.00 \\ 0.50 & 0.50 \\ 0.50 & 0.50 \end{bmatrix}$$

$$[\mathbf{L}(v,X)] = \begin{bmatrix} L(v_{13},X_6) & L(v_{13},X_7) \\ L(v_{23},X_6) & L(v_{23},X_7) \\ L(v_{34},X_6) & L(v_{34},X_7) \\ L(v_{45},X_6) & L(v_{45},X_7) \\ L(v_{61},X_6) & L(v_{61},X_7) \\ L(v_{72},X_6) & L(v_{72},X_7) \end{bmatrix} = \begin{bmatrix} 1.00 & 0.00 \\ 0.00 & 1.00 \\ 0.50 & 0.50 \\ 0.50 & 0.50 \\ 1.00 & 0.00 \\ 0.00 & 1.00 \end{bmatrix}$$

さらに，固有値はつぎのようになる．

$$\begin{vmatrix} -2.001967 + 0.1997547i \\ -2.001967 - 0.1997547i \\ -0.3293991 + 0.0000000i \\ -0.2500000 + 0.0000000i \end{vmatrix}$$

実部の値がすべて負であることから，本システムは局所的に安定であることがわかる．また，これらの値の絶対値の最大値と最小値に大きな違いはない．これより，本システムは堅い微分方程式系ではないことがわかる．

問9 図E.8は，酵母によるエタノール発酵の代謝経路[54]である．各代謝物
X_1；グルコース，X_2；グルコース6-燐酸，X_3；フルクトース1,6-ビスリン酸
X_4；ホスホエノールピルビン酸，X_5；ATP
に対して物質収支式を取ると以下のようになる．(6章の例題)

$$\dot{X}_1 = v_1 - v_2$$
$$\dot{X}_2 = v_2 - v_3 - v_6$$
$$\dot{X}_3 = v_3 - v_4 - v_7 \qquad (E.55)$$
$$\dot{X}_4 = 2v_4 - 2v_5$$
$$\dot{X}_5 = v_2 - v_3 - v_6 + 2v_4 + 2v_5 - v_8$$

いま(E.55)式中の各流束式がつぎのようなGMA-システム型で与えられているとき，定常状態において各代謝物濃度に無限小の変動が生じたときの動的対数ゲインを示せ．

演習問題

$$v_1 = 0.8122 X_2^{-0.2344} X_6$$
$$v_2 = 2.87 X_1^{0.7464} X_5^{0.0243} X_7$$
$$v_3 = 0.523 X_2^{0.7318} X_5^{-0.3941} X_8$$
$$v_4 = 0.011 X_3^{0.6159} X_5^{0.1308} X_9 X_{14}^{-0.6088}$$
$$v_5 = 0.0477 X_3^{0.05} X_4^{0.533} X_5^{-0.0822} X_{10}$$
$$v_6 = 0.000813 X_2^{8.6107} X_{11}$$
$$v_7 = 0.0477 X_3^{0.05} X_4^{0.533} X_5^{-0.0822} X_{12}$$
$$v_8 = X_5 X_{13}$$

(E.56)

ここで代謝物濃度の定常状態値は, X_1=0.0345, X_2=0.0124, X_3=9.1295, X_4=0.0095, X_5=1.1273 である. また, 酵素活性に相当する独立変数はX_6=19.7, X_7=68.5, X_8=31.7, X_9=49.9, X_{10}=3440, X_{11}=14.31, X_{12}=203, X_{13}=25.1, X_{14}=0.042 である.

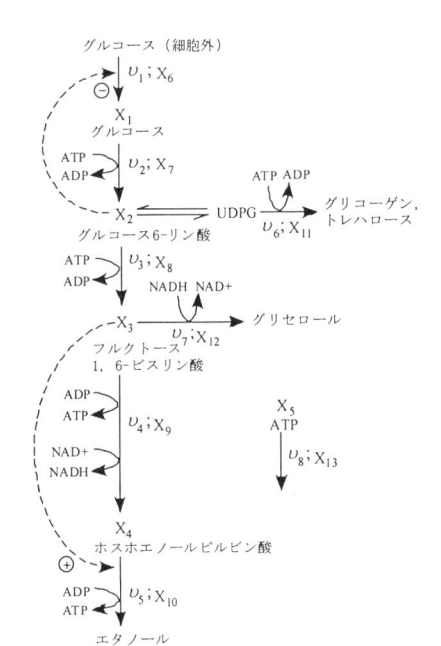

図 E.8 エタノール発酵の代謝経路

解答） 6 章で述べた方法により計算した動的対数ゲインを図 E.9 に示す．第 1 列は各代謝物濃度の時間変化である．本計算では定常状態値を初期値として用いたため，代謝物濃度は計算の間中まったく変化しないことに注意せよ．各行は，第一列の代謝物濃度が $t=0$ で無限小変化したときの各代謝物濃度の対数ゲインの時間変化を表す．計算結果にはつぎのような特徴がある．

1) 代謝物濃度それ自身の変化に対する対数ゲインは 1 の値からスタートし，様々に変化した後 0 の値へ漸近する．
2) それ自身以外の代謝物濃度の変化に対する対数ゲインは 0 の値からスタートし，様々に変化した後，再び 0 の値に戻る．
3) X_3 の変化により，X_4，X_5 の対数ゲインが 1.5 付近まで増加するが，その他の対数ゲインは 1 以下の値で変化しており，本システムの感度は小さいと言える．

いずれの場合でも対数ゲインは充分な時間経過後にゼロとなる．これは代謝物濃度の無限小変化に対する定常状態対数ゲインがゼロであることを意味する．したがって，定常状態対数ゲインの計算は意味がないが，$t=0$ で任意の代謝物濃度が無限小変化したことにより生じる対数ゲインの時間変化はシステムの特徴に応じた変化を示しており，その考察は大変重要である．

代謝物濃度が定常状態値を維持したまままったく変化しないにも関わらず対数ゲインが時間の経過とともに変化することを不思議に思うかもしれない．対数ゲインの定義が，無限小の百分率変化に対する従属変数の百分率応答であったことを思い出されたい．たしかに計算の間中，代謝物濃度は一定であるが，物理的には計算を開始した時点で代謝物濃度が無限小変化したことに相当し，計算結果はこの変化に対する各代謝物濃度の応答を表していることになる．

演習問題   177

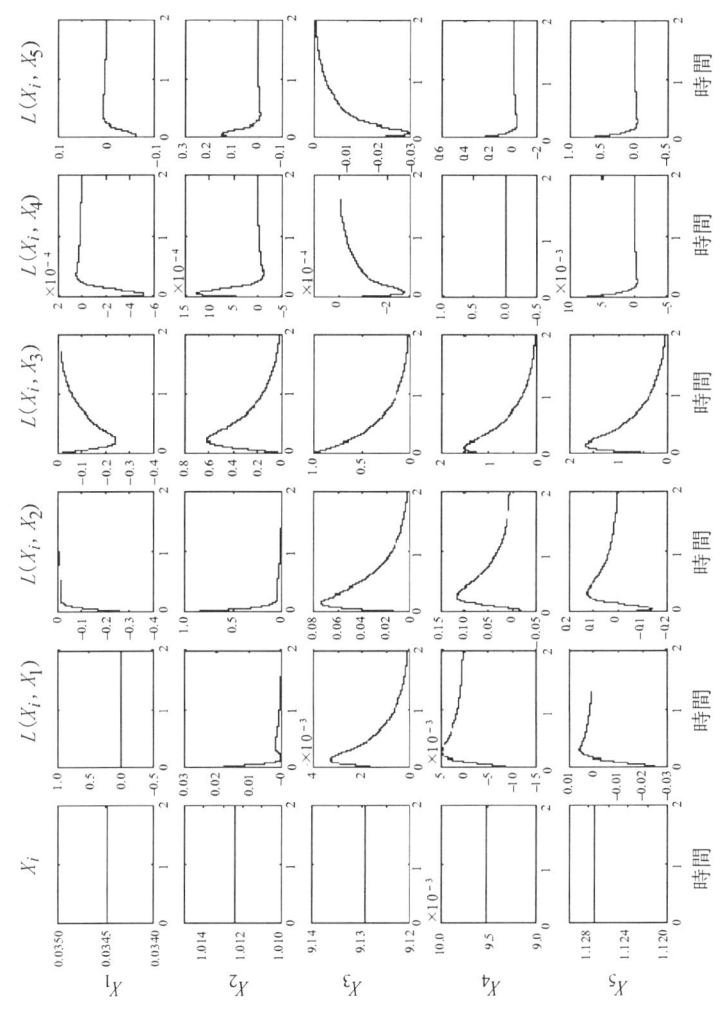

図 E.9 エタノール発酵の数学モデルに基づく動的対数ゲインの計算結果

問10 BSTによると，便宜的な数学モデルの作成が可能である[55]．これは，与えられたシステムに含まれる変数間の相互作用を推測してべき乗則型の式を作り，式中の速度パラメーターと反応次数を計算値が実験データに適合するように決定するものである．本法は，M-M型式のような厳密な式を導くには労力をかけたくない場合，労力をかけることができても厳密な式の推定が難しい場合，あるいは反応物濃度などの時間変化を表すことができる数学モデルを手短に得たい場合などに有用である．計算値が実測値により適合するようにモデルを修正する結果として，そのシステムの特性も明らかにすることができるかもしれない．以下ではこの手順を例題[55]を通じて説明する．

嫌気的条件においてグルコースを炭素源とする酵母の増殖を観察したところ，図 E.10 のような実験データ(エタノール濃度，グルコース濃度，および乾燥重量基準の生菌体濃度，死滅菌体濃度，総菌体濃度の時間変化)を得た．これらの実験データに基づき，酵母増殖に対するべき乗則型式の数学モデルを設定せよ．(8章の例題)

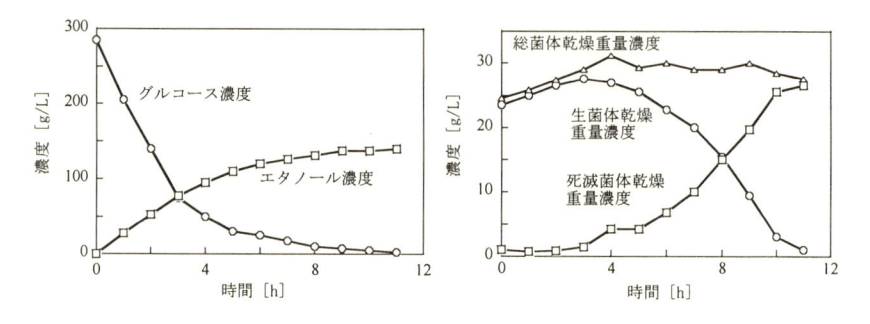

図 E.10 エタノール発酵の実験データ

解答） まず，図E.10 のような実験データの傾向を念頭に，本システムで起こっている代謝反応のメカニズムを推測する．この例では，酵母がグルコースを炭素源としてエタノールを生成し，かつ酵母も増殖する．この場合，酵母はエタノールの影響で死滅することが考えられる．この代謝の流れを表すと図E.11 のようになる．ここでは生菌体濃度，死滅菌体濃度，グルコース濃度，エタノール濃

度を従属変数に設定し，それぞれ X_1, X_2, X_3, X_4 と表す．

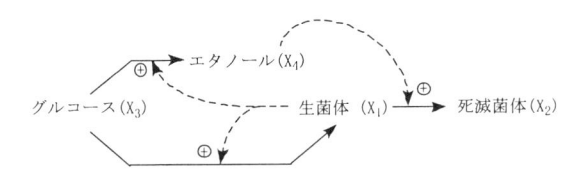

図 E.11 エタノール発酵に対する代謝経路の設定 I

つぎに，これらの変数の時間変化を図 E.11 にしたがってべき乗則型式で記述する(本システムは定常状態を持たず，S-システム(頭にそれぞれ正と負の符号を持つ2つのべき乗則型の項からなる微分方程式で記述されるシステム)ではないことに注意せよ)と，つぎのようになる．

$$\dot{X}_1 = \alpha_1 X_1^{g_{11}} X_3^{g_{13}} - \beta_1 X_1^{h_{11}} X_4^{h_{14}}$$
$$\dot{X}_2 = \beta_1 X_1^{h_{11}} X_4^{h_{14}}$$
$$\dot{X}_3 = -\beta_3 X_1^{h_{31}} X_3^{h_{33}}$$
$$\dot{X}_4 = \alpha_4 X_1^{g_{41}} X_3^{g_{43}}$$
(E.57)

そこで，本式を数値的に解いて得られる各従属変数の値が実測値に適合するように式中の速度定数，反応次数を決定する．この計算は，レーベンベルグ-マルカート法のような非線形最小自乗法[26]により行われる．本法の適用により(E.57)式中のパラメーター値は以下のように決定される．

$$\dot{X}_1 = 0.0000140 X_1^{2.63} X_3^{0.631} - 0.00000484 X_1^{0.306} X_4^{2.65}$$
$$\dot{X}_2 = 0.00000484 X_1^{0.306} X_4^{2.65}$$
$$\dot{X}_3 = -0.000125 X_1^{2.68} X_3^{0.867}$$
$$\dot{X}_4 = 0.547 X_1^{0.493} X_3^{0.436}$$
(E.58)

(E.58)式による計算結果と実測値の比較を図 E.12 で行っている．グルコース濃度，エタノール濃度，生菌体濃度の変化はよく一致しているが，死滅菌体濃度の変化は大きく見積もられる傾向にある．

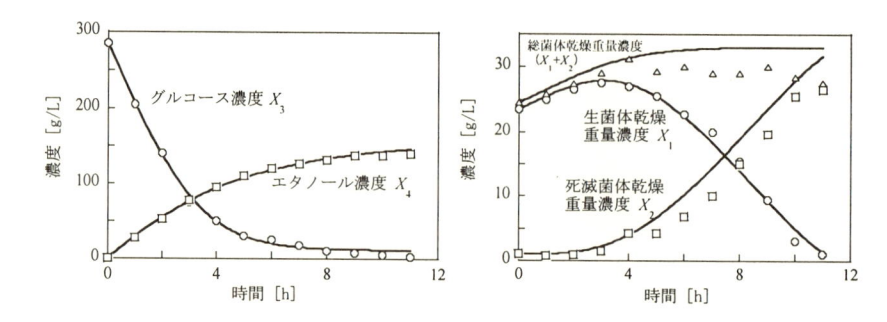

図 E.12 計算結果 I

そこで，図E.13 に示すように死滅菌体の溶解過程を考慮することにする．これは，図E.11 の代謝マップにおいてX_2プールからの流出流束を設けることに相当する．このときのべき乗則型微分方程式はつぎのようになる．

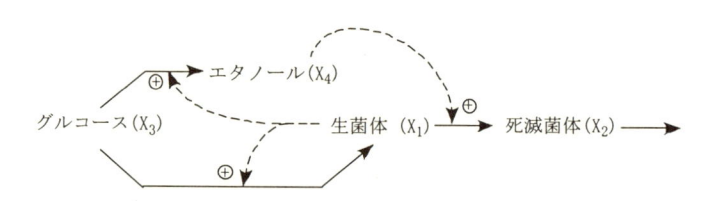

図 E.13 エタノール発酵に対する代謝経路の設定 II

$$\begin{aligned}
\dot{X}_1 &= \alpha_1 X_1^{g_{11}} X_3^{g_{13}} - \beta_1 X_1^{h_{11}} X_4^{h_{14}} \\
\dot{X}_2 &= \beta_1 X_1^{h_{11}} X_4^{h_{14}} - \beta_2 X_2^{h_{22}} \\
\dot{X}_3 &= -\beta_3 X_1^{h_{31}} X_3^{h_{33}} \\
\dot{X}_4 &= \alpha_4 X_1^{g_{41}} X_3^{g_{43}}
\end{aligned} \quad (E.59)$$

前と同様に，本式を数値的に解いて得られる各従属変数の時間変化が実測値に適合するように式中の速度定数，反応次数を決定する．収束計算の結果は，以下のようになる．

$$\dot{X}_1 = 0.0000140 X_1^{2.63} X_3^{0.631} - 0.00000484 X_1^{0.306} X_4^{2.65}$$
$$\dot{X}_2 = 0.00000484 X_1^{0.306} X_4^{2.65} - 0.281 X_2^{0.341}$$
$$\dot{X}_3 = -0.000125 X_1^{2.68} X_3^{0.867} \tag{E.60}$$
$$\dot{X}_4 = 0.547 X_1^{0.493} X_3^{0.436}$$

これらの式による計算線を図 E.14 に示す．すべての濃度の時間変化において計算値と実測値の適合性は良好である．

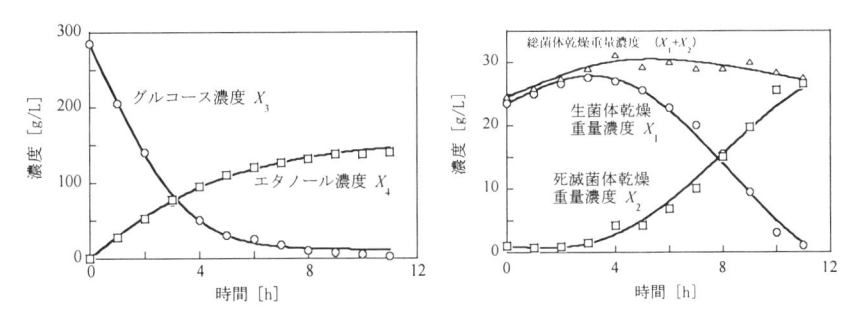

図 E.14　計算結果 II

さらに，図 E.15 のようにエタノールの分解代謝経路を付加して考える．このときのべき乗則型微分方程式はつぎのようになる．

$$\dot{X}_1 = \alpha_1 X_1^{g_{11}} X_3^{g_{13}} X_4^{g_{14}} - \beta_1 X_1^{h_{11}} X_4^{h_{14}}$$
$$\dot{X}_2 = \beta_1 X_1^{h_{11}} X_4^{h_{14}} - \beta_2 X_2^{h_{22}}$$
$$\dot{X}_3 = -\beta_3 X_1^{h_{31}} X_3^{h_{33}} \tag{E.61}$$
$$\dot{X}_4 = \alpha_4 X_1^{g_{41}} X_3^{g_{43}} - \beta_4 X_1^{h_{41}} X_4^{h_{44}}$$

図 E.15　エタノール発酵に対する代謝経路の設定 III

本式を数値的に解いて得られる各従属変数の時間変化が実測値に適合するように改めて式中の速度定数, 反応次数を決定すると次式を得る.

$$\dot{X}_1 = 0.00001430 X_1^{1.00} X_3^{1.09} X_4^{0.495} - 0.00000487 X_1^{0.336} X_4^{3.11}$$

$$\dot{X}_2 = 0.00000487 X_1^{0.336} X_4^{3.11} - 0.172 X_2^{0.293}$$

$$\dot{X}_3 = -0.000125 X_1^{2.68} X_3^{0.867}$$

$$\dot{X}_4 = 4.23 X_1^{0.611} X_3^{0.104} - 2.79 X_1^{0.628} X_4^{0.0796}$$

(E.62)

(E.62)式による計算線を図 E.16 に示す. 計算値の実測値との適合性はより良好であることがわかる.

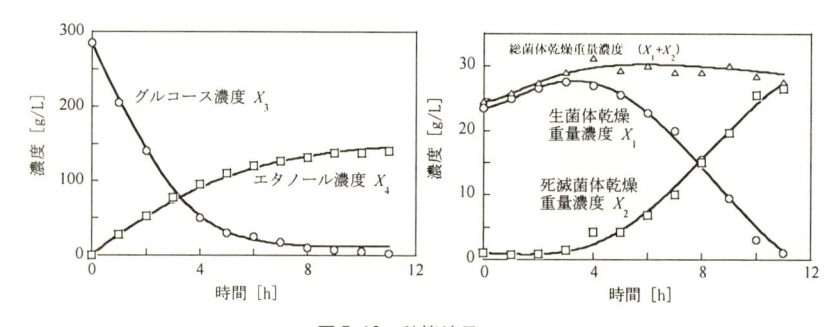

図 E.16 計算結果 III

以上では, 考えられる経路を順次付与していくことにより数学モデルの性能を向上させることに努めた. この操作を数学的に考えるならば, 新たな経路の設定はパラメーター数を増加させることになるので, 経路の付与に応じて計算結果の計算値との適合性が向上するのは当然であると言えよう. しかしながら, 一方でモデルが複雑になる. したがって, この操作は必要最小限に留めた方がよい. 上述の例で言うならば, 設定 II から設定 III への修正では適合性に大きな向上が見られないことから, 設定 II で留めるのが無難であるかもしれない.

補　足

A. 従属変数と独立変数について

　本書では，暗黙のうちに従属変数，独立変数という言葉を用いてきたが，数学にあまり馴染んでいない読者においてはこれらの言葉が本書の内容の理解に障害となるかもしれない．ゆえに，以下でこれらについて簡単に説明する．
　いま，変数 y が x の2次関数である場合，その一般式は

$$y = f(x)$$
$$= ax^2 + bx + c$$

と書くことができる．本式において，x は他に影響を受けない独立した変数であり，また y は x に依存して変化する．したがって，これらをそれぞれ独立変数，従属変数という．代謝反応システムでは，代謝物濃度 $X_i (i=1,\cdots,n)$ が時間 t の関数として変化する．この関係は，

$$X_i = f(X_1,\cdots,X_n;t)$$

と表すことができる．すなわち，t は独立変数，X_i は従属変数である．ただし，任意の代謝物濃度 X_i は，それ以外の代謝物濃度によっても影響を受けるので，そのことを考慮した表記となっている．また，セミコロン"；"はそれよりも前が従属変数，それよりも後が独立変数であることを表す．BSTでは，さらに酵素濃度など，通常は一定と考えられるものを独立変数に含め，

$$X_i = f(X_1,\cdots,X_n;X_{n+1},\cdots,X_{n+m},t) \qquad (i=1,\cdots,n)$$

のような関数関係を考える．一般にこの関係は代謝物濃度の時間変化として与えられるので，

$$\frac{dX_i}{dt} = f(X_1,\cdots,X_n;X_{n+1},\cdots,X_{n+m}) \qquad (i=1,\cdots,n)$$

となる．ここで，上式中の右辺には t が含まれないことに注意されたい．このよ

うな微分方程式を自律系という．結果として，S–システム型微分方程式は，

$$\frac{dX_i}{dt} = \alpha_i \prod_{j=1}^{n+m} X_j^{g_{ij}} - \beta_i \prod_{j=1}^{n+m} X_j^{h_{ij}} \qquad (i=1,\cdots,n)$$

と表される．

B. 乗積について

数列 X_i $(i=1,\cdots,n)$ の和 S を表す場合，数学記号 "Σ" を使って

$$S = \sum_{i=1}^{n} X_i$$

と書くことを高校で学んだことと思う．一方，S–システムやGMA–システムのべき乗則型式には，見慣れない数学記号 "Π" が含まれている．これは乗積と呼ばれ，数列の積 P を表す．すなわち，

$$P = \prod_{i=1}^{n} X_i = X_1 \times X_2 \times \cdots \times X_n$$

である．ここで，簡単なS–システム型方程式

$$\frac{dX_1}{dt} = \alpha_1 X_1^{g_{11}} X_2^{g_{12}} - \beta_1 X_1^{h_{11}} X_2^{h_{12}}$$
$$= \alpha_1 \prod_{i=1}^{2} X_j^{g_{1j}} - \beta_1 \prod_{i=1}^{2} X_j^{h_{1j}}$$

を考えよう．定常状態($dX_1/dt=0$)において，本式は

$$\alpha_1 X_1^{g_{11}} X_2^{g_{12}} = \beta_1 X_1^{h_{11}} X_2^{h_{12}}$$

となる．これを

$$X_1^{g_{11}-h_{11}} X_2^{g_{12}-h_{12}} = \beta_1/\alpha_1$$

と変形し，両辺の対数を取ると，

$$(g_{11}-h_{11})\ln X_1 + (g_{12}-h_{12})X_2 = \ln(\beta_1/\alpha_1)$$

となる(数学記号 "ln" はそれが自然数 $e(2.718281828459\cdots)$ を底とする対数であることを意味する．これは自然対数(Natural logarithm)と呼ばれており，たとえば，$\ln X_1$ は $\log_e X_1$ を表す．"ln" の "n" は "natural" の頭文字である)．上式は，Σ を使って

$$\sum_{j=1}^{2}(g_{1j}-h_{1j})\ln X_j = \ln(\beta_1/\alpha_1)$$

と書くことができる．

C. 逆行列について

行，列の要素数が n である正方行列

$$[\mathbf{A}] = \begin{bmatrix} a_{11} & a_{12} & \cdots & a_{1n} \\ a_{21} & a_{22} & \cdots & a_{2n} \\ \vdots & \vdots & \ddots & \vdots \\ a_{n1} & a_{n2} & \cdots & a_{nn} \end{bmatrix} \quad , \quad [\mathbf{M}] = \begin{bmatrix} m_{11} & m_{12} & \cdots & m_{1n} \\ m_{21} & m_{22} & \cdots & m_{2n} \\ \vdots & \vdots & \ddots & \vdots \\ m_{n1} & m_{n2} & \cdots & m_{nn} \end{bmatrix}$$

および，単位行列

$$[\mathbf{E}] = \begin{bmatrix} 1 & 0 & \cdots & 0 \\ 0 & 1 & \cdots & 0 \\ \vdots & \vdots & \ddots & \vdots \\ 0 & 0 & \cdots & 1 \end{bmatrix}$$

において，行列 $[\mathbf{A}]$ の行列式が正則 ($|\mathbf{A}| \neq 0$) であり，

$$[\mathbf{A}][\mathbf{M}] = [\mathbf{E}]$$

の関係が満たされるとき，$[\mathbf{M}]$ を $[\mathbf{A}]$ の逆行列といい，$[\mathbf{A}]^{-1}$ で表す．すなわち，

$$[\mathbf{A}][\mathbf{A}]^{-1} = [\mathbf{E}]$$

であり，その逆である

$$[\mathbf{A}]^{-1}[\mathbf{A}] = [\mathbf{E}]$$

も成り立つ．逆行列の持つ意味を理解するため，例としてつぎのような未知数 1 個の代数方程式を考えよう．

$$ax = b$$

ここで，a, b は定数，x は未知数である．この解は

$$x = b/a$$

のように容易に求められる．一方，未知数3個の代数方程式

$$
\begin{aligned}
a_{11}x_1 + a_{12}x_2 + a_{13}x_3 &= b_1 \\
a_{21}x_1 + a_{22}x_2 + a_{23}x_3 &= b_2 \\
a_{31}x_1 + a_{32}x_2 + a_{33}x_3 &= b_3
\end{aligned}
\tag{10.1}
$$

では，上のようには簡単に解を得ることができない．通常は個々の式中の同じ未知数の係数値を合わせて足し算，引き算を行うことで，x_1, x_2, x_3 を求めることになる．

一方，行列を用いると，連立方程式の解法を未知数が1個の場合と同じような感覚で理解できるようになる．いま，(10.1)式の行列表記を行うならばつぎのようになる．

$$
\begin{bmatrix} a_{11} & a_{12} & a_{13} \\ a_{21} & a_{22} & a_{23} \\ a_{31} & a_{32} & a_{33} \end{bmatrix} \begin{bmatrix} x_1 \\ x_2 \\ x_3 \end{bmatrix} = \begin{bmatrix} b_1 \\ b_2 \\ b_3 \end{bmatrix}
\tag{10.2}
$$

これは簡単に

$$
[\mathbf{A}]\,\mathbf{x}] = \mathbf{b}]
\tag{10.3}
$$

と表すことができる．(10.3)式を $\mathbf{x}]$ について解くことができれば，与えられた行列が x_1, x_2, x_3 に対する解を与えることになる．しかし，行列演算では，未知数が1個のときに行う $\mathbf{x}] = \mathbf{b}]/[\mathbf{A}]$ のような割り算ができない．その代わりに，逆行列を掛けることになる．すなわち，

$$
\mathbf{x}] = [\mathbf{A}]^{-1}\,\mathbf{b}]
\tag{10.4}
$$

として解を表す．したがって，(10.2)式中の係数行列の逆行列を求めれば，x_1, x_2, x_3 の値を得ることができる．すなわち，$[\mathbf{M}] = [\mathbf{A}]^{-1}$ と表すと，(10.4)式は

$$
\begin{bmatrix} x_1 \\ x_2 \\ x_3 \end{bmatrix} = \begin{bmatrix} m_{11} & m_{12} & m_{13} \\ m_{21} & m_{22} & m_{23} \\ m_{31} & m_{32} & m_{33} \end{bmatrix} \begin{bmatrix} b_1 \\ b_2 \\ b_3 \end{bmatrix}
\tag{10.5}
$$

となり，これより解はつぎのように求められる．

$$
\begin{aligned}
x_1 &= m_{11}b_1 + m_{12}b_2 + m_{13}b_3 \\
x_2 &= m_{21}b_1 + m_{22}b_2 + m_{23}b_3 \\
x_3 &= m_{31}b_1 + m_{32}b_2 + m_{33}b_3
\end{aligned}
\tag{10.6}
$$

それでは，具体的に逆行列をどのようにして求めるかを説明しよう．いま，行列

$$[\mathbf{A}] = \begin{bmatrix} a_{11} & a_{12} & \cdots & a_{1n} \\ a_{21} & a_{22} & \cdots & a_{2n} \\ \vdots & \vdots & \ddots & \vdots \\ a_{n1} & a_{n2} & \cdots & a_{nn} \end{bmatrix}$$

において行列式が $|\mathbf{A}| \neq 0$ (正則)であるとき，その逆行列は

$$[\mathbf{A}]^{-1} = \frac{1}{|\mathbf{A}|} \begin{bmatrix} A_{11} & A_{12} & \cdots & A_{1n} \\ A_{21} & A_{22} & \cdots & A_{2n} \\ \vdots & \vdots & \ddots & \vdots \\ A_{n1} & A_{n2} & \cdots & A_{nn} \end{bmatrix} \qquad (10.7)$$

と与えられる．ここで A_{ji} は，行列式 $|\mathbf{A}|$ における a_{ij} の余因数である．余因数とは，n 次の行列式 $|\mathbf{A}|$ において，その第 i 行と第 j 列を取り除いて作られる $n-1$ 次の行列式に $(-1)^{i+j}$ を掛けたものである．すなわち，

$$A_{ji} = (-1)^{i+j} \begin{vmatrix} a_{11} & \cdots & a_{1j} & \cdots & a_{1n} \\ \vdots & & \vdots & & \vdots \\ a_{i1} & \cdots & a_{ij} & \cdots & a_{in} \\ \vdots & & \vdots & & \vdots \\ a_{n1} & \cdots & a_{nj} & \cdots & a_{nn} \end{vmatrix} \longleftarrow 第\ i\ 行を取り除く \qquad (10.8)$$

第 j 列を取り除く

と表される．たとえば，4次の行列式

$$\begin{vmatrix} a_{11} & a_{12} & a_{13} & a_{14} \\ a_{21} & a_{22} & a_{23} & a_{24} \\ a_{31} & a_{32} & a_{33} & a_{34} \\ a_{41} & a_{42} & a_{43} & a_{44} \end{vmatrix}$$

において，a_{31}, a_{23} の余因数はそれぞれつぎのようになる．

$$A_{13} = \begin{bmatrix} a_{12} & a_{13} & a_{14} \\ a_{22} & a_{23} & a_{24} \\ a_{42} & a_{43} & a_{44} \end{bmatrix}, \quad A_{32} = -\begin{bmatrix} a_{11} & a_{12} & a_{14} \\ a_{31} & a_{32} & a_{34} \\ a_{41} & a_{42} & a_{44} \end{bmatrix}$$

理解を深めるため，実際に行列

$$[\mathbf{A}] = \begin{bmatrix} 3 & 1 & 0 \\ 2 & 1 & 1 \\ -2 & 0 & -1 \end{bmatrix}$$

の逆行列を求めてみよう．行列式の値は $|\mathbf{A}| = -3$ なので，逆行列が存在することがわかる．また，$|\mathbf{A}|$ の余因数は

$$\begin{array}{lll} A_{11} = -1 & A_{12} = 1 & A_{13} = 1 \\ A_{21} = 0 & A_{22} = -3 & A_{23} = -3 \\ A_{31} = 2 & A_{32} = -2 & A_{33} = 1 \end{array}$$

である．したがって，逆行列は

$$[\mathbf{A}]^{-1} = -\frac{1}{3}\begin{bmatrix} -1 & 1 & 1 \\ 0 & -3 & -3 \\ 2 & -2 & 1 \end{bmatrix} = \begin{bmatrix} 1/3 & -1/3 & -1/3 \\ 0 & 1 & 1 \\ -2/3 & 2/3 & -1/3 \end{bmatrix}$$

となる．簡単には2次の行列の逆行列は

$$\begin{bmatrix} a_{11} & a_{12} \\ a_{21} & a_{22} \end{bmatrix}^{-1} = \frac{1}{a_{11}a_{22} - a_{12}a_{21}}\begin{bmatrix} a_{22} & -a_{12} \\ -a_{21} & a_{11} \end{bmatrix} \tag{10.9}$$

のように，また3次の行列の逆行列は

$$\begin{bmatrix} a_{11} & a_{12} & a_{13} \\ a_{21} & a_{22} & a_{23} \\ a_{31} & a_{32} & a_{33} \end{bmatrix}^{-1} = \frac{\begin{bmatrix} a_{22}a_{33} - a_{23}a_{32} & -a_{12}a_{33} + a_{13}a_{32} & a_{12}a_{23} - a_{13}a_{22} \\ -a_{21}a_{33} + a_{23}a_{31} & a_{11}a_{33} - a_{13}a_{31} & -a_{11}a_{23} + a_{13}a_{21} \\ a_{21}a_{32} - a_{22}a_{31} & -a_{11}a_{32} + a_{12}a_{31} & a_{11}a_{22} - a_{12}a_{21} \end{bmatrix}}{a_{11}a_{22}a_{33} + a_{12}a_{23}a_{31} + a_{13}a_{32}a_{21} - a_{11}a_{23}a_{32} - a_{12}a_{21}a_{33} - a_{13}a_{22}a_{31}} \tag{10.10}$$

のように与えられる．

D. テーラー級数について

関数 $f(x)$ に対して、つぎのような無限級数を考えよう.

$$f(x) = \sum_{k=0}^{\infty} a_k (x-b)^k = a_0 + a_1(x-b) + a_2(x-b)^2 \\ + a_3(x-b)^3 + a_4(x-b)^4 + a_5(x-b)^5 + \cdots \tag{10.11}$$

上式を順次微分していくとつぎのような一連の式を得る.

$$f^{(1)}(x) = a_1 + 2a_2(x-b) + 3a_3(x-b)^2 + 4a_4(x-b)^3 + 5a_5(x-b)^4 + \cdots$$
$$f^{(2)}(x) = 2a_2 + 2 \cdot 3a_3(x-b) + 3 \cdot 4a_4(x-b)^2 + 4 \cdot 5a_5(x-b)^3 + \cdots$$
$$f^{(3)}(x) = 2 \cdot 3a_3 + 2 \cdot 3 \cdot 4a_4(x-b) + 3 \cdot 4 \cdot 5a_5(x-b)^2 + \cdots$$
$$f^{(4)}(x) = 2 \cdot 3 \cdot 4a_4 + 2 \cdot 3 \cdot 4 \cdot 5a_5(x-b) + \cdots$$
$$\vdots \qquad \vdots \qquad \vdots \tag{10.12}$$

これらに $x=b$ を代入すると,

$$f(b) = a_0, f^{(1)}(b) = a_1, f^{(2)}(b) = 2a_2, f^{(3)}(b) = 2 \cdot 3 a_3,$$
$$f^{(4)}(b) = 2 \cdot 3 \cdot 4 a_4, \cdots$$

を得る. これらを $a_i\,((i=1,\cdots,\infty)$ について解くと

$$a_0 = f(b), a_1 = f^{(1)}(b), a_2 = f^{(2)}(b)/2, a_3 = f^{(3)}(b)/(2 \cdot 3),$$
$$a_4 = f^{(4)}(b)/(2 \cdot 3 \cdot 4), \cdots$$

となる. したがって, (10.11)式は

$$\begin{aligned} f(x) &= f(b) + f^{(1)}(b)(x-b) + \frac{f^{(2)}(b)}{2!}(x-b)^2 \\ &\quad + \frac{f^{(3)}(b)}{3!}(x-b)^3 + \frac{f^{(4)}(b)}{4!}(x-b)^4 + \cdots \\ &= \sum_{k=0}^{\infty} \frac{f^{(k)}(b)}{k!}(x-b)^k \end{aligned} \tag{10.13}$$

と表される. (10.13)式は, 関数 $f(x)$ が b を含む区間Iで何回でも微分可能であるとき成り立つ. これを b を中心としたテーラー展開といい, その級数をテーラー級数という. $b=0$ のとき, (10.13)式は次式のようになる.

$$f(x) = f(0) + f^{(1)}(0)x + \frac{f^{(2)}(0)}{2!}x^2 + \frac{f^{(3)}(0)}{3!}x^3 + \cdots$$
$$= \sum_{k=0}^{\infty} \frac{f^{(k)}(0)}{k!} x^k \tag{10.14}$$

これを$f(x)$のマクローリン展開という. 数値計算では, (10.13)式を

$$f(x) = f(b) + f^{(1)}(b)(x-b) + \frac{f^{(2)}(b)}{2!}(x-b)^2$$
$$+ \frac{f^{(3)}(b)}{3!}(x-b)^3 + \frac{f^{(4)}(b)}{4!}(x-b)^4 + \cdots \tag{10.15}$$
$$= \sum_{k=0}^{\infty} \frac{f^{(k)}(b)}{k!}(x-b)^k$$

と表される. (10.13)式は, 区間 I に存在する点 x とこれからわずかに離れた点 $x+\Delta x$ に対して

$$f(x+\Delta x) = f(x) + f^{(1)}(x)\Delta x + \frac{f^{(2)}(x)}{2!}(\Delta x)^2$$
$$+ \frac{f^{(3)}(x)}{3!}(\Delta x)^3 + \frac{f^{(4)}(x)}{4!}(\Delta x)^4 + \cdots \tag{10.16}$$
$$= \sum_{k=0}^{\infty} \frac{f^{(k)}(x)}{k!}(\Delta x)^k$$

のように書き換えられる. (10.16)式はxにおける値を使うと, $x+\Delta x$ における関数値 $f(x+\Delta x)$ を正しく計算できることを表している. 多くの数値計算法は, (10.16)式を低次の項で打ち切ることにより得られる近似式を使って組み立てられている. この低次の項での打ち切りは理論の構築を容易にするが, 一方で打ち切り誤差の発生を伴う. この誤差を小さくするには刻み幅Δx を小さくする必要がある. ただし, 刻み幅を小さくしすぎると桁落ち誤差や情報落ち誤差が生じる. この問題は項数を増やすことにより解決できる. 必要に応じて項数を自動的に変えることができるテーラー級数法を 5 章で紹介している.

基本的数学関数のマクローリン展開を以下に示す.

$$e^x = \sum_{k=0}^{\infty} \frac{x^k}{k!} = 1 + x + \frac{x^2}{2!} + \frac{x^3}{3!} + \cdots$$

$$\sin x = \sum_{k=0}^{\infty} \frac{(-1)^k x^{2k+1}}{(2k+1)!} = x - \frac{x^3}{3!} + \frac{x^5}{5!} - \frac{x^7}{7!} + \cdots$$

$$\cos x = \sum_{k=0}^{\infty} \frac{(-1)^k x^{2k}}{(2k)!} = 1 - \frac{x^2}{2!} + \frac{x^4}{4!} - \frac{x^6}{6!} + \cdots$$

$$\ln(1+x) = \sum_{k=1}^{\infty} \frac{(-1)^{k-1}}{k} x^k = x - \frac{x^2}{2} + \frac{x^3}{3} - \frac{x^4}{4} + \cdots \quad (-1 < x \leq 1)$$

E. PLAS について

BSTにしたがってシステム解析を行うため，いくつかの研究グループがソフトウエアを開発している．使いやすさと入手しやすさの点を考慮すると，VoitとFerreiraが開発したPLAS(Power Law Analysis and Simulation)が最も使いやすいと思われる．これはhttp://www.dqb.fc.ul.pt/docentes/aferreira/plas.htmlからダウンロードできる．使用法はVoitの著書に詳述されている．

本ソフトでは，S-システム型に変換した微分物質収支式をエディターにセットすると，定常状態における対数ゲイン，速度定数感度，反応次数感度，固有値のほか，代謝物濃度の時間変化などを計算することができる．なお，M-M システムから S-システムへの変換は他のソフトによらなければならない．著者らはこの変換を独自に作成したソフトウエアで行っている．これについてはインターネット上で著者のアドレスを検索して問い合わせて頂きたい．

F. BSTに関する書籍

日本語で書かれた BST に関する成書はない．本書がその最初のものである．また，洋書も多くはない．以下では，現在までに出版されている洋書を列挙し，その内容を簡単に述べる．

1) M. A. Savageau, 1976: *Biochemical Systems Analysis. A Study of Function and Design in Molecular Biology.* Addison-Wesley, Reading, MA.

バイオケミカルシステム理論を提案した Savageau 教授が，その理論の概要を

紹介し，かついくつかの生化学システムへの適用例を示しながら本理論の有用性を述べた BST に関する最初の書籍である．1976 年当時は BST の理論体系が完全でなかったことから，リキャスティング，テーラー級数法による初期値問題解法などの記述が含まれておらず，定常状態感度解析に基づくシステム解析についての記述が主である．残念ながら，本書は絶版となっており，購入できない．

2) Eberhard O. Voit (Ed.), 1991: *Canonical Nonlinear Modeling. S-System Approach to Understanding Complexity*, Van Nostrand Reinhold, New York.

米国サウスキャロライナ州チャールストンで開催された第 1 回 S-システムシンポジウムの講演論文集である．"20 years of S-systems" と題された Savageau 教授の BST の回想録を含めた BST の様々なシステムへの応用研究例などが収録されている．入手が困難である．

3) Eberhard O. Voit, 2000: *Computational Analysis of Biochemical Systems. A Practical Guide for Biochemists and Molecular Biologists*. Cambridge University Press, Cambridge, U. K.

1980 年始めにドイツから渡米し，Savageau 教授の研究室で博士研究員として数年間従事した Voit 教授が，1969 年から 2000 年までの BST 研究の集大成を著した書籍である．初心者に読みやすく解説されている．添付された PLAS というフリーウエアを使って演習問題を解きながら BST に習熟できる．

4) Nestor V. Torres and Eberhard O. Voit, 2002: *Pathway Analysis and Optimization in Metabolic Engineering*. Cambridge University Press, Cambridge, U. K.

アフリカ大陸モロッコの西に浮かぶスペイン領カナリヤ諸島で地道に研究活動を続けている Torres 教授と，前述の Voit 教授による共著である．微生物の代謝反応システムにおける最適反応条件を BST により見いだすための方法が，黒コウジカビ(*Aspergillus niger*)と酒精酵母(*Saccharomyces cerevisiae*)を例として詳述されている．

引用文献

1) H. E. Umbarger, Evidence for a negative-feedback mechanism in the biosynthesis of isoleucine. Science, 123, p.848 (1956).
2) R. A. Yates and A. B. Pardee, Control of pyrimidine biosynthesis in Escherichia coli by a feed-back mechanism. Biol.Chem., 221, pp.757-770 (1956).
3) M. A. Savageau, Biochemical Systems Analysis, I. Some mathematical properties of the rate law for the component enzymatic reactions. J. Theor. Biol. 25, pp.365-369 (1969).
4) M. A. Savageau, Biochemical Systems Analysis, II. The steady-state solutions for an n-pool system using a power-law approximation. J. Theor. Biol. 25, pp.370-379 (1969).
5) M. A. Savageau, Biochemical Systems Analysis, III. Dynamic solutions using power-law approximation. J. Theor. Biol. 265, pp.215-226 (1969).
6) H. Kacser and J. A. Burns, The control of flux, Symp. Soc. Exp. Biol. 27, pp.65-104 (1973).
7) R. Heinrich and T. Rapoport, A. linear steady-state treatment of enzymatic chains, Eur. J. Biochem. 42, pp.89-95 (1974).
8) M. A. Savageau and E. O. Voit, Recasting nonlinear differential equations as S-systems: A canonical nonlinear form, Math. Biosci., 87, pp.83-115 (1987).
9) F. Shiraishi, and M. A. Savageau, The tricarboxylic acid cycle in Dictyostelium discoideum: I. Formulation of alternative kinetic representations. J. Biol. Chem., 267(32), pp.22912-22918 (1992).
10) F. Shiraishi, and M. A. Savageau, The tricarboxylic acid cycle in Dictyostelium discoideum: II. Evaluation of model consistency and robustness. J. Biol. Chem., 267(32), pp.22919-22925 (1992).
11) F. Shiraishi, and M. A. Savageau, The tricarboxylic acid cycle in Dictyostelium discoideum: III. Analysis of steady-state and dynamic behavior. J. Biol. Chem., 267(32), pp.22926-22933 (1992).
12) F. Shiraishi, and M. A. Savageau, The tricarboxylic acid cycle in Dictyostelium discoideum: IV. Resolution of discrepancies between alternative methods of analysis. J. Biol. Chem., 267(32), pp.22934-22943 (1992).
13) F. Shiraishi, and M. A. Savageau, The tricarboxylic acid cycle in Dictyostelium discoideum: Systemic effects of including protein turnover in the current model. J. Biol. Chem., 268(23), pp.16917-16928 (1993).
14) F. Shiraishi, Y. Hatoh, and T. Irie, An efficient method for calculation of dynamic

logarithmic gains in biochemical systems theory, J. Theor. Biol., 234, pp.79-85 (2005).
15) M. A. Savageau, Finding multiple roots of nonlinear algebraic equations using S-system methodology. Appl. Math. Comput. 55, pp.187-199 (1993).
16) F. Shiraishi and E. O. Voit, Solution of a two-point boundary value model of immobilized enzyme reactions, using an S-system based root-finding method. Appl. Math. Comput., 127, pp.289-310 (2002).
17) D. H. Irvine and M. A. Savageau, Efficient solution of nonlinear ordinary differential equations expressed in S-system canonical form. SIAM J. Numer. Anal. 27, pp.704-735 (1990).
18) F. Shiraishi, H. Takeuchi, T. Hasegawa, and H. Nagasue, A Taylor-series solution in Cartesian space to GMA-system equations and its application to initial-value problems. Appl. Math. Comput., 127, pp.103-123 (2002).
19) F. Shiraishi and T. Hasegawa, and H. Nagasue, Numerical solution of the two-point boundary value problem by the combined Taylor series method with a technique for rapidly selecting suitable stepsizes. J. Chem. Eng. Jpn., 28(3), pp.306-315 (1995).
20) F. Shiraishi, and S. Fujiwara, An efficient method for solving two-point boundary value problems with extremely high accuracy. J. Chem. Eng. Jpn., 29(1), pp.88-94 (1996).
21) F. Shiraishi, Highly accurate solution of the axial dispersion model expressed in S-system canonical form by Taylor series method. Chem. Eng. J., 83, pp.175-183 (2001).
22) E O. Voit, *Computational Analysis of Biochemical Systems. A Practical Guide for Biochemists and Molecular Biologists.* Cambridge University Press, Cambridge, U. K (2000).
23) A. Sorribas and M. A. Savageau, Strategies for representing metabolic pathways within biochemical systems theory: Reversible pathways, Math. Biosc., 94, pp.239-269(1989)
24) M. A. Savageau and A. Sorribas, Constraints among molecular and systemic properties: Implications for Pysiological genetics. J. Theor. Biol., 141, pp.93-115 (1989).
25) 清水和幸, バイオプロセス解析法：システム解析原理とその応用, コロナ社 (1997)
26) W. H. Press, S. A. Teukolsky, W. T. Vetterling, and B. P. Flannery, Numerical Recipes in C: 丹慶勝市, 奥村晴彦, 佐藤俊郎, 小林誠訳, ニューメリカルレシピ・イン・シー, 技術評論社 (1993).

27) 永末宏幸, テイラー級数法による常微分方程式の高精度数値解と数値積分, 九州大学博士論文 (1994).
28) A. Varma, M. Morbidelli, and H. Wu, *Parametric Sensitivity in Chemical Systems*, Cambridge University Press, Cambridge, U. K. (1999).
29) J. H. Schwacke and E. O. Voit, Computation and analysis of time-dependent sensitivities in generalized mass action systems, J. Theor. Biol., in press (2005).
30) B. P. Ingalls and H. M. Sauro, Sensitivity analysis of stoichiometric networks: An extension of metabolic control analysis to non-steady state trajectories. J. Theor. Biol. 222, pp.23-36 (2003).
31) A. Sorribas and M. A. Savageau, A comparison of variant theories of intact biochemical systems. I. Enzyme enzyme interactions and biochemical systems theory, Math. Biosci., 94, pp.161-193 (1989)
32) B. E. Wright, M. H. Butler, and K. R. Albe, J. Biol. Chem., 267, pp.3101-3105 (1992).
33) K. R. Albe and B. E. Wright, J. Biol. Chem., 267, pp.3106-3114 (1992)
34) K. R. Albe and B. E. Wright, Carbohydrate metabolism in Dictyostelium discoideum: II. Systems' Analysis, J. Theor. Biol., 169, pp.243-251 (1994).
35) A. Joshi and B. O. Palsson, Metabolic dynamics in the human red cell: I. A comprehensive kinetic model. *J. Theor. Biol.* 141, pp.515-528 (1989).
36) A. Joshi and B. O. Palsson, Metabolic dynamics in the human red cell: II. Interactions with the environment. *J. Theor. Biol.* 141, pp.529-545 (1989).
37) A. Joshi and B. O. Palsson, Metabolic dynamics in the human red cell: III. Metabolic reaction rates. *J. Theor. Biol.* 142, pp.41-68 (1989).
38) A. Joshi and B. O. Palsson, Metabolic dynamics in the human red cell: IV. Data prediction and some model. *J. Theor. Biol.* 142, pp.69-85 (1989).
39) F. Shiraishi and M. A. Savageau, The tricarboxylic acid cycle in Dictyostelium discoidum: Two methods of analysis applied to the same model. J. theor. Biol., 178, pp.219-222 (1996).
.40) N. Ta-Chen and M. A. Savageau, Model Assessment and Refinement Using Strategies from Biochemical Systems Theory: Application to Metabolism in Human Red Blood Cells, *J. Theor. Biol.* 179, pp.329-368 (1996).
41) 長沢工, 桧山澄子, パソコンで見る天体の動き, 地人書館 (1992).
42) 白石文秀, 固定化酵素反応のコンピュータ解析法: 反応速度論から反応器設計法まで, コロナ社 (1996).
43) F. Shiraishi and T. Hasegawa, and H. Nagasue, Accuracy of the numerical solution of two-point boundary value problem by the orthogonal collocation method. J.

Chem. Eng. Jpn., 28(3), pp.316-323 (1995).
44) 長谷川孝博, 白石文秀, 永末宏幸, 直交選点法による混合拡散モデルの数値解の精度. 化学工学論文集, 22(1), pp.84-90 (1996).
45) H. B. Keller, Numerical Methods for Two-Point Boundary-Value Problems, Dover Publications, Inc., New York (1992).
46) L. Fox, The Numerical Solution of Two-Point Boundary Problems in Ordinary Differential Equations, Dover Publications, Inc., New York (1990).
47) H. Miyakawa, H. Nagasue, and F. Shiraishi, A highly accurate numerical method for calculating apparent kinetic parameters of immobilized enzyme reactions: 1. Theory. Biochem. Eng. J., 3, pp.91-101 (1999).
48) H. Miyakawa, H. Nagasue, and F. Shiraishi, A highly accurate numerical method for calculating apparent kinetic parameters of immobilized enzyme reactions: 2. Accuracies of calculated values. Biochem. Eng. J., 3, pp.103-111 (1999).
49) T. Hasegawa, F. Shiraishi, and H. Nagasue, Numerical tests for usefulness of power-law formalism method in parameter optimization problem of immobilized enzyme reaction. J. Chem. Eng. Jpn., 33, pp.197-204 (2000).
50) W. S. Hlavacek and M. A. Savageau, Subunit structure of regulator proteins influences the design of gene circuitry; analysis of perfectly coupled and completely uncoupled circuits, J. Mol. Biol., 248, pp.739-755 (1995).
51) M. A. Savageau and E. O. Voit, Power-law approach to modeling biological systems: I. Theory, J. Ferment. Technol., 60, pp.221-228 (1982).
52) A. Uppal, W. H. Ray and A. B. Poore, On the dynamic behavior of continuous stirred tank reactors, Chem. Eng. Sci., 29, pp.967-985 (1974).
53) M. A. Savageau and E. O. Voit, Recasting nonlinear differential equations as S-systems: A canonical nonlinear form, Math. Biosci., 87, pp.83-115 (1987).
54) J. H. Schwacke and E. O. Voit, Computation and analysis of time-dependent sentitivities in generalized mass action systems. J. theor. Biol. 236, pp.21-38 (2005).
55) E. O. Voit and M. A. Savageau, Power-law approach to modeling biological systems: II. Application to ethanol production. J. Ferment. Technol. 60 (3), pp.229-232 (1982).
56) 三井武友, 常微分方程式の数値解法, 岩波書店 (2003).

索　引

あ

アンダーフローエラー　69, 150

い

1階微分方程式　8

え

エタノール発酵　174

お

オーバーフローエラー　69

か

解析的変換　37
解糖系　156
可逆反応を含む代謝経路　26
堅い微分方程式　60
感度　14
感度方程式　87

き

刻み幅　70
希釈率　159
逆行列　185

局

局所感度　81
局所的安定性　50, 120
近似的変換　32
菌体収率　159
菌体濃度　158

く

グリーン関数法　82

け

形状係数　146
ゲイン　80
ゲイン感度方程式　92
桁落ち誤差　61
結合関係　49

こ

固定化酵素反応　145
固有値　17, 19, 50, 51, 129, 167

さ

最大反応速度　8
最大比増殖速度　159

し

シーレモジュラス　147

システム感度　121
自然対数　184
質量作用の法則　16
射撃法　145
修正TCAサイクル　19
修正TCAサイクルモデル　135
従属変数　10, 183
乗積　2, 184
情報落ち誤差　61
正味流束　33
自律系　183

す

数値解の有効桁数　143

せ

正規化感度　81
制御係数　29
正則　187

そ

相対誤差　72, 148
総和関係　49
阻害定数　9
速度定数　11, 33
速度定数感度　47
速度定数の決定法　55
束縛条件　48

た

代謝制御解析法　29
代謝物濃度の時間変化　129
代謝物プール　8
対数ゲイン　14, 43, 126, 130
対数ゲインの感度方程式　87
対数座標系におけるテーラー
　　級数解　65
対数と指数を含む微分方程式　38
弾性係数　30

ち

超高精度解　61
超高精度数値計算　65
直接微分法　81
直線状代謝経路　9, 11, 16, 56

て

定常状態解析　41
定常状態値　33
テーラー級数　189
テーラー級数解　61
テーラー級数法　15, 61
テーラー展開　189
デカルト座標系におけるテーラー
　　級数解　66
転写反応　155

と

動的感度　15, 78
動的感度解析　78
動的感度計算法　81
動的速度定数感度　78
動的対数ゲイン　78, 79
動的対数ゲイン計算法　87
動的対数ゲインの最終値　85
動的対数ゲインの初期値　85
動的反応次数感度　78
特性方程式　51
独立変数　10, 183

に

2点境界値問題　144
2分子反応を含む代謝経路　39
ニュートン–ラフソン法　23, 148

ね

粘性菌　113

は

バイオケミカルシステム
　　理論　1, 8, 9
反応次数　11, 33
反応次数感度　48
反応次数の決定法　55
反応速度式　8

ひ

ビオ数　147
被食者数　72
微分物質収支式　32

ふ

フィードバック阻害　18, 52, 172
分岐のある代謝反応モデル　57
分岐を持つ代謝経路　21

へ

べき乗則型式　3
べき乗則式　32

ほ

飽和定数　159
捕食者数　72
翻訳反応　155

ま

マクローリン展開　190
末端代謝物　18

み

ミカエリス定数　8
ミカエリス–メンテン型式　9
ミカエリス–メンテン型システム　9
ミカエリス–メンテン式　2, 8, 75

ミカエリス–メンテンシステム　8, 9

む

無次元基質濃度　146

め

メタボリックコントロールアナリシス　1
メッセンジャーRNA　155

も

文字式解析法　28

ゆ

有限差法　82
誘導物質　155

ら

ラウスの安定判別法　53
ラウス表　53

り

リキャスティング　6, 12, 37
リミットサイクル　100
流出流束　2, 8, 32
流通式撹拌槽型発酵槽　158
流通式撹拌槽型反応器　159
流入流束　2, 8, 32

る

ルンゲ–クッタ法　62

ろ

ロトカ–ヴォルテラの式　72

A

A–Wモデル　115

B

BST　1, 10
BSTシステム　12

D

DDM　81

F

FDM　82

G

GFM　82
GMA–システム　2, 12
GMA–システム型方程式　12, 35

M

MCA　1, 29, 115

M–M システム　2, 5, 10, 12

P

PLAS　53, 191

R

RNA 合成　155

S

sin 関数を含む微分方程式　38, 74

S-システム　2, 5, 10, 12
S-システム解法　144, 151
S-システム型方程式　32
S-システムシンポジウム　8

T

TCA サイクル　113

〈著者略歴〉

白石 文秀
しら いし ふみ ひで

1984年に九州大学大学院工学研究科博士課程を修了し,同年同大学工学部助手となり,バイオリアクターの研究に従事.1990年にミシガン大学医学部博士研究員となり,TCAサイクルの感度解析に従事.1991年に九州工業大学情報工学部(生物化学システム工学科)助教授となり,大規模閉鎖系の解析法,固定化酵素反応の見かけの速度パラメーターの特性,超高精度数値計算法,光触媒による環境浄化に関する研究に従事.2005年に九州大学バイオアーキテクチャーセンター(システムデザイン部門バイオプロセスデザイン分野)教授となり,大規模代謝反応システムに関する研究を本格的に開始.現在に至る.

専門分野:化学反応工学,閉鎖生態系工学,数値計算工学

バイオケミカルシステム理論とその応用
──システムバイオロジー解析を効率化する──

2006年9月25日　初　版

著　者　白石文秀
発行者　飯塚尚彦
発行所　産業図書株式会社
　　　　〒102-0072　東京都千代田区飯田橋2-11-3
　　　　電話　03(3261)7821(代)
　　　　FAX　03(3239)2178
　　　　http://www.san-to.co.jp
装　幀　菅　雅彦

印刷・製本　平河工業社

© Fumihide Shiraishi　2006
ISBN 4-7828-2614-1　C3058